High Performance Linux Server Programming

Linux
高性能服务器编程

游双 著

图书在版编目（CIP）数据

Linux 高性能服务器编程 / 游双著 . —北京：机械工业出版社，2013.5（2023.12 重印）

ISBN 978-7-111-42519-9

I. L… II. 游… III. Linux 操作系统 IV. TP316.89

中国版本图书馆 CIP 数据核字（2013）第 101235 号

版权所有·侵权必究
封底无防伪标均为盗版

本书是 Linux 服务器编程领域的经典著作，由资深 Linux 软件开发工程师撰写，从网络协议、服务器编程核心要素、原理机制、工具框架等多角度全面阐释了编写高性能 Linux 服务器应用的方法、技巧和思想。不仅理论全面、深入，抓住了重点和难点，还包含两个综合性案例，极具实战意义。

全书共 17 章，分为 3 个部分：第一部分对 Linux 服务器编程的核心基础——TCP/IP 协议进行了深入的解读和阐述，包括 TCP/IP 协议族、TCP/IP 协议，以及一个经典的 TCP/IP 通信案例；第二部分对高性能服务器编程的核心要素进行了全面深入的剖析，包含 Linux 网络编程 API、高级 I/O 函数、Linux 服务器程序规范、高性能服务器程序框架、I/O 复用、信号、定时器、高性能 I/O 框架库 Libevent、多进程编程、多线程编程、进程池和线程池等内容，原理、技术与方法并重；第三部分从侧重实战的角度讲解了高性能服务器的优化与监测，包含服务器的调制、调试和测试，以及各种实用系统监测工具的使用等内容。

本书另外免费赠送一个负载均衡服务器程序的完整实际项目的源代码！

机械工业出版社（北京市西城区百万庄大街 22 号　邮政编码　100037）
责任编辑：孙海亮
北京建宏印刷有限公司印刷
2023 年 12 月第 1 版第 8 次印刷
186mm×240mm • 22.5 印张
标准书号：ISBN 978-7-111-42519-9
定　　价：89.00 元

客服电话：(010) 88361066　68326294

前言

为什么要写这本书

目前国内计算机书籍的一个明显弊病就是内容宽泛而空洞。很多书籍长篇大论，恨不得囊括所有最新的技术，但连一个最基本的技术细节也无法解释清楚。有些书籍给读者展现的是网络上随处可见的知识，基本没有自己的观点，甚至连一点自己的总结都没有。反观大师们的经典书籍，整本书只专注于一个问题，而且对每个技术细节的描述都是精雕细琢。最关键的是，我们在阅读这些经典书籍时，似乎是在用心与一位编程高手交流，这绝对是一种享受。

我们把问题缩小到计算机网络编程领域。关于计算机网络编程的相关书籍，不得不提的是已故网络教育巨匠 W·Richard Stevens 先生的《TCP/IP 协议详解》（三卷本），以及《UNIX 网络编程》（两卷本）。作为一名网络程序员，即使没有阅读过这几本书，也应该听说过它们。但这几本书中的内容实在是太庞大了，没有耐心的读者根本不可能把它们全部读完。而且对于英文不太好的朋友来说，选择阅读其翻译版本又有失原汁原味。

基于以上两点原因，笔者编写了这本《Linux 高性能服务器编程》。本书是笔者多年来学习网络编程之总结，是在充分理解大师的作品并融入自己的理解和见解后写成的。本书讨论的主题和定位很明确。简单来说就是：如何通过各种手段编写高性能的服务器程序。

网络技术是在不断向前发展的，比如 Linux 提供的 epoll 机制就是在内核 2.6 版本之后才正式引入的。但是，编程思想却可以享用一辈子。我们在不断学习并使用新技术，不断适应新环境的同时，书中提到的网络编程思想能让我们看得更远，想得更多。笔者相信，没有谁会认为 W·Richard Stevens 先生的网络编程书籍过时了。

读者对象

阅读本书之前，读者需要了解基本的计算机网络知识，并具有一定的 Linux 系统编程和 C++ 编程基础，否则阅读起来会有些困难。本书读者对象主要包括：

- Linux 网络应用程序开发人员
- Linux 系统程序开发人员
- C/C++ 程序开发人员
- 对网络编程技术感兴趣，或希望参与网络程序开发的人员
- 开设相关课程的大专院校师生

本书特色

本书的特点：不求内容宽泛，但求专而精，深入地剖析服务器编程的要素；不求内容精准，但求融入笔者自己的理解和观点，可谓"另眼"看服务器编程。

如何提高服务器程序性能是本书要着重讨论的。第 6、8、9、11、12、15、16 等章中都用了相当的篇幅讨论这一主题。其论述方法是：首先，探讨提高服务器程序性能的一般原则，比如使用"池"以牺牲空间换取效率，使用零拷贝函数以避免内核和用户空间的切换等；其次，介绍一些高效的编程模式及其应用，比如使用有限状态机来分析用户数据，使用进程池或线程池来处理用户请求；最后，探讨如何通过调整系统参数来从服务器程序外部提高其整体性能。

光说不练假把式。如果没有实例，或者只是给出几个"Hello World"，那么本书就真没有出版的必要了。笔者要做的是让读者能真正把理论和实践完美地结合起来。在写作本书之前，笔者阅读了不少开源社区的优秀服务器软件的源代码，自己也写过相当多的小型服务器程序。这些软件中那些最精彩的部分，在书中都有充分的体现。比如第 15 章给出的两个实例——用进程池实现的简单 CGI 服务器和用线程池实现的简单 Web 服务器，就充分展现了如何利用各种提高服务器性能的手段来高效地解决实际问题。

此外，为了帮助读者进一步把书中的知识融汇到实际项目中，笔者还特意编写了一个较为完整的负载均衡服务器程序 springsnail。该程序能从所有逻辑服务器中选取负荷最小的一台来处理新到的客户连接。在这个程序中，使用了进程池、有限状态机、高效数据结构来提高其性能；同时，细致地封装了每个函数和模块，使之更符合实际工程项目。由于篇幅的限制，笔者未将该程序的源代码列在书中，读者可从机工新阅读[⊖]上下载它。

如何阅读本书

本书分为三篇：

第一篇（第 1 ~ 4 章）介绍 TCP/IP 协议族及各种重要的网络协议。只有很好地理解了底层 TCP/IP 通信的过程，才能编写出高质量的网络应用程序。毕竟，坚实的基础设施造就稳固的上层建筑。

第二篇（第 5 ~ 15 章）细致地剖析了服务器编程的各主要方面，其中对每个重要的概

⊖ 参见机工新阅读www.cmpreading.com。——编辑注

念、模型以及函数等都以实例代码的形式加以阐述。这一篇又可细分为如下四个部分：
- ❑ 第一部分（第 5 ~ 7 章）介绍 Linux 操作系统为网络编程提供的众多 API。这些 API 就像是基本的音符，我们通过组织它们来谱写优美的旋律。
- ❑ 第二部分（第 8 章）探讨高性能服务器程序的一般框架。在这一部分中，我们将服务器程序解构为 I/O 单元、逻辑单元和存储单元三个部件，并重点介绍了 I/O 单元、逻辑单元的几种高效实现模式。此外，我们还探讨了提高服务器性能的其他建议。
- ❑ 第三部分（第 9 ~ 12 章）深入剖析服务器程序的 I/O 单元。我们将探讨 I/O 单元需要处理的 I/O 事件、信号事件和定时事件，并介绍一款优秀的开源 I/O 框架库——Libevent。
- ❑ 第四部分（第 13 ~ 15 章）深入剖析服务器程序的逻辑单元。这一部分我们要讨论多线程、多进程编程，以及高性能逻辑处理模型——进程池和线程池，并给出相应的实例代码。

第三篇（第 16 ~ 17 章）探讨如何从系统的角度优化和监测服务器性能。本篇的内容涉及服务器程序的调制、调试和测试，以及诸多常用系统监测工具的使用。

勘误和支持

由于作者的水平有限，加之编写时间仓促，书中难免会出现一些错误或者不准确的地方，恳请读者批评指正。书中的全部源文件都可以从机工新阅读下载。如果您有更多的宝贵意见或建议，也欢迎发送邮件至邮箱 pjhq87@gmail.com，期待能够得到您的真挚反馈。

致谢

首先要感谢伟大的网络教育导师 W·Richard Stevens 先生，他的书籍帮助了无数的网络程序开发人员，也给笔者指明了学习的道路。

感谢机械工业出版社的编辑杨福川老师和孙海亮老师，是他们在这两年多的时间中始终支持着我的写作，因为有了他们的鼓励、帮助和引导，笔者才能顺利完成全部书稿。

感谢好友史正政，他对编程充满热爱，也无私地为本书提供了原材料。

谨以此书献给我最亲爱的家人和朋友，以及那些为计算机网络教育做出巨大贡献的大师们，还有正在为自己的未来努力拼搏、充满朝气和活力的 IT 工程师们！

游双
于北京

目 录

前言

第一篇 TCP/IP协议详解

第1章 TCP/IP协议族 / 2

1.1 TCP/IP协议族体系结构以及主要协议 / 2
    1.1.1 数据链路层 / 2
    1.1.2 网络层 / 3
    1.1.3 传输层 / 4
    1.1.4 应用层 / 5
1.2 封装 / 6
1.3 分用 / 7
1.4 测试网络 / 8
1.5 ARP协议工作原理 / 9
    1.5.1 以太网ARP请求/应答报文详解 / 9
    1.5.2 ARP高速缓存的查看和修改 / 10
    1.5.3 使用tcpdump观察ARP通信过程 / 10
1.6 DNS工作原理 / 12
    1.6.1 DNS查询和应答报文详解 / 12
    1.6.2 Linux下访问DNS服务 / 14
    1.6.3 使用tcpdump观察DNS通信过程 / 15
1.7 socket和TCP/IP协议族的关系 / 16

第2章　IP协议详解 / 17

- 2.1　IP服务的特点 / 17
- 2.2　IPv4头部结构 / 18
  - 2.2.1　IPv4头部结构 / 18
  - 2.2.2　使用tcpdump观察IPv4头部结构 / 20
- 2.3　IP分片 / 21
- 2.4　IP路由 / 22
  - 2.4.1　IP模块工作流程 / 23
  - 2.4.2　路由机制 / 24
  - 2.4.3　路由表更新 / 25
- 2.5　IP转发 / 25
- 2.6　重定向 / 26
  - 2.6.1　ICMP重定向报文 / 26
  - 2.6.2　主机重定向实例 / 27
- 2.7　IPv6头部结构 / 27
  - 2.7.1　IPv6固定头部结构 / 28
  - 2.7.2　IPv6扩展头部 / 29

第3章　TCP协议详解 / 30

- 3.1　TCP服务的特点 / 30
- 3.2　TCP头部结构 / 32
  - 3.2.1　TCP固定头部结构 / 32
  - 3.2.2　TCP头部选项 / 33
  - 3.2.3　使用tcpdump观察TCP头部信息 / 35
- 3.3　TCP连接的建立和关闭 / 37
  - 3.3.1　使用tcpdump观察TCP连接的建立和关闭 / 37
  - 3.3.2　半关闭状态 / 39
  - 3.3.3　连接超时 / 39
- 3.4　TCP状态转移 / 40
  - 3.4.1　TCP状态转移总图 / 41
  - 3.4.2　TIME_WAIT状态 / 43
- 3.5　复位报文段 / 44
  - 3.5.1　访问不存在的端口 / 44
  - 3.5.2　异常终止连接 / 45

3.5.3　处理半打开连接 / 45
3.6　TCP交互数据流 / 46
3.7　TCP成块数据流 / 48
3.8　带外数据 / 50
3.9　TCP超时重传 / 51
3.10　拥塞控制 / 53
　　3.10.1　拥塞控制概述 / 53
　　3.10.2　慢启动和拥塞避免 / 54
　　3.10.3　快速重传和快速恢复 / 55

第4章　TCP/IP通信案例：访问Internet上的Web服务器 / 57

4.1　实例总图 / 57
4.2　部署代理服务器 / 58
　　4.2.1　HTTP代理服务器的工作原理 / 58
　　4.2.2　部署squid代理服务器 / 59
4.3　使用tcpdump抓取传输数据包 / 60
4.4　访问DNS服务器 / 62
4.5　本地名称查询 / 63
4.6　HTTP通信 / 64
　　4.6.1　HTTP请求 / 65
　　4.6.2　HTTP应答 / 66
4.7　实例总结 / 68

第二篇　深入解析高性能服务器编程

第5章　Linux网络编程基础API / 70

5.1　socket地址API / 70
　　5.1.1　主机字节序和网络字节序 / 70
　　5.1.2　通用socket地址 / 71
　　5.1.3　专用socket地址 / 72
　　5.1.4　IP地址转换函数 / 73
5.2　创建socket / 74
5.3　命名socket / 75
5.4　监听socket / 76

5.5 接受连接 / 78
5.6 发起连接 / 80
5.7 关闭连接 / 80
5.8 数据读写 / 81
    5.8.1 TCP数据读写 / 81
    5.8.2 UDP数据读写 / 85
    5.8.3 通用数据读写函数 / 86
5.9 带外标记 / 87
5.10 地址信息函数 / 87
5.11 socket选项 / 87
    5.11.1 SO_REUSEADDR选项 / 89
    5.11.2 SO_RCVBUF和SO_SNDBUF选项 / 89
    5.11.3 SO_RCVLOWAT和SO_SNDLOWAT选项 / 93
    5.11.4 SO_LINGER选项 / 93
5.12 网络信息API / 94
    5.12.1 gethostbyname和gethostbyaddr / 94
    5.12.2 getservbyname和getservbyport / 95
    5.12.3 getaddrinfo / 96
    5.12.4 getnameinfo / 98

第6章 高级I/O函数 / 100

6.1 pipe函数 / 100
6.2 dup函数和dup2函数 / 101
6.3 readv函数和writev函数 / 103
6.4 sendfile函数 / 106
6.5 mmap函数和munmap函数 / 107
6.6 splice函数 / 108
6.7 tee函数 / 110
6.8 fcntl函数 / 112

第7章 Linux服务器程序规范 / 114

7.1 日志 / 114
    7.1.1 Linux系统日志 / 114
    7.1.2 syslog函数 / 115
7.2 用户信息 / 116

       7.2.1　UID、EUID、GID和EGID / 116

       7.2.2　切换用户 / 117

　7.3　进程间关系 / 118

       7.3.1　进程组 / 118

       7.3.2　会话 / 118

       7.3.3　用ps命令查看进程关系 / 119

　7.4　系统资源限制 / 119

　7.5　改变工作目录和根目录 / 120

　7.6　服务器程序后台化 / 121

第8章　高性能服务器程序框架 / 123

　8.1　服务器模型 / 123

       8.1.1　C/S模型 / 123

       8.1.2　P2P模型 / 124

　8.2　服务器编程框架 / 125

　8.3　I/O模型 / 126

　8.4　两种高效的事件处理模式 / 127

       8.4.1　Reactor模式 / 128

       8.4.2　Proactor模式 / 128

       8.4.3　模拟Proactor模式 / 129

　8.5　两种高效的并发模式 / 130

       8.5.1　半同步/半异步模式 / 131

       8.5.2　领导者/追随者模式 / 134

　8.6　有限状态机 / 136

　8.7　提高服务器性能的其他建议 / 144

       8.7.1　池 / 144

       8.7.2　数据复制 / 145

       8.7.3　上下文切换和锁 / 145

第9章　I/O复用 / 146

　9.1　select系统调用 / 146

       9.1.1　select API / 146

       9.1.2　文件描述符就绪条件 / 148

       9.1.3　处理带外数据 / 148

9.2 poll系统调用 / 150
9.3 epoll系列系统调用 / 151
 9.3.1 内核事件表 / 151
 9.3.2 epoll_wait函数 / 152
 9.3.3 LT和ET模式 / 153
 9.3.4 EPOLLONESHOT事件 / 157
9.4 三组I/O复用函数的比较 / 161
9.5 I/O复用的高级应用一：非阻塞connect / 162
9.6 I/O复用的高级应用二：聊天室程序 / 165
 9.6.1 客户端 / 165
 9.6.2 服务器 / 167
9.7 I/O复用的高级应用三：同时处理TCP和UDP服务 / 171
9.8 超级服务xinetd / 175
 9.8.1 xinetd配置文件 / 175
 9.8.2 xinetd工作流程 / 176

第10章 信号 / 178

10.1 Linux信号概述 / 178
 10.1.1 发送信号 / 178
 10.1.2 信号处理方式 / 179
 10.1.3 Linux信号 / 179
 10.1.4 中断系统调用 / 181
10.2 信号函数 / 181
 10.2.1 signal系统调用 / 181
 10.2.2 sigaction系统调用 / 181
10.3 信号集 / 182
 10.3.1 信号集函数 / 182
 10.3.2 进程信号掩码 / 183
 10.3.3 被挂起的信号 / 183
10.4 统一事件源 / 184
10.5 网络编程相关信号 / 188
 10.5.1 SIGHUP / 188
 10.5.2 SIGPIPE / 189
 10.5.3 SIGURG / 190

第11章 定时器 / 193

- 11.1 socket选项SO_RCVTIMEO和SO_SNDTIMEO / 193
- 11.2 SIGALRM信号 / 195
  - 11.2.1 基于升序链表的定时器 / 195
  - 11.2.2 处理非活动连接 / 200
- 11.3 I/O复用系统调用的超时参数 / 205
- 11.4 高性能定时器 / 206
  - 11.4.1 时间轮 / 206
  - 11.4.2 时间堆 / 211

第12章 高性能I/O框架库Libevent / 218

- 12.1 I/O框架库概述 / 218
- 12.2 Libevent源码分析 / 220
  - 12.2.1 一个实例 / 220
  - 12.2.2 源代码组织结构 / 222
  - 12.2.3 event结构体 / 224
  - 12.2.4 往注册事件队列中添加事件处理器 / 226
  - 12.2.5 往事件多路分发器中注册事件 / 230
  - 12.2.6 eventop结构体 / 233
  - 12.2.7 event_base结构体 / 235
  - 12.2.8 事件循环 / 236

第13章 多进程编程 / 239

- 13.1 fork系统调用 / 239
- 13.2 exec系列系统调用 / 240
- 13.3 处理僵尸进程 / 240
- 13.4 管道 / 241
- 13.5 信号量 / 243
  - 13.5.1 信号量原语 / 243
  - 13.5.2 semget系统调用 / 244
  - 13.5.3 semop系统调用 / 245
  - 13.5.4 semctl系统调用 / 247
  - 13.5.5 特殊键值IPC_PRIVATE / 249
- 13.6 共享内存 / 251

13.6.1 shmget系统调用 / 251
13.6.2 shmat和shmdt系统调用 / 252
13.6.3 shmctl系统调用 / 253
13.6.4 共享内存的POSIX方法 / 254
13.6.5 共享内存实例 / 254
13.7 消息队列 / 263
13.7.1 msgget系统调用 / 263
13.7.2 msgsnd系统调用 / 264
13.7.3 msgrcv系统调用 / 264
13.7.4 msgctl系统调用 / 265
13.8 IPC命令 / 266
13.9 在进程间传递文件描述符 / 267

第14章 多线程编程 / 269

14.1 Linux线程概述 / 269
14.1.1 线程模型 / 269
14.1.2 Linux线程库 / 270
14.2 创建线程和结束线程 / 271
14.3 线程属性 / 273
14.4 POSIX信号量 / 275
14.5 互斥锁 / 276
14.5.1 互斥锁基础API / 276
14.5.2 互斥锁属性 / 277
14.5.3 死锁举例 / 278
14.6 条件变量 / 279
14.7 线程同步机制包装类 / 280
14.8 多线程环境 / 282
14.8.1 可重入函数 / 282
14.8.2 线程和进程 / 283
14.8.3 线程和信号 / 284

第15章 进程池和线程池 / 287

15.1 进程池和线程池概述 / 287
15.2 处理多客户 / 288
15.3 半同步/半异步进程池实现 / 289

15.4 用进程池实现的简单CGI服务器 / 298
15.5 半同步/半反应堆线程池实现 / 301
15.6 用线程池实现的简单Web服务器 / 304
  15.6.1 http_conn类 / 304
  15.6.2 main函数 / 318

第三篇　高性能服务器优化与监测

第16章　服务器调制、调试和测试 / 324

16.1 最大文件描述符数 / 324
16.2 调整内核参数 / 325
  16.2.1 /proc/sys/fs目录下的部分文件 / 325
  16.2.2 /proc/sys/net目录下的部分文件 / 325
16.3 gdb调试 / 326
  16.3.1 用gdb调试多进程程序 / 326
  16.3.2 用gdb调试多线程程序 / 328
16.4 压力测试 / 329

第17章　系统监测工具 / 333

17.1 tcpdump / 333
17.2 lsof / 334
17.3 nc / 336
17.4 strace / 338
17.5 netstat / 341
17.6 vmstat / 342
17.7 ifstat / 344
17.8 mpstat / 344

第一篇

TCP/IP 协议详解

第 1 章 TCP/IP 协议族

第 2 章 IP 协议详解

第 3 章 TCP 协议详解

第 4 章 TCP/IP 通信案例：访问 Internet 上的 Web 服务器

第1章 TCP/IP 协议族

现在 Internet（因特网）使用的主流协议族是 TCP/IP 协议族，它是一个分层、多协议的通信体系。本章简要讨论 TCP/IP 协议族各层包含的主要协议，以及它们之间是如何协作完成网络通信的。

TCP/IP 协议族包含众多协议，我们无法一一讨论。本书将在后续章节详细讨论 IP 协议和 TCP 协议，因为它们对编写网络应用程序具有最直接的影响。本章则简单介绍其中几个相关协议：ICMP 协议、ARP 协议和 DNS 协议，学习它们对于理解网络通信很有帮助。读者如果想要系统地学习网络协议，那么 RFC（Request For Comments，评论请求）文档无疑是首选资料。

1.1 TCP/IP 协议族体系结构以及主要协议

TCP/IP 协议族是一个四层协议系统，自底而上分别是数据链路层、网络层、传输层和应用层。每一层完成不同的功能，且通过若干协议来实现，上层协议使用下层协议提供的服务，如图 1-1 所示。

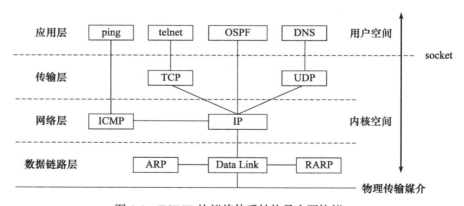

图 1-1 TCP/IP 协议族体系结构及主要协议

1.1.1 数据链路层

数据链路层实现了网卡接口的网络驱动程序，以处理数据在物理媒介（比如以太网、令牌环等）上的传输。不同的物理网络具有不同的电气特性，网络驱动程序隐藏了这些细节，为上层协议提供一个统一的接口。

* 数据链路层两个常用的协议是 ARP 协议（Address Resolve Protocol，地址解析协议）和

RARP 协议（Reverse Address Resolve Protocol，逆地址解析协议）。它们实现了 IP 地址和机器物理地址（通常是 MAC 地址，以太网、令牌环和 802.11 无线网络都使用 MAC 地址）之间的相互转换。

网络层使用 IP 地址寻址一台机器，而数据链路层使用物理地址寻址一台机器，因此网络层必须先将目标机器的 IP 地址转化成其物理地址，才能使用数据链路层提供的服务，这就是 ARP 协议的用途。RARP 协议仅用于网络上的某些无盘工作站。因为缺乏存储设备，无盘工作站无法记住自己的 IP 地址，但它们可以利用网卡上的物理地址来向网络管理者（服务器或网络管理软件）查询自身的 IP 地址。运行 RARP 服务的网络管理者通常存有该网络上所有机器的物理地址到 IP 地址的映射。

由于 ARP 协议很重要，所以我们将在后面章节专门讨论它。

1.1.2 网络层

网络层实现数据包的选路和转发。WAN（Wide Area Network，广域网）通常使用众多分级的路由器来连接分散的主机或 LAN（Local Area Network，局域网），因此，通信的两台主机一般不是直接相连的，而是通过多个中间节点（路由器）连接的。网络层的任务就是选择这些中间节点，以确定两台主机之间的通信路径。同时，网络层对上层协议隐藏了网络拓扑连接的细节，使得在传输层和网络应用程序看来，通信的双方是直接相连的。

网络层最核心的协议是 IP 协议（Internet Protocol，因特网协议）。IP 协议根据数据包的目的 IP 地址来决定如何投递它。如果数据包不能直接发送给目标主机，那么 IP 协议就为它寻找一个合适的下一跳（next hop）路由器，并将数据包交付给该路由器来转发。多次重复这一过程，数据包最终到达目标主机，或者由于发送失败而被丢弃。可见，IP 协议使用逐跳（hop by hop）的方式确定通信路径。我们将在第 2 章详细讨论 IP 协议。

网络层另外一个重要的协议是 ICMP 协议（Internet Control Message Protocol，因特网控制报文协议）。它是 IP 协议的重要补充，主要用于检测网络连接。ICMP 协议使用的报文格式如图 1-2 所示。

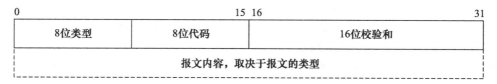

图 1-2　ICMP 报文格式

图 1-2 中，8 位类型字段用于区分报文类型。它将 ICMP 报文分为两大类：一类是差错报文，这类报文主要用来回应网络错误，比如目标不可达（类型值为 3）和重定向（类型值为 5）；另一类是查询报文，这类报文用来查询网络信息，比如 ping 程序就是使用 ICMP 报文查看目标是否可到达（类型值为 8）的。有的 ICMP 报文还使用 8 位代码字段来进一步细分不同的条件。比如重定向报文使用代码值 0 表示对网络重定向，代码值 1 表示对主机重

定向。ICMP 报文使用 16 位校验和字段对整个报文（包括头部和内容部分）进行循环冗余校验（Cyclic Redundancy Check，CRC），以检验报文在传输过程中是否损坏。不同的 ICMP 报文类型具有不同的正文内容。我们将在第 2 章详细讨论主机重定向报文，其他 ICMP 报文格式请参考 ICMP 协议的标准文档 RFC 792。

需要指出的是，ICMP 协议并非严格意义上的网络层协议，因为它使用处于同一层的 IP 协议提供的服务（一般来说，上层协议使用下层协议提供的服务）。

1.1.3 传输层

传输层为两台主机上的应用程序提供端到端（end to end）的通信。与网络层使用的逐跳通信方式不同，传输层只关心通信的起始端和目的端，而不在乎数据包的中转过程。图 1-3 展示了传输层和网络层的这种区别。

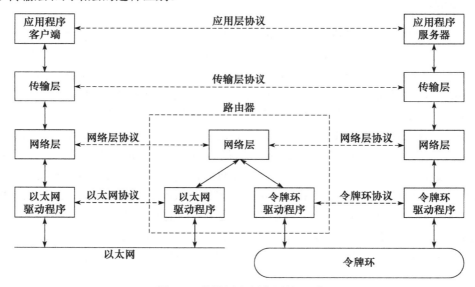

图 1-3 传输层和网络层的区别

图 1-3 中，垂直的实线箭头表示 TCP/IP 协议族各层之间的实体通信（数据包确实是沿着这些线路传递的），而水平的虚线箭头表示逻辑通信线路。该图中还附带描述了不同物理网络的连接方法。可见，数据链路层（驱动程序）封装了物理网络的电气细节；网络层封装了网络连接的细节；传输层则为应用程序封装了一条端到端的逻辑通信链路，它负责数据的收发、链路的超时重连等。

传输层协议主要有三个：TCP 协议、UDP 协议和 SCTP 协议。

TCP 协议（Transmission Control Protocol，传输控制协议）为应用层提供可靠的、面向连接的和基于流（stream）的服务。TCP 协议使用超时重传、数据确认等方式来确保数据包被正确地发送至目的端，因此 TCP 服务是可靠的。使用 TCP 协议通信的双方必须先建立 TCP 连接，并在内核中为该连接维持一些必要的数据结构，比如连接的状态、读写缓冲区，当发送端应用程序使用 send（或者 write）函数向一个 TCP 连接写入数据时，内核中的 TCP 模块首先把这些数据复制到与该连接对应的 TCP 内核发送缓冲区中，然后 TCP 模块调用 IP 模块提供的服务，传递的参数包括 TCP 头部信息和 TCP 发送缓冲区中的数据，即 TCP 报文段。关于 TCP 报文段头部的细节，我们将在第 3 章讨论。

经过 UDP 封装后的数据称为 UDP 数据报（UDP datagram）。UDP 对应用程序数据的封装与 TCP 类似。不同的是，UDP 无须为应用层数据保存副本，因为它提供的服务是不可靠的。当一个 UDP 数据报被成功发送之后，UDP 内核缓冲区中的该数据报就被丢弃了。如果应用程序检测到该数据报未能被接收端正确接收，并打算重发这个数据报，则应用程序需要重新从用户空间将该数据报拷贝到 UDP 内核发送缓冲区中。

经过 IP 封装后的数据称为 IP 数据报（IP datagram）。IP 数据报也包括头部信息和数据部分，其中数据部分就是一个 TCP 报文段、UDP 数据报或者 ICMP 报文。我们将在第 2 章详细讨论 IP 数据报的头部信息。

经过数据链路层封装的数据称为帧（frame）。传输媒介不同，帧的类型也不同。比如，以太网上传输的是以太网帧（ethernet frame），而令牌环网络上传输的则是令牌环帧（token ring frame）。以以太网帧为例，其封装格式如图 1-6 所示。

以太网帧使用 6 字节的目的物理地址和 6 字节的源物理地址来表示通信的双方。关于类型（type）字段，我们将在后面讨论。4 字节 CRC 字段对帧的其他部分提供循环冗余校验。

帧的最大传输单元（Max Transmit Unit，MTU），即帧最多能携带多少上层协议数据（比如 IP 数据报），通常受到网络类型的限制。图 1-6 所示的以太网帧的 MTU 是 1500 字节。正因为如此，过长的 IP 数据报可能需要被分片（fragment）传输。

目的物理地址	源物理地址	类型	数据	CRC
6字节	6字节	2字节	46～1500字节	4字节

图 1-6 以太网帧封装

帧才是最终在物理网络上传送的字节序列。至此，封装过程完成。

1.3 分用

当帧到达目的主机时，将沿着协议栈自底向上依次传递。各层协议依次处理帧中本层负责的头部数据，以获取所需的信息，并最终将处理后的帧交给目标应用程序。这个过程称为分用（demultiplexing）。分用是依靠头部信息中的类型字段实现的。标准文档 RFC 1700 定义了所有标识上层协议的类型字段以及每个上层协议对应的数值。图 1-7 显示了以太网帧的分用过程。

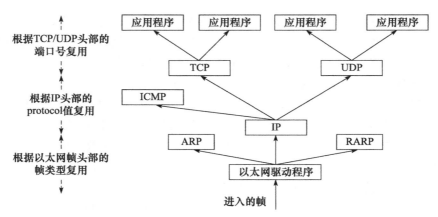

图 1-7　以太网帧的分用过程

因为 IP 协议、ARP 协议和 RARP 协议都使用帧传输数据，所以帧的头部需要提供某个字段（具体情况取决于帧的类型）来区分它们。以以太网帧为例，它使用 2 字节的类型字段来标识上层协议（见图 1-6）。如果主机接收到的以太网帧类型字段的值为 0x800，则帧的数据部分为 IP 数据报（见图 1-4），以太网驱动程序就将帧交付给 IP 模块；若类型字段的值为 0x806，则帧的数据部分为 ARP 请求或应答报文，以太网驱动程序就将帧交付给 ARP 模块；若类型字段的值为 0x835，则帧的数据部分为 RARP 请求或应答报文，以太网驱动程序就将帧交付给 RARP 模块。

同样，因为 ICMP 协议、TCP 协议和 UDP 协议都使用 IP 协议，所以 IP 数据报的头部采用 16 位的协议（protocol）字段来区分它们。

TCP 报文段和 UDP 数据报则通过其头部中的 16 位的端口号（port number）字段来区分上层应用程序。比如 DNS 协议对应的端口号是 53，HTTP 协议（Hyper-Text Transfer Protocol，超文本传送协议）对应的端口号是 80。所有知名应用层协议使用的端口号都可在 /etc/services 文件中找到。

帧通过上述分用步骤后，最终将封装前的原始数据送至目标服务（图 1-7 中的 ARP 服务、RARP 服务、ICMP 服务或者应用程序）。这样，在顶层目标服务看来，封装和分用似乎没有发生过。

1.4　测试网络

为了深入理解网络通信和网络编程，我们准备了图 1-8 所示的测试网络，其中包括两台主机 A 和 B，以及一个连接到因特网的路由器。后文如没有特别声明，所有测试硬件指的都是该网络。我们将使用机器名来标识测试机器。

该测试网络主要用于分析 ARP 协议、IP 协议、ICMP 协议、TCP 协议和 DNS 协议。我们通过抓取该网络上的以太网帧，查看其中的以太网帧头部、IP 数据报头部、TCP 报文段头部信息，以获取网络通信的细节。这样，以理论结合实践，我们就清楚 TCP/IP 通信具体是如何进行的了。作者编写的多个客户端、服务器程序都是使用该网络来调试和测试的。

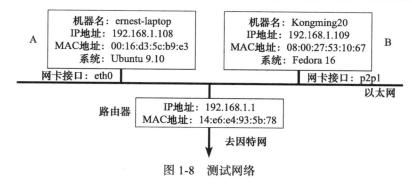

图 1-8　测试网络

对于路由器，我们仅列出了其 LAN 网络 IP 地址（192.168.1.1），而忽略了 ISP（Internet Service Provider，因特网服务提供商）给它分配的 WAN 网络 IP 地址，因为全书的讨论都不涉及它。

1.5　ARP 协议工作原理

ARP 协议能实现任意网络层地址到任意物理地址的转换，不过本书仅讨论从 IP 地址到以太网地址（MAC 地址）的转换。其工作原理是：主机向自己所在的网络广播一个 ARP 请求，该请求包含目标机器的网络地址。此网络上的其他机器都将收到这个请求，但只有被请求的目标机器会回应一个 ARP 应答，其中包含自己的物理地址。

1.5.1　以太网 ARP 请求/应答报文详解

以太网 ARP 请求/应答报文的格式如图 1-9 所示。

硬件类型	协议类型	硬件地址长度	协议地址长度	操作	发送端以太网地址	发送端IP地址	目的端以太网地址	目的端IP地址
2字节	2字节	1字节	1字节	2字节	6字节	4字节	6字节	4字节

图 1-9　以太网 ARP 请求/应答报文

图 1-9 所示以太网 ARP 请求/应答报文各字段具体介绍如下。
- 硬件类型字段定义物理地址的类型，它的值为 1 表示 MAC 地址。
- 协议类型字段表示要映射的协议地址类型，它的值为 0x800，表示 IP 地址。
- 硬件地址长度字段和协议地址长度字段，顾名思义，其单位是字节。对 MAC 地址来说，其长度为 6；对 IP（v4）地址来说，其长度为 4。
- 操作字段指出 4 种操作类型：ARP 请求（值为 1）、ARP 应答（值为 2）、RARP 请求（值为 3）和 RARP 应答（值为 4）。
- 最后 4 个字段指定通信双方的以太网地址和 IP 地址。发送端填充除目的端以太网地址外的其他 3 个字段，以构建 ARP 请求并发送之。接收端发现该请求的目的端 IP 地址是自己，就把自己的以太网地址填进去，然后交换两个目的端地址和两个发送端地址，以构建 ARP 应答并返回之（当然，如前所述，操作字段需要设置为 2）。

由图 1-9 可知，ARP 请求/应答报文的长度为 28 字节。如果再加上以太网帧头部和尾部的 18 字节（见图 1-6），则一个携带 ARP 请求/应答报文的以太网帧长度为 46 字节。不过有的实现要求以太网帧数据部分长度至少为 46 字节（见图 1-4），此时 ARP 请求/应答报文将增加一些填充字节，以满足这个要求。在这种情况下，一个携带 ARP 请求/应答报文的以太网帧长度为 64 字节。

1.5.2 ARP 高速缓存的查看和修改

通常，ARP 维护一个高速缓存，其中包含经常访问（比如网关地址）或最近访问的机器的 IP 地址到物理地址的映射。这样就避免了重复的 ARP 请求，提高了发送数据包的速度。

Linux 下可以使用 arp 命令来查看和修改 ARP 高速缓存。比如，ernest-laptop 在某一时刻（注意，ARP 高速缓存是动态变化的）的 ARP 缓存内容如下（使用 arp-a 命令）：

```
Kongming20 (192.168.1.109) at 08:00:27:53:10:67 [ether] on eth0
?(192.168.1.1) at 14:e6:e4:93:5b:78 [ether] on eth0
```

其中，第一项描述的是另一台测试机器 Kongming20（注意，其 IP 地址、MAC 地址都与图 1-8 描述的一致），第二项描述的是路由器。下面两条命令则分别删除和添加一个 ARP 缓存项：

```
$ sudo arp -d 192.168.1.109                          # 删除 Kongming20 对应的 ARP 缓存项
$ sudo arp -s 192.168.1.109 08:00:27:53:10:67        # 添加 Kongming20 对应的 ARP 缓存项
```

1.5.3 使用 tcpdump 观察 ARP 通信过程

为了清楚地了解 ARP 的运作过程，我们从 ernest-laptop 上执行 telnet 命令登录 Kongming20 的 echo 服务（已经开启），并用 tcpdump（详见第 17 章）抓取这个过程中两台测试机器之间交换的以太网帧。具体的操作过程如下：

```
$ sudo arp -d 192.168.1.109                          # 清除 ARP 缓存中 Kongming20 对应的项
$ sudo tcpdump -i eth0 -ent '(dst 192.168.1.109 and src 192.168.1.108)or
(dst 192.168.1.108 and src 192.168.1.109)'           # 如无特殊声明，抓包都在机器 ernest-
                                                       laptop 上执行
$ telnet 192.168.1.109 echo                          # 开启另一个终端执行 telnet 命令
Trying 192.168.1.109...
Connected to 192.168.1.109.
Escape character is '^]'.
^] （回车）                                            # 输入 Ctrl+] 并回车

telnet> quit （回车）
Connection closed.
```

在执行 telnet 命令之前，应先清除 ARP 缓存中与 Kongming20 对应的项，否则 ARP 通信不被执行，我们也就无法抓取到期望的以太网帧。当执行 telnet 命令并在两台通信主机之间建立

TCP 连接后（telnet 输出"Connected to 192.168.1.109"），输入 Ctrl+] 以调出 telnet 程序的命令提示符，然后在 telnet 命令提示符后输入 quit，退出 telnet 客户端程序（因为 ARP 通信在 TCP 连接建立之前就已经完成，故我们不关心后续内容）。tcpdump 抓取到的众多数据包中，只有最靠前的两个和 ARP 通信有关系，现在将它们列出（数据包前面的编号是笔者加入的，后同）：

```
1.  00:16:d3:5c:b9:e3 > ff:ff:ff:ff:ff:ff, ethertype ARP (0x0806), length 42:
Request who-has 192.168.1.109 tell 192.168.1.108, length 28
2.  08:00:27:53:10:67 > 00:16:d3:5c:b9:e3, ethertype ARP (0x0806), length 60:
Reply 192.168.1.109 is-at 08:00:27:53:10:67, length 46
```

由 tcpdump 抓取的数据包本质上是以太网帧，我们通过该命令的众多选项来控制帧的过滤（比如用 dst 和 src 指定通信的目的端 IP 地址和源端 IP 地址）和显示（比如用 -e 选项开启以太网帧头部信息的显示）。

第一个数据包中，ARP 通信的源端的物理地址是 00:16:d3:5c:b9:e3（ernest-laptop），目的端的物理地址是 ff:ff:ff:ff:ff:ff，这是以太网的广播地址，用以表示整个 LAN。该 LAN 上的所有机器都会收到并处理这样的帧。数值 0x806 是以太网帧头部的类型字段的值，它表示分用的目标是 ARP 模块。该以太网帧的长度为 42 字节（实际上是 46 字节，tcpdump 未统计以太网帧尾部 4 字节的 CRC 字段），其中数据部分长度为 28 字节。"Request"表示这是一个 ARP 请求，"who-has 192.168.1.109 tell 192.168.1.108"则表示是 ernest-laptop 要查询 Kongming20 的 IP 地址。

第二个数据包中，ARP 通信的源端的物理地址是 08:00:27:53:10:67（Kongming20），目的端的物理地址是 00:16:d3:5c:b9:e3（ernest-laptop）。"Reply"表示这是一个 ARP 应答，"192.168.1.109 is-at 08:00:27:53:10:67"则表示目标机器 Kongming20 报告其物理地址。该以太网帧的长度为 60 字节（实际上是 64 字节），可见它使用了填充字节来满足最小帧长度。

为了便于理解，我们将上述讨论用图 1-10 来详细说明。

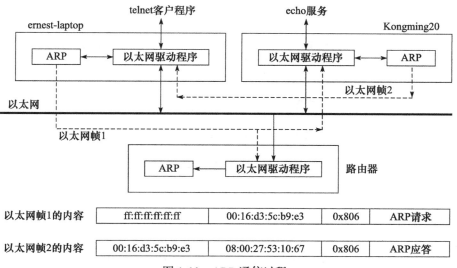

图 1-10　ARP 通信过程

关于该图，需要说明三点：

第一，我们将两次传输的以太网帧按照图 1-6 所描述的以太网帧封装格式绘制在图的下半部分。

第二，ARP 请求和应答是从以太网驱动程序发出的，而并非像图中描述的那样从 ARP 模块直接发送到以太网上，所以我们将它们用虚线表示，这主要是为了体现携带 ARP 数据的以太网帧和其他以太网帧（比如携带 IP 数据报的以太网帧）的区别。

第三，路由器也将接收到以太网帧 1，因为该帧是一个广播帧。不过很显然，路由器并没有回应其中的 ARP 请求，正如前文讨论的那样。

1.6 DNS 工作原理

我们通常使用机器的域名来访问这台机器，而不直接使用其 IP 地址，比如访问因特网上的各种网站。那么如何将机器的域名转换成 IP 地址呢？这就需要使用域名查询服务。域名查询服务有很多种实现方式，比如 NIS（Network Information Service，网络信息服务）、DNS 和本地静态文件等。本节主要讨论 DNS。

1.6.1 DNS 查询和应答报文详解

DNS 是一套分布式的域名服务系统。每个 DNS 服务器上都存放着大量的机器名和 IP 地址的映射，并且是动态更新的。众多网络客户端程序都使用 DNS 协议来向 DNS 服务器查询目标主机的 IP 地址。DNS 查询和应答报文的格式如图 1-11 所示。

0　　　　　　　　　　　　　　　　15	16　　　　　　　　　　　　　　　　31
16位标识	16位标志
16位问题个数	16位应答资源记录个数
16位授权资源记录数目	16位额外的资源记录数目
查询问题（长度可变）	
应答（资源记录数目可变，长度可变）	
授权（资源记录数目可变，长度可变）	
额外信息（资源记录数目可变，长度可变）	

图 1-11　DNS 查询和应答报文

16 位标识⊖字段用于标记一对 DNS 查询和应答，以此区分一个 DNS 应答是哪个 DNS 查

⊖　"标识"和"标志"在《现代汉语词典（第5版）》中表示同一含义，但是在本书中（计算机业界也是如此），它们为两个概念，代表不同的含义，读者在阅读时应严格区分。

询的回应。

16 位标志字段用于协商具体的通信方式和反馈通信状态。DNS 报文头部的 16 位标志字段的细节如图 1-12 所示。

QR	opcode	AA	TC	RD	RA	zero	rcode
1位	4位	1位	1位	1位	1位	3位	4位

图 1-12 DNS 报文头部的标志字段

图 1-12 中各标志的含义分别是：

- QR，查询 / 应答标志。0 表示这是一个查询报文，1 表示这是一个应答报文。
- opcode，定义查询和应答的类型。0 表示标准查询，1 表示反向查询（由 IP 地址获得主机域名），2 表示请求服务器状态。
- AA，授权应答标志，仅由应答报文使用。1 表示域名服务器是授权服务器。
- TC，截断标志，仅当 DNS 报文使用 UDP 服务时使用。因为 UDP 数据报有长度限制，所以过长的 DNS 报文将被截断。1 表示 DNS 报文超过 512 字节，并被截断。
- RD，递归查询标志。1 表示执行递归查询，即如果目标 DNS 服务器无法解析某个主机名，则它将向其他 DNS 服务器继续查询，如此递归，直到获得结果并把该结果返回给客户端。0 表示执行迭代查询，即如果目标 DNS 服务器无法解析某个主机名，则它将自己知道的其他 DNS 服务器的 IP 地址返回给客户端，以供客户端参考。
- RA，允许递归标志。仅由应答报文使用，1 表示 DNS 服务器支持递归查询。
- zero，这 3 位未用，必须都设置为 0。
- rcode，4 位返回码，表示应答的状态。常用值有 0（无错误）和 3（域名不存在）。

接下来的 4 个字段则分别指出 DNS 报文的最后 4 个字段的资源记录数目。对查询报文而言，它一般包含 1 个查询问题，而应答资源记录数、授权资源记录数和额外资源记录数则为 0。应答报文的应答资源记录数则至少为 1，而授权资源记录数和额外资源记录数可为 0 或非 0。

查询问题的格式如图 1-13 所示。

0 15	16 31
查询名（可变长）	
16位查询类型	**16位查询类**

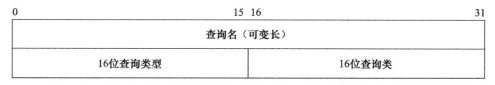

图 1-13 DNS 查询问题的格式

图 1-13 中，查询名以一定的格式封装了要查询的主机域名。16 位查询类型表示如何执行查询操作，常见的类型有如下几种：

- 类型 A，值是 1，表示获取目标主机的 IP 地址。

❏ 类型 CNAME，值是 5，表示获得目标主机的别名。
❏ 类型 PTR，值是 12，表示反向查询。

16 位查询类通常为 1，表示获取因特网地址（IP 地址）。

应答字段、授权字段和额外信息字段都使用资源记录（Resource Record，RR）格式。资源记录格式如图 1-14 所示。

图 1-14　资源记录格式

图 1-14 中，32 位域名是该记录中与资源对应的名字，其格式和查询问题中的查询名字段相同。16 位类型和 16 位类字段的含义也与 DNS 查询问题的对应字段相同。

32 位生存时间表示该查询记录结果可被本地客户端程序缓存多长时间，单位是秒。

16 位资源数据长度字段和资源数据字段的内容取决于类型字段。对类型 A 而言，资源数据是 32 位的 IPv4 地址，而资源数据长度则为 4（以字节为单位）。

至此，我们简要地介绍了 DNS 协议。我们将在后面给出一个 DNS 通信的具体例子。DNS 协议的更多细节请参考其 RFC 文档（DNS 协议存在诸多 RFC 文档，每个 RFC 文档介绍其一个侧面，比如 RFC 1035 介绍的是域名的实现和规范，RFC 1886 则描述 DNS 协议对 IPv6 的扩展支持）。

1.6.2　Linux 下访问 DNS 服务

我们要访问 DNS 服务，就必须先知道 DNS 服务器的 IP 地址。Linux 使用 /etc/resolv.conf 文件来存放 DNS 服务器的 IP 地址。机器 ernest-laptop 上，该文件的内容如下：

```
# Generated by Network Manager
nameserver 219.239.26.42
nameserver 124.207.160.106
```

其中的两个 IP 地址分别是首选 DNS 服务器地址和备选 DNS 服务器地址。文件中的注释语句"Generated by Network Manager"告诉我们，这两个 DNS 服务器地址是由网络管理程序写入的。

Linux 下一个常用的访问 DNS 服务器的客户端程序是 host，比如下面的命令是向首选 DNS 服务器 219.239.26.42 查询机器 www.baidu.com 的 IP 地址：

```
$ host -t A www.baidu.com
www.baidu.com is an alias for www.a.shifen.com.
www.a.shifen.com has address 119.75.217.56
www.a.shifen.com has address 119.75.218.77
```

host 命令的输出告诉我们，机器名 www.baidu.com 是 www.a.shifen.com. 的别名，并且该机器名对应两个 IP 地址。host 命令使用 DNS 协议和 DNS 服务器通信，其 -t 选项告诉 DNS 协议使用哪种查询类型。我们这里使用的是 A 类型，即通过机器的域名获得其 IP 地址（但实际上返回的资源记录中还包含机器的别名）。关于 host 命令的详细使用方法，请参考其 man 手册。

1.6.3 使用 tcpdump 观察 DNS 通信过程

为了看清楚 DNS 通信的过程，下面我们将从 ernest-laptop 上运行 host 命令以查询主机 www.baidu.com 对应的 IP 地址，并使用 tcpdump 抓取这一过程中 LAN 上传输的以太网帧。具体的操作过程如下：

```
$ sudo tcpdump -i eth0 -nt -s 500 port domain
$ host -t A www.baidu.com
```

这一次执行 tcpdump 抓包时，我们使用"port domain"来过滤数据包，表示只抓取使用 domain（域名）服务的数据包，即 DNS 查询和应答报文。tcpdump 的输出如下：

```
1. IP 192.168.1.108.34319 > 219.239.26.42.53: 57428+ A? www.baidu.com. (31)
2. IP 219.239.26.42.53 > 192.168.1.108.34319: 57428 3/4/4 CNAME www.a.shifen.com.,
A 119.75.218.77, A 119.75.217.56 (226)
```

这两个数据包开始的"IP"指出，它们后面的内容描述的是 IP 数据报。tcpdump 以"IP 地址.端口号"的形式来描述通信的某一端；以">"表示数据传输的方向，">"前面是源端，后面是目的端。可见，第一个数据包是测试机器 ernest-laptop（IP 地址是 192.168.1.108）向其首选 DNS 服务器（IP 地址是 219.239.26.42）发送的 DNS 查询报文（目标端口 53 是 DNS 服务使用的端口，这一点我们在前面介绍过），第二个数据包是服务器反馈的 DNS 应答报文。

第一个数据包中，数值 57428 是 DNS 查询报文的标识值，因此该值也出现在 DNS 应答报文中。"+"表示启用递归查询标志。"A?"表示使用 A 类型的查询方式。"www.baidu.com"则是 DNS 查询问题中的查询名。括号中的数值 31 是 DNS 查询报文的长度（以字节为单位）。

第二个数据包中，"3/4/4"表示该报文中包含 3 个应答资源记录、4 个授权资源记录和 4 个额外信息记录。"CNAME www.a.shifen.com.，A 119.75.218.77, A 119.75.217.56"则表示 3 个应答资源记录的内容。其中 CNAME 表示紧随其后的记录是机器的别名，A 表示紧随其后的记录是 IP 地址。该应答报文的长度为 226 字节。

> **注意** 我们抓包的时候没有开启 tcpdump 的 -X 选项（或者 -x 选项）。如果使用 -X 选项，我们将能看到 DNS 报文的每一个字节，也就能明白上面 31 字节的查询报文和 226 字节的应答报文的具体含义。限于篇幅，这里不再讨论，读者不妨自己分析。

1.7　socket 和 TCP/IP 协议族的关系

前文提到，数据链路层、网络层、传输层协议是在内核中实现的。因此操作系统需要实现一组系统调用，使得应用程序能够访问这些协议提供的服务。实现这组系统调用的 API（Application Programming Interface，应用程序编程接口）主要有两套：socket 和 XTI。XTI 现在基本不再使用，本书仅讨论 socket。图 1-1 显示了 socket 与 TCP/IP 协议族的关系。

由 socket 定义的这一组 API 提供如下两点功能：一是将应用程序数据从用户缓冲区中复制到 TCP/UDP 内核发送缓冲区，以交付内核来发送数据（比如图 1-5 所示的 send 函数），或者是从内核 TCP/UDP 接收缓冲区中复制数据到用户缓冲区，以读取数据；二是应用程序可以通过它们来修改内核中各层协议的某些头部信息或其他数据结构，从而精细地控制底层通信的行为。比如可以通过 setsockopt 函数来设置 IP 数据报在网络上的存活时间。我们将在第 5 章详细讨论这一组 API。

值得一提的是，socket 是一套通用网络编程接口，它不但可以访问内核中 TCP/IP 协议栈，而且可以访问其他网络协议栈（比如 X.25 协议栈、UNIX 本地域协议栈等）。

第 2 章　IP 协议详解

IP 协议是 TCP/IP 协议族的核心协议，也是 socket 网络编程的基础之一。本章从两个方面较为深入地探讨 IP 协议：
- ❑ IP 头部信息。IP 头部信息出现在每个 IP 数据报中，用于指定 IP 通信的源端 IP 地址、目的端 IP 地址，指导 IP 分片和重组，以及指定部分通信行为。
- ❑ IP 数据报的路由和转发。IP 数据报的路由和转发发生在除目标机器之外的所有主机和路由器上。它们决定数据报是否应该转发以及如何转发。

由于 32 位表示的 IP 地址即将全部使用完，因此人们开发出了新版本的 IP 协议，称为 IPv6 协议，而原来的版本则称为 IPv4 协议。本章前面部分的讨论都是基于 IPv4 协议的，只在最后一节简要讨论 IPv6 协议。

在开始讨论前，我们先简单介绍一下 IP 服务。

2.1　IP 服务的特点

IP 协议是 TCP/IP 协议族的动力，它为上层协议提供无状态、无连接、不可靠的服务。

无状态（stateless）是指 IP 通信双方不同步传输数据的状态信息，因此所有 IP 数据报的发送、传输和接收都是相互独立、没有上下文关系的。这种服务最大的缺点是无法处理乱序和重复的 IP 数据报。比如发送端发送出的第 N 个 IP 数据报可能比第 $N+1$ 个 IP 数据报后到达接收端，而同一个 IP 数据报也可能经过不同的路径多次到达接收端。在这两种情况下，接收端的 IP 模块无法检测到乱序和重复，因为这些 IP 数据报之间没有任何上下文关系。接收端的 IP 模块只要收到了完整的 IP 数据报（如果是 IP 分片的话，IP 模块将先执行重组），就将其数据部分（TCP 报文段、UDP 数据报或者 ICMP 报文）上交给上层协议。那么从上层协议来看，这些数据就可能是乱序的、重复的。面向连接的协议，比如 TCP 协议，则能够自己处理乱序的、重复的报文段，它递交给上层协议的内容绝对是有序的、正确的。

虽然 IP 数据报头部提供了一个标识字段（见后文）用以唯一标识一个 IP 数据报，但它是被用来处理 IP 分片和重组的，而不是用来指示接收顺序的。

无状态服务的优点也很明显：简单、高效。我们无须为保持通信的状态而分配一些内核资源，也无须每次传输数据时都携带状态信息。在网络协议中，无状态是很常见的，比如 UDP 协议和 HTTP 协议都是无状态协议。以 HTTP 协议为例，一个浏览器的连续两次网页请求之间没有任何关联，它们将被 Web 服务器独立地处理。

无连接（connectionless）是指 IP 通信双方都不长久地维持对方的任何信息。这样，上层协议每次发送数据的时候，都必须明确指定对方的 IP 地址。

不可靠是指 IP 协议不能保证 IP 数据报准确地到达接收端，它只是承诺尽最大努力（best effort）。很多种情况都能导致 IP 数据报发送失败。比如，某个中转路由器发现 IP 数据报在网络上存活的时间太长（根据 IP 数据报头部字段 TTL 判断，见后文），那么它将丢弃之，并返回一个 ICMP 错误消息（超时错误）给发送端。又比如，接收端发现收到的 IP 数据报不正确（通过校验机制），它也将丢弃之，并返回一个 ICMP 错误消息（IP 头部参数错误）给发送端。无论哪种情况，发送端的 IP 模块一旦检测到 IP 数据报发送失败，就通知上层协议发送失败，而不会试图重传。因此，使用 IP 服务的上层协议（比如 TCP 协议）需要自己实现数据确认、超时重传等机制以达到可靠传输的目的。

2.2 IPv4 头部结构

2.2.1 IPv4 头部结构

IPv4 的头部结构如图 2-1 所示。其长度通常为 20 字节，除非含有可变长的选项部分。

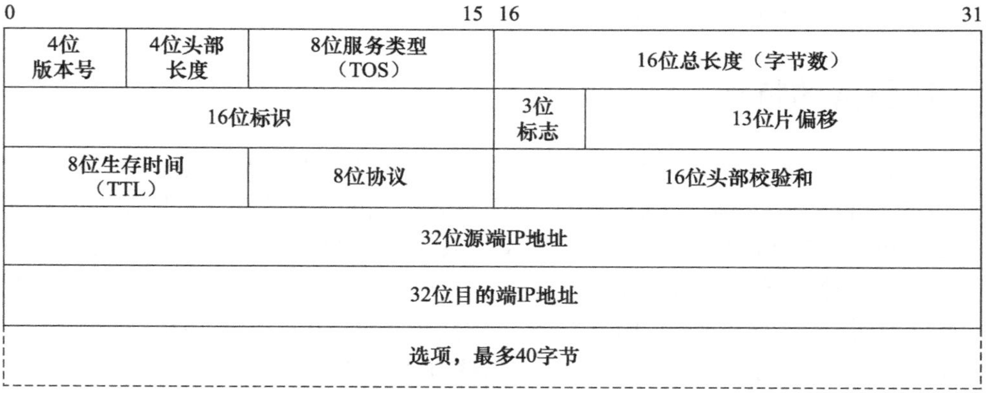

0		15	16	31
4位版本号	4位头部长度	8位服务类型（TOS）	16位总长度（字节数）	
16位标识			3位标志	13位片偏移
8位生存时间（TTL）		8位协议	16位头部校验和	
32位源端IP地址				
32位目的端IP地址				
选项，最多40字节				

图 2-1 IPv4 头部结构

4 位版本号（version）指定 IP 协议的版本。对 IPv4 来说，其值是 4。其他 IPv4 协议的扩展版本（如 SIP 协议和 PIP 协议），则具有不同的版本号（它们的头部结构也和图 2-1 不同）。

4 位头部长度（header length）标识该 IP 头部有多少个 32 bit 字（4 字节）。因为 4 位最大能表示 15，所以 IP 头部最长是 60 字节。

8 位服务类型（Type Of Service，TOS）包括一个 3 位的优先权字段（现在已经被忽略），4 位的 TOS 字段和 1 位保留字段（必须置 0）。4 位的 TOS 字段分别表示：最小延时，最大吞吐量，最高可靠性和最小费用。其中最多有一个能置为 1，应用程序应该根据实际需要来设置它。比如像 ssh 和 telnet 这样的登录程序需要的是最小延时的服务，而文件传输程序 ftp 则需要最大吞吐量的服务。

16 位总长度（total length）是指整个 IP 数据报的长度，以字节为单位，因此 IP 数据报的最大长度为 65 535（$2^{16}-1$）字节。但由于 MTU 的限制，长度超过 MTU 的数据报都将被分片传输，所以实际传输的 IP 数据报（或分片）的长度都远远没有达到最大值。接下来的 3 个字段则描述了如何实现分片。

16 位标识（identification）唯一地标识主机发送的每一个数据报。其初始值由系统随机生成；每发送一个数据报，其值就加 1。该值在数据报分片时被复制到每个分片中，因此同一个数据报的所有分片都具有相同的标识值。

3 位标志字段的第一位保留。第二位（Don't Fragment，DF）表示"禁止分片"。如果设置了这个位，IP 模块将不对数据报进行分片。在这种情况下，如果 IP 数据报长度超过 MTU 的话，IP 模块将丢弃该数据报并返回一个 ICMP 差错报文。第三位（More Fragment，MF）表示"更多分片"。除了数据报的最后一个分片外，其他分片都要把它置 1。

13 位分片偏移（fragmentation offset）是分片相对原始 IP 数据报开始处（仅指数据部分）的偏移。实际的偏移值是该值左移 3 位（乘 8）后得到的。由于这个原因，除了最后一个 IP 分片外，每个 IP 分片的数据部分的长度必须是 8 的整数倍（这样才能保证后面的 IP 分片拥有一个合适的偏移值）。

8 位生存时间（Time To Live，TTL）是数据报到达目的地之前允许经过的路由器跳数。TTL 值被发送端设置（常见的值是 64）。数据报在转发过程中每经过一个路由，该值就被路由器减 1。当 TTL 值减为 0 时，路由器将丢弃数据报，并向源端发送一个 ICMP 差错报文。TTL 值可以防止数据报陷入路由循环。

8 位协议（protocol）用来区分上层协议，我们在第 1 章讨论过。/etc/protocols 文件定义了所有上层协议对应的 protocol 字段的数值。其中，ICMP 是 1，TCP 是 6，UDP 是 17。/etc/protocols 文件是 RFC 1700 的一个子集。

16 位头部校验和（header checksum）由发送端填充，接收端对其使用 CRC 算法以检验 IP 数据报头部（注意，仅检验头部）在传输过程中是否损坏。

32 位的源端 IP 地址和目的端 IP 地址用来标识数据报的发送端和接收端。一般情况下，这两个地址在整个数据报的传递过程中保持不变，而不论它中间经过多少个中转路由器。关于这一点，我们将在第 4 章进一步讨论。

IPv4 最后一个选项字段（option）是可变长的可选信息。这部分最多包含 40 字节，因为 IP 头部最长是 60 字节（其中还包含前面讨论的 20 字节的固定部分）。可用的 IP 选项包括：

❑ 记录路由（record route），告诉数据报途经的所有路由器都将自己的 IP 地址填入 IP 头部的选项部分，这样我们就可以跟踪数据报的传递路径。

❑ 时间戳（timestamp），告诉每个路由器都将数据报被转发的时间（或时间与 IP 地址对）填入 IP 头部的选项部分，这样就可以测量途经路由之间数据报传输的时间。

❑ 松散源路由选择（loose source routing），指定一个路由器 IP 地址列表，数据报发送过程中必须经过其中所有的路由器。
- ❏ 严格源路由选择（strict source routing），和松散源路由选择类似，不过数据报只能经过被指定的路由器。

关于 IP 头部选项字段更详细的信息，请参考 IP 协议的标准文档 RFC 791。不过这些选项字段很少被使用，使用松散源路由选择和严格源路由选择选项的例子大概仅有 traceroute 程序。此外，作为记录路由 IP 选项的替代品，traceroute 程序使用 UDP 报文和 ICMP 报文实现了更可靠的记录路由功能，详情请参考文档 RFC 1393。

2.2.2 使用 tcpdump 观察 IPv4 头部结构

为了深入理解 IPv4 头部中每个字段的含义，我们从测试机器 ernest-laptop 上执行 telnet 命令登录本机，并用 tcpdump 抓取这个过程中 telnet 客户端程序和 telnet 服务器程序之间交换的数据包。具体的操作过程如下：

```
$ sudo tcpdump -ntx -i lo                  # 抓取本地回路上的数据包
$ telnet 127.0.0.1                         # 开启另一个终端执行 telnet 命令登录本机
Trying 127.0.0.1...
Connected to 127.0.0.1.
Escape character is '^]'.
Ubuntu 9.10
ernest-laptop login: ernest                # 输入用户名并回车
Password:                                  # 输入密码并回车
```

此时观察 tcpdump 输出的第一个数据包，其内容如代码清单 2-1 所示。

代码清单 2-1　用 tcpdump 抓取数据包

```
IP 127.0.0.1.41621 > 127.0.0.1.23: Flags [S], seq 3499745539, win 32792,
options [mss 16396,sackOK,TS val 40781017 ecr 0,nop,wscale 6], length 0
    0x0000:  4510 003c a5da 4000 4006 96cf 7f00 0001
    0x0010:  7f00 0001 a295 0017 d099 e103 0000 0000
    0x0020:  a002 8018 fe30 0000 0204 400c 0402 080a
    0x0030:  026e 44d9 0000 0000 0103 0306
```

该数据包描述的是一个 IP 数据报。由于我们是使用 telnet 登录本机的，所以 IP 数据报的源端 IP 地址和目的端 IP 地址都是 "127.0.0.1"。telnet 服务器程序使用的端口号是 23（参见 /etc/services 文件），而 telnet 客户端程序使用临时端口号 41621 与服务器通信。关于临时端口号，我们将在第 3 章讨论。"Flags"、"seq"、"win" 和 "options" 描述的都是 TCP 头部信息，这也将在第 3 章讨论。"length" 指出该 IP 数据报所携带的应用程序数据的长度。

这次抓包我们开启了 tcpdump 的 -x 选项，使之输出数据包的二进制码。此数据包共包含 60 字节，其中前 20 字节是 IP 头部，后 40 字节是 TCP 头部，不包含应用程序数据（length 值为 0）。现在我们分析 IP 头部的每个字节，如表 2-1 所示。

表 2-1　IPv4 头部各个字段详解

十六进制数	十进制表示 ⊖	IP 头部信息
0x4	4	IP 版本号
0x5	5	头部长度为 5 个 32 位（20 字节）
0x10		TOS 选项中最小延时服务被开启
0x003c	60	数据报总长度，60 字节
0xa5da		数据报标识
0x4		设置了禁止分片标志
0x000	0	分片偏移
0x40	64	TTL 被设为 64
0x06	6	协议字段为 6，表示上层协议是 TCP 协议
0x96cf		IP 头部校验和
0x7f000001		32 位源端 IP 地址 127.0.0.1
0x7f000001		32 位目的端 IP 地址 127.0.0.1

由表 2-1 可见，telnet 服务选择使用具有最小延时的服务，并且默认使用的传输层协议是 TCP 协议（回顾第 1 章讨论的分用）。这些都符合我们通常的理解。这个 IP 数据报没有被分片，因为它没有携带任何应用程序数据。接下来我们将抓取并讨论被分片的 IP 数据报。

2.3　IP 分片

前文曾提到，当 IP 数据报的长度超过帧的 MTU 时，它将被分片传输。分片可能发生在发送端，也可能发生在中转路由器上，而且可能在传输过程中被多次分片，但只有在最终的目标机器上，这些分片才会被内核中的 IP 模块重新组装。

IP 头部中的如下三个字段给 IP 的分片和重组提供了足够的信息：数据报标识、标志和片偏移。一个 IP 数据报的每个分片都具有自己的 IP 头部，它们具有相同的标识值，但具有不同的片偏移。并且除了最后一个分片外，其他分片都将设置 MF 标志。此外，每个分片的 IP 头部的总长度字段将被设置为该分片的长度。

以太网帧的 MTU 是 1500 字节（可以通过 ifconfig 命令或者 netstat 命令查看），因此它携带的 IP 数据报的数据部分最多是 1480 字节（IP 头部占用 20 字节）。考虑用 IP 数据报封装一个长度为 1481 字节的 ICMP 报文（包括 8 字节的 ICMP 头部，所以其数据部分长度为 1473 字节），则该数据报在使用以太网帧传输时必须被分片，如图 2-2 所示。

图 2-2 中，长度为 1501 字节的 IP 数据报被拆分成两个 IP 分片，第一个 IP 分片长度为 1500 字节，第二个 IP 分片的长度为 21 字节。每个 IP 分片都包含自己的 IP 头部（20 字节），且第一个 IP 分片的 IP 头部设置了 MF 标志，而第二个 IP 分片的 IP 头部则没有设置该标志，因为它已经是最后一个分片了。原始 IP 数据报中的 ICMP 头部内容被完整地复制到了第一

⊖ 此列中的空格表示我们并不关心相应字段的十进制值。

个 IP 分片中。第二个 IP 分片不包含 ICMP 头部信息，因为 IP 模块重组该 ICMP 报文的时候只需要一份 ICMP 头部信息，重复传送这个信息没有任何益处。1473 字节的 ICMP 报文数据的前 1472 字节被 IP 模块复制到第一个 IP 分片中，使其总长度为 1500 字节，从而满足 MTU 的要求；而多出的最后 1 字节则被复制到第二个 IP 分片中。

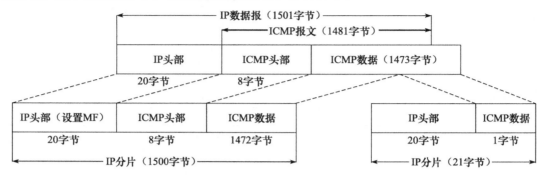

图 2-2　携带 ICMP 报文的 IP 数据报被分片

需要指出的是，ICMP 报文的头部长度取决于报文的类型，其变化范围很大。图 2-2 以 8 字节为例，因为后面的例子用到了 ping 程序，而 ping 程序使用的 ICMP 回显和应答报文的头部长度是 8 字节。

为了看清楚 IP 分片的具体过程，考虑从 ernest-laptop 来 ping 机器 Kongming20，每次传送 1473 字节的数据（这是 ICMP 报文的数据部分）以强制引起 IP 分片，并用 tcpdump 抓取这一过程中双方交换的数据包。具体操作过程如下：

```
$ sudo tcpdump -ntv -i eth0 icmp            # 只抓取 ICMP 报文
$ ping Kongming20 -s 1473                   # 用 -s 选项指定每次发送 1473 字节的数据
```

下面我们考察 tcpdump 输出的一个 IP 数据报的两个分片，其内容如下：

1. IP(tos 0x0, ttl 64, id 61197, offset 0, flags [+], proto ICMP (1), length 1500)
   192.168.1.108 > 192.168.1.110: ICMP echo request, id 41737, seq 1, length 1480
2. IP(tos 0x0, ttl 64, id 61197, offset 1480, flags [none], proto ICMP (1), length 21)
   192.168.1.108 > 192.168.1.110: icmp

这两个 IP 分片的标识值都是 61197，说明它们是同一个 IP 数据报的分片。第一个分片的片偏移值为 0，而第二个则是 1480。很显然，第二个分片的片偏移值实际上也是第一个分片的 ICMP 报文的长度。第一个分片设置了 MF 标志以表示还有后续分片，所以 tcpdump 输出"flags [+]"。而第二个分片则没有设置任何标志，所以 tcpdump 输出"flags [none]"。这个两个分片的长度分别为 1500 字节和 21 字节，这与图 2-2 描述的一致。

最后，IP 层传递给数据链路层的数据可能是一个完整的 IP 数据报，也可能是一个 IP 分片，它们统称为 IP 分组（packet）。本书如无特殊声明，不区分 IP 数据报和 IP 分组。

2.4　IP 路由

IP 协议的一个核心任务是数据报的路由，即决定发送数据报到目标机器的路径。为了理解 IP 路由过程，我们先简要分析 IP 模块的基本工作流程。

2.4.1　IP 模块工作流程

IP 模块基本工作流程如图 2-3 所示。

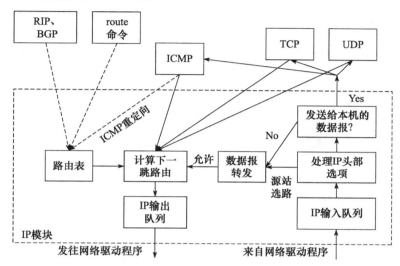

图 2-3　IP 模块基本工作流程

我们从右往左来分析图 2-3。当 IP 模块接收到来自数据链路层的 IP 数据报时，它首先对该数据报的头部做 CRC 校验，确认无误之后就分析其头部的具体信息。

如果该 IP 数据报的头部设置了源站选路选项（松散源路由选择或严格源路由选择），则 IP 模块调用数据报转发子模块来处理该数据报。如果该 IP 数据报的头部中目标 IP 地址是本机的某个 IP 地址，或者是广播地址，即该数据报是发送给本机的，则 IP 模块就根据数据报头部中的协议字段来决定将它派发给哪个上层应用（分用）。如果 IP 模块发现这个数据报不是发送给本机的，则也调用数据报转发子模块来处理该数据报。

数据报转发子模块将首先检测系统是否允许转发，如果不允许，IP 模块就将数据报丢弃。如果允许，数据报转发子模块将对该数据报执行一些操作，然后将它交给 IP 数据报输出子模块。我们将在后面讨论数据报转发的具体过程。

IP 数据报应该发送至哪个下一跳路由（或者目标机器），以及经过哪个网卡来发送，就是 IP 路由过程，即图 2-3 中"计算下一跳路由"子模块。IP 模块实现数据报路由的核心数据结构是路由表。这个表按照数据报的目标 IP 地址分类，同一类型的 IP 数据报将被发往相同的下一跳路由器（或者目标机器）。我们将在后面讨论 IP 路由过程。

IP 输出队列中存放的是所有等待发送的 IP 数据报，其中除了需要转发的 IP 数据报外，还包括封装了本机上层数据（ICMP 报文、TCP 报文段和 UDP 数据报）的 IP 数据报。

图 2-3 中的虚线箭头显示了路由表更新的过程。这一过程是指通过路由协议或者 route 命令调整路由表，使之更适应最新的网络拓扑结构，称为 IP 路由策略。我们将在后面简单讨

论它。

2.4.2 路由机制

要研究 IP 路由机制，需要先了解路由表的内容。我们可以使用 route 命令或 netstat 命令查看路由表。在测试机器 ernest-laptop 上执行 route 命令，输出内容如代码清单 2-2 所示。

代码清单 2-2 路由表实例

```
Kernel IP routing table
Destination     Gateway         Genmask         Flags Metric Ref    Use Iface
default         192.168.1.1     0.0.0.0         UG    0      0        0 eth0
192.168.1.0     *               255.255.255.0   U     1      0        0 eth0
```

该路由表包含两项，每项都包含 8 个字段，如表 2-2 所示。

表 2-2 路由表内容

字 段	含 义
Destination	目标网络或主机
Gateway	网关地址，* 表示目标和本机在同一个网络，不需要路由
Genmask	网络掩码
Flags	路由项标志，常见标志有如下 5 种（更多标志见 route 命令的 man 手册）： ❑ U，该路由项是活动的； ❑ H，该路由项的目标是一台主机； ❑ G，该路由项的目标是网关； ❑ D，该路由项是由重定向生成的； ❑ M，该路由项被重定向修改过
Metric	路由距离，即到达指定网络所需的中转数
Ref	路由项被引用的次数（Linux 未使用）
Use	该路由项被使用的次数
Iface	该路由项对应的输出网卡接口

代码清单 2-2 所示的路由表中，第一项的目标地址是 default，即所谓的默认路由项。该项包含一个"G"标志，说明路由的下一跳目标是网关，其地址是 192.168.1.1（这是测试网络中路由器的本地 IP 地址）。另外一个路由项的目标地址是 192.168.1.0，它指的是本地局域网。该路由项的网关地址为 *，说明数据报不需要路由中转，可以直接发送到目标机器。

那么路由表是如何按照 IP 地址分类的呢？或者说给定数据报的目标 IP 地址，它将匹配路由表中的哪一项呢？这就是 IP 的路由机制，分为 3 个步骤：

1）查找路由表中和数据报的目标 IP 地址完全匹配的主机 IP 地址。如果找到，就使用该路由项，没找到则转步骤 2。

2）查找路由表中和数据报的目标 IP 地址具有相同网路 ID 的网络 IP 地址（比如代码清单 2-2 所示的路由表中的第二项）。如果找到，就使用该路由项；没找到则转步骤 3。

3）选择默认路由项，这通常意味着数据报的下一跳路由是网关。

因此，对于测试机器 ernest-laptop 而言，所有发送到 IP 地址为 192.168.1.* 的机器的 IP 数据报都可以直接发送到目标机器（匹配路由表第二项），而所有访问因特网的请求都将通过网关来转发（匹配默认路由项）。

2.4.3 路由表更新

路由表必须能够更新，以反映网络连接的变化，这样 IP 模块才能准确、高效地转发数据报。route 命令可以修改路由表。我们看如下几个例子（在机器 ernest-laptop 上执行）：

```
$ sudo route add -host 192.168.1.109 dev eth0
$ sudo route del -net 192.168.1.0 netmask 255.255.255.0
$ sudo route del default
$ sudo route add default gw 192.168.1.109 dev eth0
```

第 1 行表示添加主机 192.168.1.109（机器 Kongming20）对应的路由项。这样设置之后，所有从 ernest-laptop 发送到 Kongming20 的 IP 数据报将通过网卡 eth0 直接发送至目标机器的接收网卡。第 2 行表示删除网络 192.168.1.0 对应的路由项。这样，除了机器 Kongming20 外，测试机器 ernest-laptop 将无法访问该局域网上的任何其他机器（能访问到 Kongming20 是由于执行了上一条命令）。第 3 行表示删除默认路由项，这样做的后果是无法访问因特网。第 4 行表示重新设置默认路由项，不过这次其网关是机器 Kongming20（而不是能直接访问因特网的路由器）！经过上述修改后的路由表如下：

```
Kernel IP routing table
Destination     Gateway         Genmask         Flags   Metric  Ref     Use Iface
Kongming20      *               255.255.255.255 UH      0       0       0   eth0
default         Kongming20      0.0.0.0         UG      0       0       0   eth0
```

这个新的路由表中，第一个路由项是主机路由项，所以它被设置了"H"标志。我们设计这样一个路由表的目的是为后文讨论 ICMP 重定向提供环境。

通过 route 命令或其他工具手工修改路由表，是静态的路由更新方式。对于大型的路由器，它们通常通过 BGP（Border Gateway Protocol，边际网关协议）、RIP（Routing Information Protocol，路由信息协议）、OSPF 等协议来发现路径，并更新自己的路由表。这种更新方式是动态的、自动的。这部分内容超出了本书的讨论范围，感兴趣的读者可阅读参考资料 1。

2.5 IP 转发

前文提到，不是发送给本机的 IP 数据报将由数据报转发子模块来处理。路由器都能执行数据报的转发操作，而主机一般只发送和接收数据报，这是因为主机上 /proc/sys/net/ipv4/ip_forward 内核参数默认被设置为 0。我们可以通过修改它来使能主机的数据报转发功能（在测试机器 Kongming20 上以 root 身份执行）：

```
# echo 1 > /proc/sys/net/ipv4/ip_forward
```

对于允许 IP 数据报转发的系统（主机或路由器），数据报转发子模块将对期望转发的数据报执行如下操作：

1）检查数据报头部的 TTL 值。如果 TTL 值已经是 0，则丢弃该数据报。
2）查看数据报头部的严格源路由选择选项。如果该选项被设置，则检测数据报的目标 IP 地址是否是本机的某个 IP 地址。如果不是，则发送一个 ICMP 源站选路失败报文给发送端。
3）如果有必要，则给源端发送一个 ICMP 重定向报文，以告诉它一个更合理的下一跳路由器。
4）将 TTL 值减 1。
5）处理 IP 头部选项。
6）如果有必要，则执行 IP 分片操作。

2.6 重定向

图 2-3 显示了 ICMP 重定向报文也能用于更新路由表，因此本节我们简要讨论 ICMP 重定向。

2.6.1 ICMP 重定向报文

ICMP 重定向报文格式如图 2-4 所示。

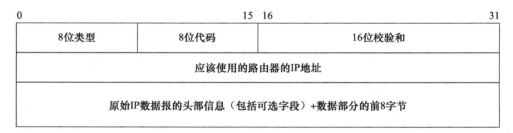

图 2-4　ICMP 重定向报文格式

我们在 1.1 节讨论过 ICMP 报文头部的 3 个固定字段：8 位类型、8 位代码和 16 位校验和。ICMP 重定向报文的类型值是 5，代码字段有 4 个可选值，用来区分不同的重定向类型。本书仅讨论主机重定向，其代码值为 1。

ICMP 重定向报文的数据部分含义很明确，它给接收方提供了如下两个信息：
❑ 引起重定向的 IP 数据报（即图 2-4 中的原始 IP 数据报）的源端 IP 地址。
❑ 应该使用的路由器的 IP 地址。

接收主机根据这两个信息就可以断定引起重定向的 IP 数据报应该使用哪个路由器来转发，并且以此来更新路由表（通常是更新路由表缓冲，而不是直接更改路由表）。

/proc/sys/net/ipv4/conf/all/send_redirects 内核参数指定是否允许发送 ICMP 重定向报文，

而 /proc/sys/net/ipv4/conf/all/accept_redirects 内核参数则指定是否允许接收 ICMP 重定向报文。一般来说，主机只能接收 ICMP 重定向报文，而路由器只能发送 ICMP 重定向报文。

2.6.2 主机重定向实例

2.4.3 节中，我们把机器 ernest-laptop 的网关设置成了机器 Kongming20，2.5 节中我们又使能了 Kongming20 的数据报转发功能，因此机器 ernest-laptop 将通过 Kongming20 来访问因特网，比如在 ernest-laptop 上执行如下 ping 命令：

```
$ ping www.baidu.com
PING www.a.shifen.com (119.75.217.56) 56(84) bytes of data.
From Kongming20 (192.168.1.109): icmp_seq=1 Redirect Host(New nexthop: 192.168.1.1)
64 bytes from 119.75.217.56: icmp_seq=1 ttl=54 time=6.78 ms

--- www.a.shifen.com ping statistics ---
1 packets transmitted, 1 received, 0% packet loss, time 0ms
rtt min/avg/max/mdev = 6.789/6.789/6.789/0.000 ms
```

从 ping 命令的输出来看，Kongming20 给 ernest-laptop 发送了一个 ICMP 重定向报文，告诉它请通过 192.168.1.1 来访问目标机器，因为这对 ernest-laptop 来说是更合理的路由方式。当主机 ernest-laptop 收到这样的 ICMP 重定向报文后，它将更新其路由表缓冲（使用命令 route -Cn 查看），并使用新的路由方式来发送后续数据报。上面讨论的重定向过程可用图 2-5 来总结。

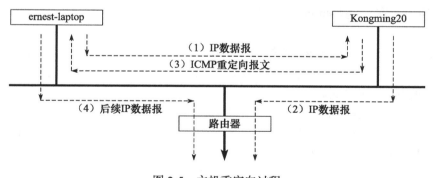

图 2-5 主机重定向过程

2.7 IPv6 头部结构

IPv6 协议是网络层技术发展的必然趋势。它不仅解决了 IPv4 地址不够用的问题，还做了很大的改进。比如，增加了多播和流的功能，为网络上多媒体内容的质量提供精细的控制；引入自动配置功能，使得局域网管理更方便；增加了专门的网络安全功能等。本节简要地讨论 IPv6 头部结构，它的更多细节请参考其标准文档 RFC 2460。

2.7.1 IPv6 固定头部结构

IPv6 头部由 40 字节的固定头部和可变长的扩展头部组成。图 2-6 所示是 IPv6 的固定头部结构。

图 2-6　IPv6 固定头部结构

4 位版本号（version）指定 IP 协议的版本。对 IPv6 来说，其值是 6。

8 位通信类型（traffic class）指示数据流通信类型或优先级，和 IPv4 中的 TOS 类似。

20 位流标签（flow label）是 IPv6 新增加的字段，用于某些对连接的服务质量有特殊要求的通信，比如音频或视频等实时数据传输。

16 位净荷长度（payload length）指的是 IPv6 扩展头部和应用程序数据长度之和，不包括固定头部长度。

8 位下一个包头（next header）指出紧跟 IPv6 固定头部后的包头类型，如扩展头（如果有的话）或某个上层协议头（比如 TCP，UDP 或 ICMP）。它类似于 IPv4 头部中的协议字段，且相同的取值有相同的含义。

8 位跳数限制（hop limit）和 IPv4 中的 TTL 含义相同。

IPv6 用 128 位（16 字节）来表示 IP 地址，使得 IP 地址的总量达到了 2^{128} 个。所以有人说，"IPv6 使得地球上的每粒沙子都有一个 IP 地址"。

32 位表示的 IPv4 地址一般用点分十进制来表示，而 IPv6 地址则用十六进制字符串表示，比如 "FE80:0000:0000:0000:1234:5678:0000:0012"。可见，IPv6 地址用 ":" 分割成 8 组，每组包含 2 字节。但这种表示方法过于麻烦，通常可以使用所谓的零压缩法来将其简写，也就是省略连续的、全零的组。比如，上面的例子使用零压缩法可表示为 "FE80::1234:5678:0000:0012"。不过零压缩法对一个 IPv6 地址只能使用一次，比如上面的例子中，字节组 "5678" 后面的全零组就不能再省略，否则我们就无法计算每个 "::" 之间省略了多少个全零组。

2.7.2　IPv6 扩展头部

可变长的扩展头部使得 IPv6 能支持更多的选项，并且很便于将来的扩展需要。它的长度可以是 0，表示数据报没使用任何扩展头部。一个数据报可以包含多个扩展头部，每个扩展头部的类型由前一个头部（固定头部或扩展头部）中的下一个报头字段指定。目前可以使用的扩展头部如表 2-3 所示。

表 2-3　IPv6 扩展头部

扩展头部	含　　义
Hop-by-Hop	逐跳选项头部，它包含每个路由器都必须检查和处理的特殊参数选项
Destination options	目的选项头部，指定由最终目的节点处理的选项
Routing	路由头部，指定数据报要经过哪些中转路由器，功能类似于 IPv4 的松散源路由选择选项和记录路由选项
Fragment	分片头部，处理分片和重组的细节
Authentication	认证头部，提供数据源认证、数据完整性检查和反重播保护
Encapsulating Security Payload	加密头部，提供加密服务
No next header	没有后续扩展头部

注意　IPv6 协议并不是 IPv4 协议的简单扩展，而是完全独立的协议。用以太网帧封装的 IPv6 数据报和 IPv4 数据报具有不同的类型值。第 1 章提到，IPv4 数据报的以太网帧封装类型值是 0x800，而 IPv6 数据报的以太网帧封装类型值是 0x86dd（见 RFC 2464）。

第 3 章　TCP 协议详解

TCP 协议是 TCP/IP 协议族中另一个重要的协议。和 IP 协议相比，TCP 协议更靠近应用层，因此在应用程序中具有更强的可操作性。一些重要的 socket 选项都和 TCP 协议相关。

本章从如下四方面来讨论 TCP 协议：

- ❑ TCP 头部信息。TCP 头部信息出现在每个 TCP 报文段中，用于指定通信的源端端口号、目的端端口号，管理 TCP 连接，控制两个方向的数据流。
- ❑ TCP 状态转移过程。TCP 连接的任意一端都是一个状态机。在 TCP 连接从建立到断开的整个过程中，连接两端的状态机将经历不同的状态变迁。理解 TCP 状态转移对于调试网络应用程序将有很大的帮助。
- ❑ TCP 数据流。通过分析 TCP 数据流，我们就可以从网络应用程序外部来了解应用层协议和通信双方交换的应用程序数据。这一部分将讨论两种类型的 TCP 数据流：交互数据流和成块数据流。TCP 数据流中有一种特殊的数据，称为紧急数据，我们也将简单讨论之。
- ❑ TCP 数据流的控制。为了保证可靠传输和提高网络通信质量，内核需要对 TCP 数据流进行控制。这一部分讨论 TCP 数据流控制的两个方面：超时重传和拥塞控制。

不过在详细讨论 TCP 协议之前，我们先简单介绍一下 TCP 服务的特点，以及它和 UDP 服务的区别。

3.1　TCP 服务的特点

传输层协议主要有两个：TCP 协议和 UDP 协议。TCP 协议相对于 UDP 协议的特点是：面向连接、字节流和可靠传输。

使用 TCP 协议通信的双方必须先建立连接，然后才能开始数据的读写。双方都必须为该连接分配必要的内核资源，以管理连接的状态和连接上数据的传输。TCP 连接是全双工的，即双方的数据读写可以通过一个连接进行。完成数据交换之后，通信双方都必须断开连接以释放系统资源。

TCP 协议的这种连接是一对一的，所以基于广播和多播（目标是多个主机地址）的应用程序不能使用 TCP 服务。而无连接协议 UDP 则非常适合于广播和多播。

我们在 1.1 节中简单介绍过字节流服务和数据报服务的区别。这种区别对应到实际编程中，则体现为通信双方是否必须执行相同次数的读、写操作（当然，这只是表现形式）。当发送端应用程序连续执行多次写操作时，TCP 模块先将这些数据放入 TCP 发送缓冲区中。当 TCP 模块真正开始发送数据时，发送缓冲区中这些等待发送的数据可能被封装成一个或多个如，某个 TCP 报文段传送的数据是字节流中的第 1025～2048 字节，那么该报文段的序号值就是 ISN+1025。另外一个传输方向（从 B 到 A）的 TCP 报文段的序号值也具有相同的含义。

32 位确认号（acknowledgement number）：用作对另一方发送来的 TCP 报文段的响应。其值是收到的 TCP 报文段的序号值加 1。假设主机 A 和主机 B 进行 TCP 通信，那么 A 发送出的 TCP 报文段不仅携带自己的序号，而且包含对 B 发送来的 TCP 报文段的确认号。反之，B 发送出的 TCP 报文段也同时携带自己的序号和对 A 发送来的报文段的确认号。

4 位头部长度（header length）：标识该 TCP 头部有多少个 32bit 字（4 字节）。因为 4 位最大能表示 15，所以 TCP 头部最长是 60 字节。

6 位标志位包含如下几项：

- URG 标志，表示紧急指针（urgent pointer）是否有效。
- ACK 标志，表示确认号是否有效。我们称携带 ACK 标志的 TCP 报文段为确认报文段。
- PSH 标志，提示接收端应用程序应该立即从 TCP 接收缓冲区中读走数据，为接收后续数据腾出空间（如果应用程序不将接收到的数据读走，它们就会一直停留在 TCP 接收缓冲区中）。
- RST 标志，表示要求对方重新建立连接。我们称携带 RST 标志的 TCP 报文段为复位报文段。
- SYN 标志，表示请求建立一个连接。我们称携带 SYN 标志的 TCP 报文段为同步报文段。
- FIN 标志，表示通知对方本端要关闭连接了。我们称携带 FIN 标志的 TCP 报文段为结束报文段。

16 位窗口大小（window size）：是 TCP 流量控制的一个手段。这里说的窗口，指的是接收通告窗口（Receiver Window，RWND）。它告诉对方本端的 TCP 接收缓冲区还能容纳多少字节的数据，这样对方就可以控制发送数据的速度。

16 位校验和（TCP checksum）：由发送端填充，接收端对 TCP 报文段执行 CRC 算法以检验 TCP 报文段在传输过程中是否损坏。注意，这个校验不仅包括 TCP 头部，也包括数据部分。这也是 TCP 可靠传输的一个重要保障。

16 位紧急指针（urgent pointer）：是一个正的偏移量。它和序号字段的值相加表示最后一个紧急数据的下一字节的序号。因此，确切地说，这个字段是紧急指针相对当前序号的偏移，不妨称之为紧急偏移。TCP 的紧急指针是发送端向接收端发送紧急数据的方法。我们将在后面讨论 TCP 紧急数据。

3.2.2　TCP 头部选项

TCP 头部的最后一个选项字段（options）是可变长的可选信息。这部分最多包含 40 字节，因为 TCP 头部最长是 60 字节（其中还包含前面讨论的 20 字节的固定部分）。典型的 TCP 头部选项结构如图 3-4 所示。

kind（1字节）	length（1字节）	info（n字节）

图 3-4　TCP 头部选项的一般结构

选项的第一个字段 kind 说明选项的类型。有的 TCP 选项没有后面两个字段，仅包含 1 字节的 kind 字段。第二个字段 length（如果有的话）指定该选项的总长度，该长度包括 kind 字段和 length 字段占据的 2 字节。第三个字段 info（如果有的话）是选项的具体信息。常见的 TCP 选项有 7 种，如图 3-5 所示。

kind=0						
kind=1						
kind=2	length=4	最大segment长度（2字节）				
kind=3	length=3	移位数（1字节）				
kind=4	length=2					
kind=5	length=N*8+2	第1块左边沿	第1块右边沿	...	第N块左边沿	第N块右边沿
kind=8	length=10	时间戳值（4字节）		时间戳回显应答（4字节）		

图 3-5　7 种 TCP 选项

kind=0 是选项表结束选项。

kind=1 是空操作（nop）选项，没有特殊含义，一般用于将 TCP 选项的总长度填充为 4 字节的整数倍。

kind=2 是最大报文段长度选项。TCP 连接初始化时，通信双方使用该选项来协商最大报文段长度（Max Segment Size，MSS）。TCP 模块通常将 MSS 设置为（MTU–40）字节（减掉的这 40 字节包括 20 字节的 TCP 头部和 20 字节的 IP 头部）。这样携带 TCP 报文段的 IP 数据报的长度就不会超过 MTU（假设 TCP 头部和 IP 头部都不包含选项字段，并且这也是一般情况），从而避免本机发生 IP 分片。对以太网而言，MSS 值是 1460（1500–40）字节。

kind=3 是窗口扩大因子选项。TCP 连接初始化时，通信双方使用该选项来协商接收通告窗口的扩大因子。在 TCP 的头部中，接收通告窗口大小是用 16 位表示的，故最大为 65 535 字节，但实际上 TCP 模块允许的接收通告窗口大小远不止这个数（为了提高 TCP 通信的吞吐量）。窗口扩大因子解决了这个问题。假设 TCP 头部中的接收通告窗口大小是 N，窗口扩大因子（移位数）是 M，那么 TCP 报文段的实际接收通告窗口大小是 N 乘 2^M，或者说 N 左移 M 位。注意，M 的取值范围是 0～14。我们可以通过修改 /proc/sys/net/ipv4/tcp_window_scaling 内核变量来启用或关闭窗口扩大因子选项。

和 MSS 选项一样，窗口扩大因子选项只能出现在同步报文段中，否则将被忽略。但同步报文段本身不执行窗口扩大操作，即同步报文段头部的接收通告窗口大小就是该 TCP 报文段的实际接收通告窗口大小。当连接建立好之后，每个数据传输方向的窗口扩大因子就固定不变了。关于窗口扩大因子选项的细节，可参考标准文档 RFC 1323。

kind=4 是选择性确认（Selective Acknowledgment，SACK）选项。TCP 通信时，如果某个 TCP 报文段丢失，则 TCP 模块会重传最后被确认的 TCP 报文段后续的所有报文段，这样原先已经正确传输的 TCP 报文段也可能重复发送，从而降低了 TCP 性能。SACK 技术正是为改善这种情况而产生的，它使 TCP 模块只重新发送丢失的 TCP 报文段，不用发送所有未被确认的 TCP 报文段。选择性确认选项用在连接初始化时，表示是否支持 SACK 技术。我们可以通过修改 /proc/sys/net/ipv4/tcp_sack 内核变量来启用或关闭选择性确认选项。

kind=5 是 SACK 实际工作的选项。该选项的参数告诉发送方本端已经收到并缓存的不连续的数据块，从而让发送端可以据此检查并重发丢失的数据块。每个块边沿（edge of block）参数包含一个 4 字节的序号。其中块左边沿表示不连续块的第一个数据的序号，而块右边沿则表示不连续块的最后一个数据的序号的下一个序号。这样一对参数（块左边沿和块右边沿）之间的数据是没有收到的。因为一个块信息占用 8 字节，所以 TCP 头部选项中实际上最多可以包含 4 个这样的不连续数据块（考虑选项类型和长度占用的 2 字节）。

kind=8 是时间戳选项。该选项提供了较为准确的计算通信双方之间的回路时间（Round Trip Time，RTT）的方法，从而为 TCP 流量控制提供重要信息。我们可以通过修改 /proc/sys/net/ipv4/tcp_timestamps 内核变量来启用或关闭时间戳选项。

3.2.3 使用 tcpdump 观察 TCP 头部信息

在 2.3 节中，我们利用 tcpdump 抓取了一个数据包并分析了其中的 IP 头部信息，本节分析其中与 TCP 协议相关的部分（后面的分析中，我们将所有 tcpdump 抓取到的数据包都称为 TCP 报文段，因为 TCP 报文段既是数据包的主要内容，也是我们主要讨论的对象）。为了方便阅读，先将该 TCP 报文段的内容复制于代码清单 3-1 中。

代码清单 3-1　用 tcpdump 抓取数据包

```
    IP 127.0.0.1.41621 > 127.0.0.1.23: Flags [S], seq 3499745539, win 32792,
options [mss 16396,sackOK,TS val 40781017 ecr 0,nop,wscale 6], length 0
    0x0000:   4510 003c a5da 4000 4006 96cf 7f00 0001
    0x0010:   7f00 0001 a295 0017 d099 e103 0000 0000
    0x0020:   a002 8018 fe30 0000 0204 400c 0402 080a
    0x0030:   026e 44d9 0000 0000 0103 0306
```

tcpdump 输出 Flags[S]，表示该 TCP 报文段包含 SYN 标志，因此它是一个同步报文段。如果 TCP 报文段包含其他标志，则 tcpdump 也会将该标志的首字母显示在 "Flags" 后的方括号中。

seq 是序号值。因为该同步报文段是从 127.0.0.1.41621（客户端 IP 地址和端口号）到

127.0.0.1.23（服务器 IP 地址和端口号）这个传输方向上的第一个 TCP 报文段，所以这个序号值也就是此次通信过程中该传输方向的 ISN 值。并且，因为这是整个通信过程中的第一个 TCP 报文段，所以它没有针对对方发送来的 TCP 报文段的确认值（尚未收到任何对方发送来的 TCP 报文段）。

win 是接收通告窗口的大小。因为这是一个同步报文段，所以 win 值反映的是实际的接收通告窗口大小。

options 是 TCP 选项，其具体内容列在方括号中。mss 是发送端（客户端）通告的最大报文段长度。通过 ifconfig 命令查看回路接口的 MTU 为 16436 字节，因此可以预想到 TCP 报文段的 MSS 为 16396（16436-40）字节。sackOK 表示发送端支持并同意使用 SACK 选项。TS val 是发送端的时间戳。ecr 是时间戳回显应答。因为这是一次 TCP 通信的第一个 TCP 报文段，所以它针对对方的时间戳的应答为 0（尚未收到对方的时间戳）。紧接着的 nop 是一个空操作选项。wscale 指出发送端使用的窗口扩大因子为 6。

接下来我们分析 tcpdump 输出的字节码中 TCP 头部对应的信息，它从第 21 字节开始，如表 3-1 所示。

表 3-1 TCP 头部

十六进制数	十进制表示[一]	TCP 头部信息
0xa295	41621	源端口号
0x0017	23	目的端口号
0xd099e103	3499745539	序号
0x00000000	0	确认号
0xa	10	TCP 头部长度为 10 个 32 位（40 字节）
0x002		设置了 SYN 标志
0x8018	32792	接收通告窗口大小
0xfe30		头部校验和
0x0000		没设置 URG 标志，所以紧急指针值无意义
0x0204		最大报文段长度选项的 kind 值和 length 值
0x400c	16396	最大报文段长度
0x0402		允许 SACK 选项
0x080a		时间戳选项的 kind 值和 length 值
0x026e44d9	40781017	时间戳
0x00000000	0	回显应答时间戳
0x01		空操作选项
0x0303		窗口扩大因子选项的 kind 值和 length 值
0x06	6	窗口扩大因子为 6

[一] 此列中的空格表示我们并不关心相应字段的十进制值。

从表 3-1 中可见，TCP 报文段头部的二进制码和 tcpdump 输出的 TCP 报文段描述信息完全对应。在后面的 tcpdump 输出中，我们将省略大部分 TCP 头部信息，仅显示序号、确认号、窗口大小以及标志位等与主题相关的字段。

3.3 TCP 连接的建立和关闭

本节我们讨论建立和关闭 TCP 连接的过程。

3.3.1 使用 tcpdump 观察 TCP 连接的建立和关闭

首先从 ernest-laptop 上执行 telnet 命令登录 Kongming20 的 80 端口，然后抓取这一过程中客户端和服务器交换的 TCP 报文段。具体操作过程如下：

```
$ sudo tcpdump -i eth0 -nt '(src 192.168.1.109 and dst 192.168.1.108) or (src 192.168.1.108 and dst 192.168.1.109)'
$ telnet 192.168.1.109 80
Trying 192.168.1.109...
Connected to 192.168.1.109.
Escape character is '^]'.
^](回车)   # 输入 ctrl+] 并回车

telnet> quit（回车）
Connection closed.
```

当执行 telnet 命令并在两台通信主机之间建立 TCP 连接后（telnet 输出 "Connected to 192.168.1.109"），输入 Ctrl+] 以调出 telnet 程序的命令提示符，然后在 telnet 命令提示符后输入 quit 以退出 telnet 客户端程序，从而结束 TCP 连接。整个过程中（从连接建立到结束），tcpdump 输出的内容如代码清单 3-2 所示。

代码清单 3-2　建立和关闭 TCP 连接的过程

```
1. IP 192.168.1.108.60871 > 192.168.1.109.80: Flags [S], seq 535734930, win 5840, length 0
2. IP 192.168.1.109.80 > 192.168.1.108.60871: Flags [S.], seq 2159701207, ack 535734931, win 5792, length 0
3. IP 192.168.1.108.60871 > 192.168.1.109.80: Flags [.], ack 1, win 92, length 0
4. IP 192.168.1.108.60871 > 192.168.1.109.80: Flags [F.], seq 1, ack 1, win 92, length 0
5. IP 192.168.1.109.80 > 192.168.1.108.60871: Flags [.], ack 2, win 91, length 0
6. IP 192.168.1.109.80 > 192.168.1.108.60871: Flags [F.], seq 1, ack 2, win 91, length 0
7. IP 192.168.1.108.60871 > 192.168.1.109.80: Flags [.], ack 2, win 92, length 0
```

因为整个过程并没有发生应用层数据的交换，所以 TCP 报文段的数据部分的长度（length）总是 0。为了更清楚地表示建立和关闭 TCP 连接的整个过程，我们将 tcpdump 输出的内容绘制成图 3-6 所示的时序图。

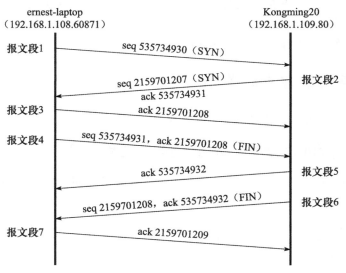

图 3-6　TCP 连接的建立和关闭时序图

第 1 个 TCP 报文段包含 SYN 标志，因此它是一个同步报文段，即 ernest-laptop（客户端）向 Kongming20（服务器）发起连接请求。同时，该同步报文段包含一个 ISN 值为 535734930 的序号。第 2 个 TCP 报文段也是同步报文段，表示 Kongming20 同意与 ernest-laptop 建立连接。同时它发送自己的 ISN 值为 2159701207 的序号，并对第 1 个同步报文段进行确认。确认值是 535734931，即第 1 个同步报文段的序号值加 1。前文说过，序号值是用来标识 TCP 数据流中的每一字节的。但同步报文段比较特殊，即使它并没有携带任何应用程序数据，它也要占用一个序号值。第 3 个 TCP 报文段是 ernest-laptop 对第 2 个同步报文段的确认。至此，TCP 连接就建立起来了。建立 TCP 连接的这 3 个步骤被称为 TCP 三次握手。

从第 3 个 TCP 报文段开始，tcpdump 输出的序号值和确认值都是相对初始 ISN 值的偏移。当然，我们可以开启 tcpdump 的 -S 选项来选择打印序号的绝对值。

后面 4 个 TCP 报文段是关闭连接的过程。第 4 个 TCP 报文段包含 FIN 标志，因此它是一个结束报文段，即 ernest-laptop 要求关闭连接。结束报文段和同步报文段一样，也要占用一个序号值。Kongming20 用 TCP 报文段 5 来确认该结束报文段。紧接着 Kongming20 发送自己的结束报文段 6，ernest-laptop 则用 TCP 报文段 7 给予确认。实际上，仅用于确认目的的确认报文段 5 是可以省略的，因为结束报文段 6 也携带了该确认信息。确认报文段 5 是否出现在连接断开的过程中，取决于 TCP 的延迟确认特性。延迟确认将在后面讨论。

在连接的关闭过程中，因为 ernest-laptop 先发送结束报文段（telnet 客户端程序主动退出），故称 ernest-laptop 执行主动关闭，而称 Kongming20 执行被动关闭。

一般而言，TCP 连接是由客户端发起，并通过三次握手建立（特殊情况是所谓同时打开[1]）的。TCP 连接的关闭过程相对复杂一些。可能是客户端执行主动关闭，比如前面的例子；也可能是服务器执行主动关闭，比如服务器程序被中断而强制关闭连接；还可能是同时关闭

（和同时打开一样，非常少见）。

3.3.2 半关闭状态

TCP 连接是全双工的，所以它允许两个方向的数据传输被独立关闭。换言之，通信的一端可以发送结束报文段给对方，告诉它本端已经完成了数据的发送，但允许继续接收来自对方的数据，直到对方也发送结束报文段以关闭连接。TCP 连接的这种状态称为半关闭（half close）状态，如图 3-7 所示。

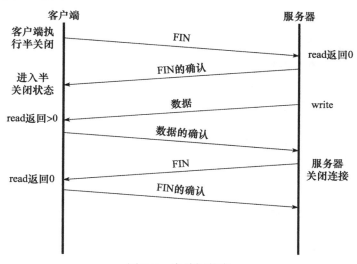

图 3-7 半关闭状态

请注意，在图 3-7 中，服务器和客户端应用程序判断对方是否已经关闭连接的方法是：read 系统调用返回 0（收到结束报文段）。当然，Linux 还提供其他检测连接是否被对方关闭的方法，这将在后续章节讨论。

socket 网络编程接口通过 shutdown 函数提供了对半关闭的支持，我们将在后续章节讨论它。这里强调一下，虽然我们介绍了半关闭状态，但是使用半关闭的应用程序很少见。

3.3.3 连接超时

前面我们讨论的是很快建立连接的情况。如果客户端访问一个距离它很远的服务器，或者由于网络繁忙，导致服务器对于客户端发送出的同步报文段没有应答，此时客户端程序将产生什么样的行为呢？显然，对于提供可靠服务的 TCP 来说，它必然是先进行重连（可能执行多次），如果重连仍然无效，则通知应用程序连接超时。

为了观察连接超时，我们模拟一个繁忙的服务器环境，在 ernest-laptop 上执行下面的操作：

```
$ sudo iptables -F
$ sudo iptables -I INPUT -p tcp --syn -i eth0 -j DROP
```

iptable 命令用于过滤数据包，这里我们利用它来丢弃所有接收到的连接请求（丢弃所有同步报文段，这样客户端就无法得到任何确认报文段）。

接下来从 Kongming20 上执行 telnet 命令登录到 ernest-laptop，并用 tcpdump 抓取这个过程中双方交换的 TCP 报文段。具体操作如下：

```
$ sudo tcpdump -n -i eth0 port 23            # 仅抓取 telnet 客户端和服务器交换的数据包
$ date; telnet 192.168.1.108; date           # 在 telnet 命令前后都执行 date 命令，以计算超时时间
Mon Jun 11 21:23:35 CST 2012
Trying 192.168.1.108...
telnet: connect to address 192.168.1.108: Connection timed out
Mon Jun 11 21:24:38 CST 2012
```

从两次 date 命令的输出来看，Kongming20 建立 TCP 连接的超时时间是 63 s。本次 tcpdump 的输出如代码清单 3-3 所示。

代码清单 3-3　TCP 超时重连

```
1.  21:23:35.612136 IP 192.168.1.109.39385 > 192.168.1.108.telnet: Flags [S],
    seq 1355982096, length 0
2.  21:23:36.613146 IP 192.168.1.109.39385 > 192.168.1.108.telnet: Flags [S],
    seq 1355982096, length 0
3.  21:23:38.617279 IP 192.168.1.109.39385 > 192.168.1.108.telnet: Flags [S],
    seq 1355982096, length 0
4.  21:23:42.625140 IP 192.168.1.109.39385 > 192.168.1.108.telnet: Flags [S],
    seq 1355982096, length 0
5.  21:23:50.641344 IP 192.168.1.109.39385 > 192.168.1.108.telnet: Flags [S],
    seq 1355982096, length 0
6.  21:24:06.673331 IP 192.168.1.109.39385 > 192.168.1.108.telnet: Flags [S],
    seq 1355982096, length 0
```

这次抓包我们保留了 tcpdump 输出的时间戳（不使用其 -t 选项），以便推理 Linux 的超时重连策略。

我们一共抓取到 6 个 TCP 报文段，它们都是同步报文段，并且具有相同的序号值，这说明后面 5 个同步报文段都是超时重连报文段。观察这些 TCP 报文段被发送的时间间隔，它们分别为 1 s、2 s、4 s、8 s 和 16 s（由于定时器精度的问题，这些时间间隔都有一定偏差），可以推断最后一个 TCP 报文段的超时时间是 32 s（63 s−16 s−8 s−4 s−2 s−1 s）。因此，TCP 模块一共执行了 5 次重连操作，这是由 /proc/sys/net/ipv4/tcp_syn_retries 内核变量所定义的。每次重连的超时时间都增加一倍。在 5 次重连均失败的情况下，TCP 模块放弃连接并通知应用程序。

在应用程序中，我们可以修改连接超时时间，具体方法将在本书后续章节中进行介绍。

3.4　TCP 状态转移

TCP 连接的任意一端在任一时刻都处于某种状态，当前状态可以通过 netstat 命令（见第 17 章）查看。本节我们要讨论的是 TCP 连接从建立到关闭的整个过程中通信两端状态的变

化。图 3-8 是完整的状态转移图，它描绘了所有的 TCP 状态以及可能的状态转换。

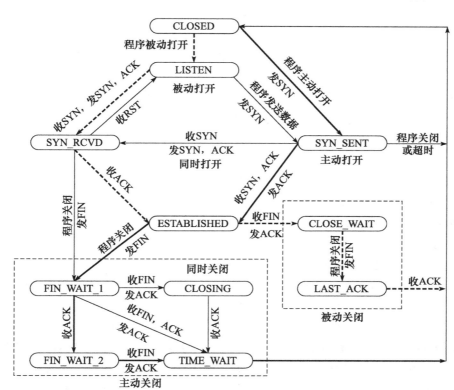

图 3-8　TCP 状态转移过程

图 3-8 中的粗虚线表示典型的服务器端连接的状态转移；粗实线表示典型的客户端连接的状态转移。CLOSED 是一个假想的起始点，并不是一个实际的状态。

3.4.1　TCP 状态转移总图

我们先讨论服务器的典型状态转移过程，此时我们说的连接状态都是指该连接的服务器端的状态。

服务器通过 listen 系统调用（见第 5 章）进入 LISTEN 状态，被动等待客户端连接，因此执行的是所谓的被动打开。服务器一旦监听到某个连接请求（收到同步报文段），就将该连接放入内核等待队列中，并向客户端发送带 SYN 标志的确认报文段。此时该连接处于 SYN_RCVD 状态。如果服务器成功地接收到客户端发送回的确认报文段，则该连接转移到 ESTABLISHED 状态。ESTABLISHED 状态是连接双方能够进行双向数据传输的状态。

当客户端主动关闭连接时（通过 close 或 shutdown 系统调用向服务器发送结束报文段），服务器通过返回确认报文段使连接进入 CLOSE_WAIT 状态。这个状态的含义很明确：等待服务器应用程序关闭连接。通常，服务器检测到客户端关闭连接后，也会立即给客户端发送一个结束报文段来关闭连接。这将使连接转移到 LAST_ACK 状态，以等待客户端对结束报文段的最后一次确认。一旦确认完成，连接就彻底关闭了。

下面讨论客户端的典型状态转移过程，此时我们说的连接状态都是指该连接的客户端的状态。

客户端通过 connect 系统调用（见第 5 章）主动与服务器建立连接。connect 系统调用首先给服务器发送一个同步报文段，使连接转移到 SYN_SENT 状态。此后，connect 系统调用可能因为如下两个原因失败返回：

❑ 如果 connect 连接的目标端口不存在（未被任何进程监听），或者该端口仍被处于 TIME_WAIT 状态的连接所占用（见后文），则服务器将给客户端发送一个复位报文段，connect 调用失败。

❑ 如果目标端口存在，但 connect 在超时时间内未收到服务器的确认报文段，则 connect 调用失败。

connect 调用失败将使连接立即返回到初始的 CLOSED 状态。如果客户端成功收到服务器的同步报文段和确认，则 connect 调用成功返回，连接转移至 ESTABLISHED 状态。

当客户端执行主动关闭时，它将向服务器发送一个结束报文段，同时连接进入 FIN_WAIT_1 状态。若此时客户端收到服务器专门用于确认目的的确认报文段（比如图 3-6 中的 TCP 报文段 5），则连接转移至 FIN_WAIT_2 状态。当客户端处于 FIN_WAIT_2 状态时，服务器处于 CLOSE_WAIT 状态，这一对状态是可能发生半关闭的状态。此时如果服务器也关闭连接（发送结束报文段），则客户端将给予确认并进入 TIME_WAIT 状态。关于 TIME_WAIT 状态的含义，我们将在下一节讨论。

图 3-8 还给出了客户端从 FIN_WAIT_1 状态直接进入 TIME_WAIT 状态的一条线路（不经过 FIN_WAIT_2 状态），前提是处于 FIN_WAIT_1 状态的服务器直接收到带确认信息的结束报文段（而不是先收到确认报文段，再收到结束报文段）。这种情况对应于图 3-6 中的服务器不发送 TCP 报文段 5。

前面说过，处于 FIN_WAIT_2 状态的客户端需要等待服务器发送结束报文段，才能转移至 TIME_WAIT 状态，否则它将一直停留在这个状态。如果不是为了在半关闭状态下继续接收数据，连接长时间地停留在 FIN_WAIT_2 状态并无益处。连接停留在 FIN_WAIT_2 状态的情况可能发生在：客户端执行半关闭后，未等服务器关闭连接就强行退出了。此时客户端连接由内核来接管，可称之为孤儿连接（和孤儿进程类似）。Linux 为了防止孤儿连接长时间存留在内核中，定义了两个内核变量：/proc/sys/net/ipv4/tcp_max_orphans 和 /proc/sys/net/ipv4/tcp_fin_timeout。前者指定内核能接管的孤儿连接数目，后者指定孤儿连接在内核中生存的时间。

至此，我们简单地讨论了服务器和客户端程序的典型 TCP 状态转移路线。对应于图 3-6 所示的 TCP 连接的建立与断开过程，客户端和服务器的状态转移如图 3-9 所示。

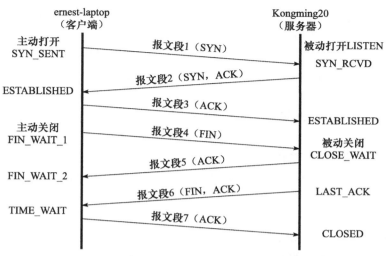

图 3-9　TCP 连接的建立和断开过程中客户端和服务器的状态变化

图 3-8 还描绘了其他非典型的 TCP 状态转移路线，比如同时关闭与同时打开，本书不予讨论。

3.4.2　TIME_WAIT 状态

从图 3-9 来看，客户端连接在收到服务器的结束报文段（TCP 报文段 6）之后，并没有直接进入 CLOSED 状态⊖，而是转移到 TIME_WAIT 状态。在这个状态，客户端连接要等待一段长为 2MSL（Maximum Segment Life，报文段最大生存时间）的时间，才能完全关闭。MSL 是 TCP 报文段在网络中的最大生存时间，标准文档 RFC 1122 的建议值是 2 min。

TIME_WAIT 状态存在的原因有两点：
❏ 可靠地终止 TCP 连接。
❏ 保证让迟来的 TCP 报文段有足够的时间被识别并丢弃。

第一个原因很好理解。假设图 3-9 中用于确认服务器结束报文段 6 的 TCP 报文段 7 丢失，那么服务器将重发结束报文段。因此客户端需要停留在某个状态以处理重复收到的结束报文段（即向服务器发送确认报文段）。否则，客户端将以复位报文段来回应服务器，服务器则认为这是一个错误，因为它期望的是一个像 TCP 报文段 7 那样的确认报文段。

在 Linux 系统上，一个 TCP 端口不能被同时打开多次（两次及以上）。当一个 TCP 连接处于 TIME_WAIT 状态时，我们将无法立即使用该连接占用着的端口来建立一个新连接。反过来思考，如果不存在 TIME_WAIT 状态，则应用程序能够立即建立一个和刚关闭的连接相似的连接（这里说的相似，是指它们具有相同的 IP 地址和端口号）。这个新的、和原来相似的连接被称为原来的连接的化身（incarnation）。新的化身可能接收到属于原来的连接的、携

⊖ 请读者根据语境判断连接的状态是指客户端状态还是服务器状态，后同。

带应用程序数据的 TCP 报文段（迟到的报文段），这显然是不应该发生的。这就是 TIME_WAIT 状态存在的第二个原因。

另外，因为 TCP 报文段的最大生存时间是 MSL，所以坚持 2MSL 时间的 TIME_WAIT 状态能够确保网络上两个传输方向上尚未被接收到的、迟到的 TCP 报文段都已经消失（被中转路由器丢弃）。因此，一个连接的新的化身可以在 2MSL 时间之后安全地建立，而绝对不会接收到属于原来连接的应用程序数据，这就是 TIME_WAIT 状态要持续 2MSL 时间的原因。

有时候我们希望避免 TIME_WAIT 状态，因为当程序退出后，我们希望能够立即重启它。但由于处在 TIME_WAIT 状态的连接还占用着端口，程序将无法启动（直到 2MSL 超时时间结束）。考虑一个例子：在测试机器 ernest-laptop 上以客户端方式运行 nc（用于创建网络连接的工具，见第 17 章）命令，登录本机的 Web 服务，且明确指定客户端使用 12345 端口与服务器通信。然后从终端输入 Ctrl+C 终止客户端程序，接着又立即重启 nc 程序，以完全相同的方式再次连接本机的 Web 服务。具体操作如下：

```
$ nc -p 12345 192.168.1.108 80
ctrl+C                                          # 中断客户端程序
$ nc -p 12345 192.168.1.108 80                  # 重启客户端程序，重新建立连接
nc: bind failed: Address already in use         # 输出显示连接失败，因为 12345 端口仍被占用
$ netstat -nat                                  # 用 netstat 命令查看连接状态
Proto Recv-Q Send-Q Local Address           Foreign Address         State
tcp       0      0 192.168.1.108:12345      192.168.1.108:80        TIME_WAIT
```

这里我们使用 netstat 命令查看连接的状态。其输出显示，客户端程序被中断后，连接进入 TIME_WAIT 状态，12345 端口仍被占用，所以客户端重启失败。

对客户端程序来说，我们通常不用担心上面描述的重启问题。因为客户端一般使用系统自动分配的临时端口号来建立连接，而由于随机性，临时端口号一般和程序上一次使用的端口号（还处于 TIME_WAIT 状态的那个连接使用的端口号）不同，所以客户端程序一般可以立即重启。上面的例子仅仅是为了说明问题，我们强制客户端使用 12345 端口，这才导致立即重启客户端程序失败。

但如果是服务器主动关闭连接后异常终止，则因为它总是使用同一个知名服务端口号，所以连接的 TIME_WAIT 状态将导致它不能立即重启。不过，我们可以通过 socket 选项 SO_REUSEADDR 来强制进程立即使用处于 TIME_WAIT 状态的连接占用的端口，这将在第 5 章讨论。

3.5 复位报文段

在某些特殊条件下，TCP 连接的一端会向另一端发送携带 RST 标志的报文段，即复位报文段，以通知对方关闭连接或重新建立连接。本节讨论产生复位报文段的 3 种情况。

3.5.1 访问不存在的端口

3.4.1 小节提到，当客户端程序访问一个不存在的端口时，目标主机将给它发送一个复位

报文段。考虑从 Kongming20 上执行 telnet 命令登录 ernest-laptop 上一个不存在的 54321 端口，并用 tcpdump 抓取该过程中两台主机交换的 TCP 报文段。具体操作过程如下：

```
$ sudo tcpdump -nt -i eth0 port 54321     #仅抓取发送至和来自54321端口的TCP报文段
$ telnet 192.168.1.108 54321
Trying 192.168.1.108...
telnet: connect to address 192.168.1.108: Connection refused
```

telnet 程序的输出显示连接被拒绝了，因为这个端口不存在。tcpdump 抓取到的 TCP 报文段内容如下：

1. IP 192.168.1.109.42001 > 192.168.1.108.54321: Flags [S], seq 21621375, win 14600, length 0
2. IP 192.168.1.108.54321 > 192.168.1.109.42001: Flags [R.], seq 0, ack 21621376, win 0, length 0

由此可见，ernest-laptop 针对 Kongming20 的连接请求（同步报文段）回应了一个复位报文段（tcpdump 输出 R 标志）。因为复位报文段的接收通告窗口大小为 0，所以可以预见：收到复位报文段的一端应该关闭连接或者重新连接，而不能回应这个复位报文段。

实际上，当客户端程序向服务器的某个端口发起连接，而该端口仍被处于 TIME_WAIT 状态的连接所占用时，客户端程序也将收到复位报文段。

3.5.2　异常终止连接

前面讨论的连接终止方式都是正常的终止方式：数据交换完成之后，一方给另一方发送结束报文段。TCP 提供了异常终止一个连接的方法，即给对方发送一个复位报文段。一旦发送了复位报文段，发送端所有排队等待发送的数据都将被丢弃。

应用程序可以使用 socket 选项 SO_LINGER 来发送复位报文段，以异常终止一个连接。我们将在第 5 章讨论 SO_LINGER 选项。

3.5.3　处理半打开连接

考虑下面的情况：服务器（或客户端）关闭或者异常终止了连接，而对方没有接收到结束报文段（比如发生了网络故障），此时，客户端（或服务器）还维持着原来的连接，而服务器（或客户端）即使重启，也已经没有该连接的任何信息了。我们将这种状态称为半打开状态，处于这种状态的连接称为半打开连接。如果客户端（或服务器）往处于半打开状态的连接写入数据，则对方将回应一个复位报文段。

举例来说，我们在 Kongming20 上使用 nc 命令模拟一个服务器程序，使之监听 12345 端口，然后从 ernest-laptop 运行 telnet 命令登录到该端口上，接着拔掉 ernest-laptop 的网线，并在 Kongming20 上中断服务器程序。显然，此时 ernest-laptop 上运行的 telnet 客户端程序维持着一个半打开连接。然后接上 ernest-laptop 的网线，并从客户端程序往半打开连接写入 1 字节的数据"a"。同时，运行 tcpdump 程序抓取整个过程中 telnet 客户端和 nc 服务器交换的 TCP 报文段。具体操作过程如下：

```
$ nc -l 12345                              # 在 Kongming20 上运行服务器程序
$ sudo tcpdump -nt -i eth0 port 12345
$ telnet 192.168.1.109 12345               # 在 ernest-laptop 上运行客户端程序
Trying 192.168.1.109...
Connected to 192.168.1.109.
Escape character is '^]'.                  # 此时断开 ernest-laptop 的网线，并重启服务器
a（回车）                                    # 向半打开连接输入字符 a
Connection closed by foreign host.
```

telnet 的输出显示，连接被服务器关闭了。tcpdump 抓取到的 TCP 报文段内容如下：

1. IP 192.168.1.108.55100 > 192.168.1.109.12345: Flags [S], seq 3093809365, length 0
2. IP 192.168.1.109.12345 > 192.168.1.108.55100: Flags [S.], seq 1495337791, ack 3093809366, length 0
3. IP 192.168.1.108.55100 > 192.168.1.109.12345: Flags [.], ack 1, length 0
4. IP 192.168.1.108.55100 > 192.168.1.109.12345: Flags [P.], seq 1:4, ack 1, length 3
5. IP 192.168.1.109.12345 > 192.168.1.108.55100: Flags [R], seq 1495337792, length 0

该输出内容中，前 3 个 TCP 报文段是正常建立 TCP 连接的 3 次握手的过程。第 4 个 TCP 报文段由客户端发送给服务器，它携带了 3 字节的应用程序数据，这 3 字节依次是：字母"a"、回车符"\r"和换行符"\n"。不过因为服务器程序已经被中断，所以 Kongming20 对客户端发送的数据回应了一个复位报文段 5。

3.6 TCP 交互数据流

前面讨论了 TCP 连接及其状态，从本节开始我们讨论通过 TCP 连接交换的应用程序数据。TCP 报文段所携带的应用程序数据按照长度分为两种：交互数据和成块数据。交互数据仅包含很少的字节。使用交互数据的应用程序（或协议）对实时性要求高，比如 telnet、ssh 等。成块数据的长度则通常为 TCP 报文段允许的最大数据长度。使用成块数据的应用程序（或协议）对传输效率要求高，比如 ftp。本节我们讨论交互数据流。

考虑如下情况：在 ernest-laptop 上执行 telnet 命令登录到本机，然后在 shell 命令提示符后执行 ls 命令，同时用 tcpdump 抓取这一过程中 telnet 客户端和 telnet 服务器交换的 TCP 报文段。具体操作过程如下：

```
$ tcpdump -nt -i lo port 23
$ telnet 127.0.0.1
Trying 127.0.0.1...
Connected to 127.0.0.1.
Escape character is '^]'.
Ubuntu 9.10
ernest-laptop login: ernest（回车）          # 输入用户名并回车
Password:（回车）                            # 输入密码并回车

ernest@ernest-laptop:~$ ls（回车）
```

上述过程将引起客户端和服务器交换很多 TCP 报文段。下面我们仅列出我们感兴趣的、执行 ls 命令产生的 tcpdump 输出，如代码清单 3-4 所示。

代码清单 3-4　TCP 交互数据流

```
1.  IP 127.0.0.1.58130 > 127.0.0.1.23: Flags [P.], seq 1408334812:1408334813,
    ack 1415955507, win 613, length 1
2.  IP 127.0.0.1.23 > 127.0.0.1.58130: Flags [P.], seq 1:2, ack 1, win 512,
    length 1
3.  IP 127.0.0.1.58130 > 127.0.0.1.23: Flags [.], ack 2, win 613, length 0
4.  IP 127.0.0.1.58130 > 127.0.0.1.23: Flags [P.], seq 1:2, ack 2, win 613,
    length 1
5.  IP 127.0.0.1.23 > 127.0.0.1.58130: Flags [P.], seq 2:3, ack 2, win 512,
    length 1
6.  IP 127.0.0.1.58130 > 127.0.0.1.23: Flags [.], ack 3, win 613, length 0
7.  IP 127.0.0.1.58130 > 127.0.0.1.23: Flags [P.], seq 2:4, ack 3, win 613,
    length 2
8.  IP 127.0.0.1.23 > 127.0.0.1.58130: Flags [P.], seq 3:176, ack 4, win 512,
    length 173
9.  IP 127.0.0.1.58130 > 127.0.0.1.23: Flags [.], ack 176, win 630, length 0
10. IP 127.0.0.1.23 > 127.0.0.1.58130: Flags [P.], seq 176:228, ack 4, win 512,
    length 52
11. IP 127.0.0.1.58130 > 127.0.0.1.23: Flags [.], ack 228, win 630, length 0
```

TCP 报文段 1 由客户端发送给服务器，它携带 1 个字节的应用程序数据，即字母 "l"。TCP 报文段 2 是服务器对 TCP 报文段 1 的确认，同时回显字母 "l"。TCP 报文段 3 是客户端对 TCP 报文段 2 的确认。第 4～6 个 TCP 报文段是针对字母 "s" 的上述过程。TCP 报文段 7 传送的 2 字节数据分别是：客户端键入的回车符和流结束符（EOF，本例中是 0x00）。TCP 报文段 8 携带服务器返回的客户查询的目录的内容（ls 命令的输出），包括该目录下文件的文件名及其显示控制参数。TCP 报文段 9 是客户端对 TCP 报文段 8 的确认。TCP 报文段 10 携带的也是服务器返回给客户端的数据，包括一个回车符、一个换行符、客户端登录用户的 PS1 环境变量（第一级命令提示符）。TCP 报文段 11 是客户端对 TCP 报文段 10 的确认。

在上述过程中，客户端针对服务器返回的数据所发送的确认报文段（TCP 报文段 6、9 和 11）都不携带任何应用程序数据（长度为 0），而服务器每次发送的确认报文段（TCP 报文段 2、5、8 和 10）都包含它需要发送的应用程序数据。服务器的这种处理方式称为延迟确认，即它不马上确认上次收到的数据，而是在一段延迟时间后查看本端是否有数据需要发送，如果有，则和确认信息一起发出。因为服务器对客户请求处理得很快，所以它发送确认报文段的时候总是有数据一起发送。延迟确认可以减少发送 TCP 报文段的数量。而由于用户的输入速度明显慢于客户端程序的处理速度，所以客户端的确认报文段总是不携带任何应用程序数据。前文曾提到，在 TCP 连接的建立和断开过程中，也可能发生延迟确认。

上例是在本地回路运行的结果，在局域网中也能得到基本相同的结果，但在广域网就未必如此了。广域网上的交互数据流可能经受很大的延迟，并且，携带交互数据的微小 TCP 报文段数量一般很多（一个按键输入就导致一个 TCP 报文段），这些因素都可能导致拥塞发生。

解决该问题的一个简单有效的方法是使用 Nagle 算法。

Nagle 算法要求一个 TCP 连接的通信双方在任意时刻都最多只能发送一个未被确认的 TCP 报文段，在该 TCP 报文段的确认到达之前不能发送其他 TCP 报文段。另一方面，发送方在等待确认的同时收集本端需要发送的微量数据，并在确认到来时以一个 TCP 报文段将它们全部发出。这样就极大地减少了网络上的微小 TCP 报文段的数量。该算法的另一个优点在于其自适应性：确认到达得越快，数据也就发送得越快。

3.7 TCP 成块数据流

下面考虑用 FTP 协议传输一个大文件。在 ernest-laptop 上启动一个 vsftpd 服务器程序（升级的、安全版的 ftp 服务器程序），并执行 ftp 命令登录该服务器上，然后在 ftp 命令提示符后输入 get 命令，从服务器下载一个几百兆的大文件。同时用 tcpdump 抓取这一个过程中 ftp 客户端和 vsftpd 服务器交换的 TCP 报文段。具体操作过程如下：

```
$ sudo tcpdump -nt -i eth0 port 20          # vsftpd 服务器程序使用端口号 20
$ ftp 127.0.0.1
Connected to 127.0.0.1.
220 (vsFTPd 2.3.0)
Name (127.0.0.1:ernest): ernest（回车）      # 输入用户名并回车
331 Please specify the password.
Password:（回车）                             # 输入密码并回车
230 Login successful.
Remote system type is UNIX.
Using binary mode to transfer files.
ftp> get bigfile（回车）                      # 获取大文件 bigfile
```

代码清单 3-5 是该过程的部分 tcpdump 输出。

代码清单 3-5　TCP 成块数据流

```
1.  IP 127.0.0.1.20 > 127.0.0.1.39651: Flags [.], seq 205783041:205799425, ack 1,
    win 513, length 16384
2.  IP 127.0.0.1.20 > 127.0.0.1.39651: Flags [.], seq 205799425:205815809, ack 1,
    win 513, length 16384
3.  IP 127.0.0.1.20 > 127.0.0.1.39651: Flags [.], seq 205815809:205832193, ack 1,
    win 513, length 16384
4.  IP 127.0.0.1.20 > 127.0.0.1.39651: Flags [P.], seq 205832193:205848577, ack
    1, win 513, length 16384
5.  IP 127.0.0.1.20 > 127.0.0.1.39651: Flags [.], seq 205848577:205864961, ack 1,
    win 513, length 16384
6.  IP 127.0.0.1.20 > 127.0.0.1.39651: Flags [.], seq 205864961:205881345, ack 1,
    win 513, length 16384
7.  IP 127.0.0.1.20 > 127.0.0.1.39651: Flags [.], seq 205881345:205897729, ack 1,
    win 513, length 16384
8.  IP 127.0.0.1.20 > 127.0.0.1.39651: Flags [P.], seq 205897729:205914113, ack
    1, win 513, length 16384
9.  IP 127.0.0.1.20 > 127.0.0.1.39651: Flags [.], seq 205914113:205930497, ack 1,
    win 513, length 16384
```

```
10. IP 127.0.0.1.20 > 127.0.0.1.39651: Flags [.], seq 205930497:205946881, ack
    1, win 513, length 16384
11. IP 127.0.0.1.20 > 127.0.0.1.39651: Flags [.], seq 205946881:205963265, ack
    1, win 513, length 16384
12. IP 127.0.0.1.20 > 127.0.0.1.39651: Flags [P.], seq 205963265:205979649, ack
    1, win 513, length 16384
13. IP 127.0.0.1.20 > 127.0.0.1.39651: Flags [.], seq 205979649:205996033, ack
    1, win 513, length 16384
14. IP 127.0.0.1.20 > 127.0.0.1.39651: Flags [.], seq 205996033:206012417, ack
    1, win 513, length 16384
15. IP 127.0.0.1.20 > 127.0.0.1.39651: Flags [.], seq 206012417:206028801, ack
    1, win 513, length 16384
16. IP 127.0.0.1.20 > 127.0.0.1.39651: Flags [P.], seq 206028801:206045185, ack
    1, win 513, length 16384
17. IP 127.0.0.1.39651 > 127.0.0.1.20: Flags [.], ack 205815809, win 30084,
    length 0
18. IP 127.0.0.1.39651 > 127.0.0.1.20: Flags [.], ack 206045185, win 27317,
    length 0
```

注意，客户端发送的最后两个 TCP 报文段 17 和 18，它们分别是对 TCP 报文段 2 和 16 的确认（从序号值和确认值来判断）。由此可见，当传输大量大块数据的时候，发送方会连续发送多个 TCP 报文段，接收方可以一次确认所有这些报文段。那么发送方在收到上一次确认后，能连续发送多少个 TCP 报文段呢？这是由接收通告窗口（还需要考虑拥塞窗口，见后文）的大小决定的。TCP 报文段 17 说明客户端还能接收 30 084×64 字节（本例中窗口扩大因子为 6），即 1 925 376 字节的数据。而在 TCP 报文段 18 中，接收通告窗口大小为 1 748 288 字节，即客户端能接收的数据量变小了。这表明客户端的 TCP 接收缓冲区有更多的数据未被应用程序读取而停留在其中，这些数据都来自 TCP 报文段 3~16 中的一部分。服务器收到 TCP 报文段 18 后，它至少（因为接收通告窗口可能扩大）还能连续发送的未被确认的报文段数量是 1 748 288/16 384 个，即 106 个（但一般不会连续发送这么多）。其中，16 384 是成块数据的长度（见 TCP 报文段 1~16 的 length 值），很显然它小于但接近 MSS 规定的 16 396 字节。

另外一个值得注意的地方是，服务器每发送 4 个 TCP 报文段就传送一个 PSH 标志（tcpdump 输出标志 P）给客户端，以通知客户端的应用程序尽快读取数据。不过这对服务器来说显然不是必需的，因为它知道客户端的 TCP 接收缓冲区中还有空闲空间（接收通告窗口大小不为 0）。

下面我们修改系统的 TCP 接收缓冲区和 TCP 发送缓冲区的大小（如何修改将在第 16 章介绍），使之都为 4096 字节，然后重启 vsftpd 服务器，并再次执行上述操作。此次 tcpdump 的部分输出如代码清单 3-6 所示。

代码清单 3-6　修改 TCP 接收和发送缓冲区大小后的 TCP 成块数据流

```
1. IP 127.0.0.1.20 > 127.0.0.1.45227: Flags [.], seq 5195777:5197313, ack 1,
   win 3072, length 1536
2. IP 127.0.0.1.20 > 127.0.0.1.45227: Flags [.], seq 5197313:5198849, ack 1,
```

```
   win 3072, length 1536
3. IP 127.0.0.1.45227 > 127.0.0.1.20: Flags [.], ack 5198849, win 3072, length 0
4. IP 127.0.0.1.20 > 127.0.0.1.45227: Flags [P.], seq 5198849:5200385, ack 1,
   win 3072, length 1536
5. IP 127.0.0.1.45227 > 127.0.0.1.20: Flags [.], ack 5200385, win 3072, length 0
```

从同步报文段（未在代码清单 3-6 中列出）得知在这次通信过程中，客户端和服务器的窗口扩大因子都为 0，因而客户端和服务器每次通告的窗口大小都是 3072 字节（没超过 4096 字节，预料之中）。因为每个成块数据的长度为 1536 字节，所以服务器在收到上一个 TCP 报文段的确认之前最多还能再发送 1 个 TCP 报文段，这正是 TCP 报文段 1～3 描述的情形。

3.8 带外数据

有些传输层协议具有带外（Out Of Band，OOB）数据的概念，用于迅速通告对方本端发生的重要事件。因此，带外数据比普通数据（也称为带内数据）有更高的优先级，它应该总是立即被发送，而不论发送缓冲区中是否有排队等待发送的普通数据。带外数据的传输可以使用一条独立的传输层连接，也可以映射到传输普通数据的连接中。实际应用中，带外数据的使用很少见，已知的仅有 telnet、ftp 等远程非活跃程序。

UDP 没有实现带外数据传输，TCP 也没有真正的带外数据。不过 TCP 利用其头部中的紧急指针标志和紧急指针两个字段，给应用程序提供了一种紧急方式。TCP 的紧急方式利用传输普通数据的连接来传输紧急数据。这种紧急数据的含义和带外数据类似，因此后文也将 TCP 紧急数据称为带外数据。

我们先来介绍 TCP 发送带外数据的过程。假设一个进程已经往某个 TCP 连接的发送缓冲区中写入了 N 字节的普通数据，并等待其发送。在数据被发送前，该进程又向这个连接写入了 3 字节的带外数据 "abc"。此时，待发送的 TCP 报文段的头部将被设置 URG 标志，并且紧急指针被设置为指向最后一个带外数据的下一字节（进一步减去当前 TCP 报文段的序号值得到其头部中的紧急偏移值），如图 3-10 所示。

图 3-10　TCP 发送缓冲区中的紧急数据

由图 3-10 可见，发送端一次发送的多字节的带外数据中只有最后一字节被当作带外数据（字母 c），而其他数据（字母 a 和 b）被当成了普通数据。如果 TCP 模块以多个 TCP 报文段来发送图 3-10 所示 TCP 发送缓冲区中的内容，则每个 TCP 报文段都将设置 URG 标志，并且它们的紧急指针指向同一个位置（数据流中带外数据的下一个位置），但只有一个 TCP 报文段真正携带带外数据。

现在考虑 TCP 接收带外数据的过程。TCP 接收端只有在接收到紧急指针标志时才检查紧急指针，然后根据紧急指针所指的位置确定带外数据的位置，并将它读入一个特殊的缓存中。这个缓存只有 1 字节，称为带外缓存。如果上层应用程序没有及时将带外数据从带外缓存中读出，则后续的带外数据（如果有的话）将覆盖它。

前面讨论的带外数据的接收过程是 TCP 模块接收带外数据的默认方式。如果我们给 TCP 连接设置了 SO_OOBINLINE 选项，则带外数据将和普通数据一样被 TCP 模块存放在 TCP 接收缓冲区中。此时应用程序需要像读取普通数据一样来读取带外数据。那么这种情况下如何区分带外数据和普通数据呢？显然，紧急指针可以用来指出带外数据的位置，socket 编程接口也提供了系统调用来识别带外数据（见第 5 章）。

至此，我们讨论了 TCP 模块发送和接收带外数据的过程。至于内核如何通知应用程序带外数据的到来，以及应用程序如何发送和接收带外数据，将在后续章节讨论。

3.9　TCP 超时重传

在 3.6 节～ 3.8 节中，我们讲述了 TCP 在正常网络情况下的数据流。从本节开始，我们讨论异常网络状况下（开始出现超时或丢包），TCP 如何控制数据传输以保证其承诺的可靠服务。

TCP 服务必须能够重传超时时间内未收到确认的 TCP 报文段。为此，TCP 模块为每个 TCP 报文段都维护一个重传定时器，该定时器在 TCP 报文段第一次被发送时启动。如果超时时间内未收到接收方的应答，TCP 模块将重传 TCP 报文段并重置定时器。至于下次重传的超时时间如何选择，以及最多执行多少次重传，就是 TCP 的重传策略。我们通过实例来研究 Linux 下 TCP 的超时重传策略。

在 ernest-laptop 上启动 iperf 服务器程序，然后从 Kongming20 上执行 telnet 命令登录该服务器程序。接下来，从 telnet 客户端发送一些数据（此处是 "1234"）给服务器，然后断开服务器的网线并再次从客户端发送一些数据给服务器（此处是 "12"）。同时，用 tcpdump 抓取这一过程中客户端和服务器交换的 TCP 报文段。具体操作过程如下：

```
$ sudo tcpdump -n -i eth0 port 5001
$ iperf -s                               # 在 ernest-laptop 上执行
$ telnet 192.168.1.108 5001              # 在 Kongming20 上执行
Trying 192.168.1.108...
Connected to 192.168.1.108.
Escape character is '^]'.
1234                                     # 发送完之后断开服务器网线
12
Connection closed by foreign host
```

iperf 是一个测量网络状况的工具，-s 选项表示将其作为服务器运行。iperf 默认监听 5001 端口，并丢弃该端口上接收到的所有数据，相当于一个 discard 服务器。上述操作过程的部分 tcpdump 输出如代码清单 3-7 所示。

代码清单 3-7　TCP 超时重传

```
1.  18:44:57.580341 IP 192.168.1.109.38234 > 192.168.1.108.5001: Flags [S], seq
    2381272950, length 0
2.  18:44:57.580477 IP 192.168.1.108.5001 > 192.168.1.109.38234: Flags [S.], seq
    466032301, ack 2381272951, length 0
3.  18:44:57.580498 IP 192.168.1.109.38234 > 192.168.1.108.5001: Flags [.], ack
    1, length 0
4.  18:44:59.866019 IP 192.168.1.109.38234 > 192.168.1.108.5001: Flags [P.], seq
    1:7, ack 1, length 6
5.  18:44:59.866165 IP 192.168.1.108.5001 > 192.168.1.109.38234: Flags [.], ack
    7, length 0
6.  18:45:25.028933 IP 192.168.1.109.38234 > 192.168.1.108.5001: Flags [P.], seq
    7:11, ack 1, length 4
7.  18:45:25.230034 IP 192.168.1.109.38234 > 192.168.1.108.5001: Flags [P.], seq
    7:11, ack 1, length 4
8.  18:45:25.639407 IP 192.168.1.109.38234 > 192.168.1.108.5001: Flags [P.], seq
    7:11, ack 1, length 4
9.  18:45:26.455942 IP 192.168.1.109.38234 > 192.168.1.108.5001: Flags [P.], seq
    7:11, ack 1, length 4
10. 18:45:28.092425 IP 192.168.1.109.38234 > 192.168.1.108.5001: Flags [P.],
    seq 7:11, ack 1, length 4
11. 18:45:31.362473 IP 192.168.1.109.38234 > 192.168.1.108.5001: Flags [P.],
    seq 7:11, ack 1, length 4
12. 18:45:33.100888 ARP, Request who-has 192.168.1.108 tell 192.168.1.109,
    length 28
13. 18:45:34.098156 ARP, Request who-has 192.168.1.108 tell 192.168.1.109,
    length 28
14. 18:45:35.100887 ARP, Request who-has 192.168.1.108 tell 192.168.1.109,
    length 28
15. 18:45:37.902034 ARP, Request who-has 192.168.1.108 tell 192.168.1.109,
    length 28
16. 18:45:38.903126 ARP, Request who-has 192.168.1.108 tell 192.168.1.109,
    length 28
17. 18:45:39.901421 ARP, Request who-has 192.168.1.108 tell 192.168.1.109,
    length 28
18. 18:45:44.440049 ARP, Request who-has 192.168.1.108 tell 192.168.1.109,
    length 28
19. 18:45:45.438840 ARP, Request who-has 192.168.1.108 tell 192.168.1.109,
    length 28
20. 18:45:46.439932 ARP, Request who-has 192.168.1.108 tell 192.168.1.109,
    length 28
21. 18:45:50.976710 ARP, Request who-has 192.168.1.108 tell 192.168.1.109,
    length 28
22. 18:45:51.974134 ARP, Request who-has 192.168.1.108 tell 192.168.1.109,
    length 28
23. 18:45:52.973939 ARP, Request who-has 192.168.1.108 tell 192.168.1.109,
    length 28
```

TCP 报文段 1～3 是三次握手建立连接的过程，TCP 报文段 4～5 是客户端发送数据

"1234"（应用程序数据长度为 6，包括回车、换行两个字符，后同）及服务器确认的过程。TCP 报文段 6 是客户端第一次发送数据 "12" 的过程。因为服务器的网线被断开，所以客户端无法收到 TCP 报文段 6 的确认报文段。此后，客户端对 TCP 报文段 6 执行了 5 次重传，它们是 TCP 报文段 7～11，这可以从每个 TCP 报文段的序号得知。此后，数据包 12～23 都是 ARP 模块的输出内容，即 Kongming20 查询 ernest-laptop 的 MAC 地址。

我们保留了 tcpdump 输出的时间戳，以便推理 TCP 的超时重传策略。观察 TCP 报文段 6～11 被发送的时间间隔，它们分别为 0.2 s、0.4 s、0.8 s、1.6 s 和 3.2 s。由此可见，TCP 一共执行 5 次重传，每次重传超时时间都增加一倍（因此，和 TCP 超时重连的策略相似）。在 5 次重传均失败的情况下，底层的 IP 和 ARP 开始接管，直到 telnet 客户端放弃连接为止。

Linux 有两个重要的内核参数与 TCP 超时重传相关：/proc/sys/net/ipv4/tcp_retries1 和 /proc/sys/net/ipv4/tcp_retries2。前者指定在底层 IP 接管之前 TCP 最少执行的重传次数，默认值是 3。后者指定连接放弃前 TCP 最多可以执行的重传次数，默认值是 15（一般对应 13～30 min）。在我们的实例中，TCP 超时重传发生了 5 次，连接坚持的时间是 15 min（可以用 date 命令来测量）。

虽然超时会导致 TCP 报文段重传，但 TCP 报文段的重传可以发生在超时之前，即快速重传，这将在下一节中讨论。

3.10 拥塞控制

3.10.1 拥塞控制概述

TCP 模块还有一个重要的任务，就是提高网络利用率，降低丢包率，并保证网络资源对每条数据流的公平性。这就是所谓的拥塞控制。

TCP 拥塞控制的标准文档是 RFC 5681，其中详细介绍了拥塞控制的四个部分：慢启动（slow start）、拥塞避免（congestion avoidance）、快速重传（fast retransmit）和快速恢复（fast recovery）。拥塞控制算法在 Linux 下有多种实现，比如 reno 算法、vegas 算法和 cubic 算法等。它们或者部分或者全部实现了上述四个部分。/proc/sys/net/ipv4/tcp_congestion_control 文件指示机器当前所使用的拥塞控制算法。

拥塞控制的最终受控变量是发送端向网络一次连续写入（收到其中第一个数据的确认之前）的数据量，我们称为 SWND（Send Window，发送窗口⊖）。不过，发送端最终以 TCP 报文段来发送数据，所以 SWND 限定了发送端能连续发送的 TCP 报文段数量。这些 TCP 报文段的最大长度（仅指数据部分）称为 SMSS（Sender Maximum Segment Size，发送者最大段大小），其值一般等于 MSS。

发送端需要合理地选择 SWND 的大小。如果 SWND 太小，会引起明显的网络延迟；反

⊖ 这里所说的窗口实际上是指窗口的大小，这里只是保留了行业的习惯说法。

之，如果 SWND 太大，则容易导致网络拥塞。前文提到，接收方可通过其接收通告窗口（RWND）来控制发送端的 SWND。但这显然不够，所以发送端引入了一个称为拥塞窗口（Congestion Window，CWND）的状态变量。实际的 SWND 值是 RWND 和 CWND 中的较小者。图 3-11 显示了拥塞控制的输入和输出（可见，它是一个闭环反馈控制）。

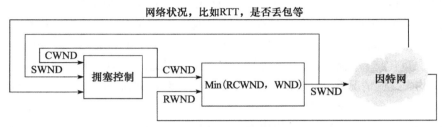

图 3-11　拥塞控制的输入和输出

3.10.2　慢启动和拥塞避免

TCP 连接建立好之后，CWND 将被设置成初始值 IW（Initial Window），其大小为 2～4 个 SMSS。但新的 Linux 内核提高了该初始值，以减小传输滞后。此时发送端最多能发送 IW 字节的数据。此后发送端每收到接收端的一个确认，其 CWND 就按照式（3-1）增加：

$$CWND+=\min(N, SMSS) \tag{3-1}$$

其中 N 是此次确认中包含的之前未被确认的字节数。这样一来，CWND 将按照指数形式扩大，这就是所谓的慢启动。慢启动算法的理由是，TCP 模块刚开始发送数据时并不知道网络的实际情况，需要用一种试探的方式平滑地增加 CWND 的大小。

但是如果不施加其他手段，慢启动必然使得 CWND 很快膨胀（可见慢启动其实不慢）并最终导致网络拥塞。因此 TCP 拥塞控制中定义了另一个重要的状态变量：慢启动门限（slow start threshold size，ssthresh）。当 CWND 的大小超过该值时，TCP 拥塞控制将进入拥塞避免阶段。

拥塞避免算法使得 CWND 按照线性方式增加，从而减缓其扩大。RFC 5681 中提到了如下两种实现方式：

- 每个 RTT 时间内按照式（3-1）计算新的 CWND，而不论该 RTT 时间内发送端收到多少个确认。
- 每收到一个对新数据的确认报文段，就按照式（3-2）来更新 CWND。

$$CWND+=SMSS*SMSS/CWND \tag{3-2}$$

图 3-12 粗略地描述了慢启动和拥塞避免发生的时机和区别。该图中，我们以 SMSS 为单位来显示 CWND（实际上它是以字节为单位的），以次数为单位来显示 RTT，这只是为了方便讨论问题。此外，我们假设当前的 ssthresh 是 16SMSS 大小（当然，实际的 ssthresh 显然远不止这么大）。

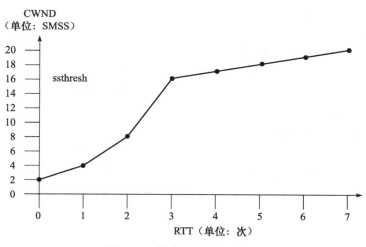

图 3-12　慢启动和拥塞避免

以上我们讨论了发送端在未检测到拥塞时所采用的积极避免拥塞的方法。接下来介绍拥塞发生时（可能发生在慢启动阶段或者拥塞避免阶段）拥塞控制的行为。不过我们先要搞清楚发送端是如何判断拥塞已经发生的。发送端判断拥塞发生的依据有如下两个：

❑ 传输超时，或者说 TCP 重传定时器溢出。
❑ 接收到重复的确认报文段。

拥塞控制对这两种情况有不同的处理方式。对第一种情况仍然使用慢启动和拥塞避免。对第二种情况则使用快速重传和快速恢复（如果是真的发生拥塞的话），这种情况将在后面讨论。注意，第二种情况如果发生在重传定时器溢出之后，则也被拥塞控制当成第一种情况来对待。

如果发送端检测到拥塞发生是由于传输超时，即上述第一种情况，那么它将执行重传并做如下调整：

$$\text{ssthresh}=\max(\text{FlightSize}/2，2*\text{SMSS}) \tag{3-3}$$
$$\text{CWMD}<=\text{SMSS}$$

其中 FlightSize 是已经发送但未收到确认的字节数。这样调整之后，CWMD 将小于 SMSS，那么也必然小于新的慢启动门限值 ssthresh（因为根据式（3-3），它一定不小于 SMSS 的 2 倍），故而拥塞控制再次进入慢启动阶段。

3.10.3　快速重传和快速恢复

在很多情况下，发送端都可能接收到重复的确认报文段，比如 TCP 报文段丢失，或者接收端收到乱序 TCP 报文段并重排之等。拥塞控制算法需要判断当收到重复的确认报文段时，网络是否真的发生了拥塞，或者说 TCP 报文段是否真的丢失了。具体做法是：发送端如果连续收到 3 个重复的确认报文段，就认为是拥塞发生了。然后它启用快速重传和快速恢复算法来处理拥塞，过程如下：

1）当收到第 3 个重复的确认报文段时，按照式（3-3）计算 ssthresh，然后立即重传丢失的报文段，并按照式（3-4）设置 CWND。

$$CWND=ssthresh+3*SMSS \qquad (3-4)$$

2）每次收到 1 个重复的确认时，设置 CWND=CWND+SMSS。此时发送端可以发送新的 TCP 报文段（如果新的 CWND 允许的话）。

3）当收到新数据的确认时，设置 CWND=ssthresh（ssthresh 是新的慢启动门限值，由第一步计算得到）。

快速重传和快速恢复完成之后，拥塞控制将恢复到拥塞避免阶段，这一点由第 3 步操作可得知。

第 4 章　TCP/IP 通信案例：访问 Internet 上的 Web 服务器

在第 1 章中，我们简单地讨论了 TCP/IP 协议族各层的功能和部分协议，以及它们之间是如何协作完成网络通信的。在第 2 章和第 3 章中，我们详细地探讨了 IP 协议和 TCP 协议。本章，我们分析一个完整的 TCP/IP 通信的实例——访问 Internet 上的 Web 服务器，通过该实例把这些知识串联起来。选择使用 Web 服务器展开讨论的理由是：

❑ Internet 上的 Web 服务器随处都可以获得，我们通过浏览器访问任何一个网站都是在与 Web 服务器通信。

❑ 本书后续章节将编写简单的 Web 服务器程序，因此先学习其工作原理是有好处的。

Web 客户端和服务器之间使用 HTTP 协议通信。HTTP 协议的内容相当广泛，涵盖了网络应用层协议需要考虑的诸多方面。因此，学习 HTTP 协议对应用层协议设计将大有裨益。

4.1　实例总图

我们按照如下方法来部署通信实例：在 Kongming20 上运行 wget 客户端程序，在 ernest-laptop 上运行 squid 代理服务器程序。客户端通过代理服务器的中转，获取 Internet 上的主机 www.baidu.com 的首页文档 index.html，如图 4-1 所示。

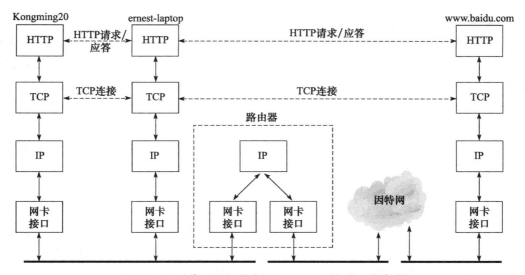

图 4-1　通过代理服务器访问 Internet 上的 Web 服务器

由图 4-1 可见，wget 客户端程序和代理服务器之间，以及代理服务器与 Web 服务器之间都是使用 HTTP 协议通信的。HTTP 协议是一种应用层协议，它默认使用的传输层协议是 TCP 协议。我们将在后文中简单讨论 HTTP 协议。

为了将 ernest-laptop 设置为 Kongming20 的 HTTP 代理服务器，我们需要在 Kongming20 上设置环境变量 http_proxy：

```
$ export http_proxy="ernest-laptop:3128"   # 在 Kongming20 上执行
```

其中，3128 是 squid 服务器默认使用的端口号（可以通过 lsof 命令查看服务器程序监听的端口号，见第 17 章）。设置好环境变量之后，Kongming20 访问任何 Internet 上的 Web 服务器时，其 HTTP 请求都将首先发送至 ernest-laptop 的 3128 端口。

squid 代理服务器接收到 wget 客户端的 HTTP 请求之后，将简单地修改这个请求，然后把它发送给最终的目标 Web 服务器。既然代理服务器访问的是 Internet 上的机器，可以预见它发送的 IP 数据报都将经过路由器的中转，这一点也体现在图 4-1 中了。

4.2 部署代理服务器

由于通信实例中使用了 HTTP 代理服务器（squid 程序），所以先简单介绍一下 HTTP 代理服务器的工作原理，以及如何部署 squid 代理服务器。

4.2.1 HTTP 代理服务器的工作原理

在 HTTP 通信链上，客户端和目标服务器之间通常存在某些中转代理服务器，它们提供对目标资源的中转访问。一个 HTTP 请求可能被多个代理服务器转发，后面的服务器称为前面服务器的上游服务器。代理服务器按照其使用方式和作用，分为正向代理服务器、反向代理服务器和透明代理服务器。

正向代理要求客户端自己设置代理服务器的地址。客户的每次请求都将直接发送到该代理服务器，并由代理服务器来请求目标资源。比如处于防火墙内的局域网机器要访问 Internet，或者要访问一些被屏蔽掉的国外网站，就需要使用正向代理服务器。

反向代理则被设置在服务器端，因而客户端无须进行任何设置。反向代理是指用代理服务器来接收 Internet 上的连接请求，然后将请求转发给内部网络上的服务器，并将从内部服务器上得到的结果返回给客户端。这种情况下，代理服务器对外就表现为一个真实的服务器。各大网站通常分区域设置了多个代理服务器，所以在不同的地方 ping 同一个域名可能得到不同的 IP 地址，因为这些 IP 地址实际上是代理服务器的 IP 地址。图 4-2 显示了正向代理服务器和反向代理服务器在 HTTP 通信链上的逻辑位置。

图 4-2 中，正向代理服务器和客户端主机处于同一个逻辑网络中。该逻辑网络可以是一个本地 LAN，也可以是一个更大的网络。反向代理服务器和真正的 Web 服务器也位于同一个逻辑网络中，这通常由提供网站的公司来配置和管理。

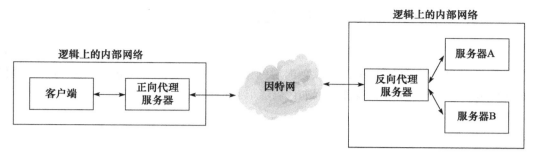

图 4-2　HTTP 通信链上的代理服务器

透明代理只能设置在网关上。用户访问 Internet 的数据报必然都经过网关，如果在网关上设置代理，则该代理对用户来说显然是透明的。透明代理可以看作正向代理的一种特殊情况。

代理服务器通常还提供缓存目标资源的功能（可选），这样用户下次访问同一资源时速度将很快。优秀的开源软件 squid、varnish 都是提供了缓存能力的代理服务器软件，其中 squid 支持所有代理方式，而 varnish 仅能用作反向代理。

4.2.2　部署 squid 代理服务器

现在我们在 ernest-laptop 上部署 squid 代理服务器。这个过程很简单，只需修改 squid 服务器的配置文件 /etc/squid3/squid.conf，在其中加入如下两行代码（需要 root 权限，且应该加在合适的位置，详情可参考其他类似条目的设置）：

```
acl localnet src 192.168.1.0/24
http_access allow localnet
```

这两行代码的含义是：允许网络 192.168.1.0 上的所有机器通过该代理服务器来访问 Web 服务器。其中，"192.168.1.0/24" 是 CIDR（Classless Inter-Domain Routing，无类域间路由）风格的 IP 地址表示方法："/"前的部分指定网络的 IP 地址，"/"后的部分则指定子网掩码中 "1" 的位数。对 IPv4 而言，上述表示等价于 "192.168.1.0/255.255.255.0"（IP 地址 / 子网掩码）。

我们通过上面的两行代码简单地配置了 squid 的访问控制。但实际应用中，squid 提供更多、更安全的配置，比如用户验证等。

接下来在 ernest-laptop 上执行如下命令，以重启 squid 服务器：

```
$ sudo service squid3 restart
*Restarting Squid HTTP Proxy 3.0 squid3                    [OK]
```

service 是一个脚本程序（/usr/sbin/service），它为 /etc/init.d/ 目录下的众多服务器程序（比如 httpd、vsftpd、sshd 和 mysqld 等）的启动（start）、停止（stop）和重启（restart）等动作提供了一个统一的管理。现在，Linux 程序员已经越来越偏向于使用 service 脚本来管理服务器程序了。

4.3 使用 tcpdump 抓取传输数据包

在执行 wget 命令前，我们首先应删除 ernest-laptop 的 ARP 高速缓存中路由器对应的项，以便观察 TCP/IP 通信过程中 ARP 协议何时起作用。然后，使用 tcpdump 命令抓取整个通信过程中传输的数据包。完整的操作过程如代码清单 4-1 所示。

代码清单 4-1　使用 wget 抓取网页

```
$ sudo arp -d 192.168.1.1
$ sudo tcpdump -s 2000 -i eth0 -ntX '(src 192.168.1.108) or (dst 192.168.1.108) or (arp)'
$ wget --header="Connection: close" http://www.baidu.com/index.html
--2012-07-03 00:51:12--  http://www.baidu.com/index.html
Resolving ernest-laptop... 192.168.1.108
Connecting to ernest-laptop|192.168.1.108|:3128... connected.
Proxy request sent, awaiting response... 200 OK
Length: 8024 (7.8K) [text/html]
Saving to: "index.html"
100%[========================>] 8,024        --.-K/s   in 0.001s
2012-07-03 00:51:12 (8.76 MB/s) - "index.html" saved [8024/8024]
```

wget 命令的输出显示，HTTP 请求确实是先被送至代理服务器的 3128 端口，并且代理服务器正确地返回了文件 index.html 的内容。

这次通信的完整 tcpdump 输出内容如代码清单 4-2 所示。

代码清单 4-2　访问 Internet 上的 Web 服务器

```
 1. IP 192.168.1.109.40988 > 192.168.1.108.3128: Flags [S], seq 227192137,
    length 0
 2. IP 192.168.1.108.3128 > 192.168.1.109.40988: Flags [S.], seq 1084588508, ack
    227192138, length 0
 3. IP 192.168.1.109.40988 > 192.168.1.108.3128: Flags [.], ack 1, length 0
 4. IP 192.168.1.109.40988 > 192.168.1.108.3128: Flags [P.], seq 1:137, ack 1,
    length 136
 5. IP 192.168.1.108.3128 > 192.168.1.109.40988: Flags [.], ack 137, length 0
 6. ARP, Request who-has 192.168.1.1 tell 192.168.1.108, length 28
 7. ARP, Reply 192.168.1.1 is-at 14:e6:e4:93:5b:78, length 46
 8. IP 192.168.1.108.46149 > 219.239.26.42.53: 59410+ A? www.baidu.com. (31)
 9. IP 219.239.26.42.53 > 192.168.1.108.46149: 59410 3/4/0 CNAME www.a.shifen.
    com., A 119.75.218.77, A 119.75.217.56 (162)
10. IP 192.168.1.108.34538 > 119.75.218.77.80: Flags [S], seq 1084002207,
    length 0
11. IP 119.75.218.77.80 > 192.168.1.108.34538: Flags [S.], seq 4261071806, ack
    1084002208, length 0
12. IP 192.168.1.108.34538 > 119.75.218.77.80: Flags [.], ack 1, length 0
13. IP 192.168.1.108.34538 > 119.75.218.77.80: Flags [P.], seq 1:226, ack 1,
    length 225
14. IP 119.75.218.77.80 > 192.168.1.108.34538: Flags [.], ack 226, length 0
15. IP 119.75.218.77.80 > 192.168.1.108.34538: Flags [P.], seq 1:380, ack 226,
    length 379
```

```
16. IP 192.168.1.108.34538 > 119.75.218.77.80: Flags [.], ack 380, length 0
17. IP 119.75.218.77.80 > 192.168.1.108.34538: Flags [.], seq 380:1820, ack
    226, length 1440
18. IP 192.168.1.108.34538 > 119.75.218.77.80: Flags [.], ack 1820, length 0
19. IP 119.75.218.77.80 > 192.168.1.108.34538: Flags [.], seq 1820:3260, ack
    226, length 1440
20. IP 192.168.1.108.34538 > 119.75.218.77.80: Flags [.], ack 3260, length 0
21. IP 119.75.218.77.80 > 192.168.1.108.34538: Flags [P.], seq 3260:4700, ack
    226, length 1440
22. IP 192.168.1.108.34538 > 119.75.218.77.80: Flags [.], ack 4700, length 0
23. IP 192.168.1.108.3128 > 192.168.1.109.40988: Flags [.], seq 1:1449, ack
    137, length 1448
24. IP 192.168.1.108.3128 > 192.168.1.109.40988: Flags [P.], seq 1449:2166, ack
    137, length 717
25. IP 192.168.1.108.3128 > 192.168.1.109.40988: Flags [.], seq 2166:3614, ack
    137, length 1448
26. IP 119.75.218.77.80 > 192.168.1.108.34538: Flags [.], seq 4700:6140, ack
    226, length 1440
27. IP 192.168.1.108.34538 > 119.75.218.77.80: Flags [.], ack 6140, length 0
28. IP 119.75.218.77.80 > 192.168.1.108.34538: Flags [.], seq 6140:7580, ack
    226, length 1440
29. IP 192.168.1.108.34538 > 119.75.218.77.80: Flags [.], ack 7580, length 0
30. IP 119.75.218.77.80 > 192.168.1.108.34538: Flags [FP.], seq 7580:8404, ack
    226, length 824
31. IP 192.168.1.108.34538 > 119.75.218.77.80: Flags [F.], seq 226, ack 8405,
    length 0
32. IP 192.168.1.109.40988 > 192.168.1.108.3128: Flags [.], ack 1449, length 0
33. IP 192.168.1.108.3128 > 192.168.1.109.40988: Flags [.], seq 3614:6510, ack
    137, length 2896
34. IP 192.168.1.109.40988 > 192.168.1.108.3128: Flags [.], ack 2166, length 0
35. IP 192.168.1.108.3128 > 192.168.1.109.40988: Flags [.], seq 6510:7958, ack
    137, length 1448
36. IP 192.168.1.108.3128 > 192.168.1.109.40988: Flags [FP.], seq 7958:8523,
    ack 137, length 565
37. IP 192.168.1.109.40988 > 192.168.1.108.3128: Flags [.], ack 3614, length 0
38. IP 192.168.1.109.40988 > 192.168.1.108.3128: Flags [.], ack 5062, length 0
39. IP 192.168.1.109.40988 > 192.168.1.108.3128: Flags [.], ack 6510, length 0
40. IP 192.168.1.109.40988 > 192.168.1.108.3128: Flags [.], ack 7958, length 0
41. IP 119.75.218.77.80 > 192.168.1.108.34538: Flags [.], ack 227, length 0
42. IP 192.168.1.109.40988 > 192.168.1.108.3128: Flags [F.], seq 137, ack 8524,
    length 0
43. IP 192.168.1.108.3128 > 192.168.1.109.40988: Flags [.], ack 138, length 0
```

我们一共抓取了 43 个数据包。与前面章节的讨论不同，这些数据包不是一对客户端和服务器之间交换的内容，而是两对客户端和服务器（wget 客户端和代理服务器，以及代理服务器和目标 Web 服务器）之间通信的全部内容。所以，tcpdump 的输出把这两组通信的内容交织在一起。但为了讨论问题的方便，我们将这 43 个数据包按照其逻辑关系分为如下 4 个部分：

❑ 代理服务器访问 DNS 服务器以查询域名 www.baidu.com 对应的 IP 地址，包括数据包

8、9。
- 代理服务器查询路由器 MAC 地址的 ARP 请求和应答，包括数据包 6、7。
- wget 客户端（192.168.1.109）和代理服务器（192.168.1.108）之间的 HTTP 通信，包括数据包 1~5、23~25、32~40、42 和 43。
- 代理服务器和 Web 服务器（119.75.218.77）之间的 HTTP 通信，包括数据包 10~22、26~31 和 41。

下面我们将依次讨论前 3 个部分，第 4 个部分与第 3 个部分的内容基本相似，不再赘述。

4.4 访问 DNS 服务器

数据包 8、9 表示代理服务器 ernest-laptop 向 DNS 服务器（219.239.26.42，首选 DNS 服务器的 IP 地址，见 1.6.2 节）查询域名 www.baidu.com 对应的 IP 地址，并得到了回复。该回复包括一个主机别名（www.a.shifen.com）和两个 IP 地址（119.75.218.77 和 119.75.217.56）。代理服务器执行 DNS 查询的完整过程如图 4-3 所示。

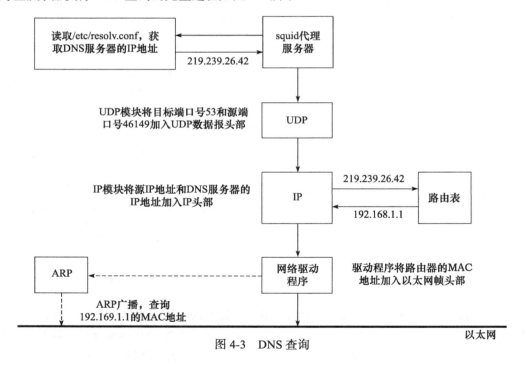

图 4-3　DNS 查询

squid 程序通过读取 /etc/resolv.conf 文件获得 DNS 服务器的 IP 地址（见 1.6.2 节），然后将控制权传递给内核中的 UDP 模块。UDP 模块将 DNS 查询报文封装成 UDP 数据报，同时把源端口号和目标端口号加入 UDP 数据报头部，然后 UDP 模块调用 IP 服务。IP 模块则将

UDP 数据报封装成 IP 数据报，并把源端 IP 地址（192.168.1.108）和 DNS 服务器的 IP 地址加入 IP 数据报头部。接下来，IP 模块查询路由表以决定如何发送该 IP 数据报。根据路由策略，目标 IP 地址（219.239.26.42）仅能匹配路由表中的默认路由项，因此该 IP 数据报先被发送至路由器（IP 地址为 192.168.1.1），然后通过路由器来转发。因为 ernest-laptop 的 ARP 缓存中没有与路由器对应的缓存项（我们手动将其删除了），所以 ernest-laptop 需要发起一个 ARP 广播以查询路由器的 IP 地址，而这正是数据包 6 描述的内容。路由器则通过 ARP 应答告诉 ernest-laptop 自己的 MAC 地址是 14:e6:e4:93:5b:78，如数据包 7 所示。最终，以太网驱动程序将 IP 数据报封装成以太网帧发送给路由器。此后，代理服务器再次发送数据到 Internet 时将不再需要 ARP 查询，因为 ernest-laptop 的 ARP 高速缓存中已经记录了路由器的 IP 地址和 MAC 地址的映射关系。

需要指出的是，虽然 IP 数据报是先发送到路由器，再由它转发给目标主机，但是其头部的目标 IP 地址却是最终的目标主机（DNS 服务器）的 IP 地址，而不是中转路由器的 IP 地址（192.168.1.1）。这说明，IP 头部的源端 IP 地址和目的端 IP 地址在转发过程中是始终不变的（一种例外是源路由选择）。但帧头部的源端物理地址和目的端物理地址在转发过程中则是一直在变化的。

4.5 本地名称查询

一般来说，通过域名来访问 Internet 上的某台主机时，需要使用 DNS 服务来获取该主机的 IP 地址。但如果我们通过主机名来访问本地局域网上的机器，则可通过本地的静态文件来获得该机器的 IP 地址。

Linux 将目标主机名及其对应的 IP 地址存储在 /etc/hosts 配置文件中。当需要查询某个主机名对应的 IP 地址时，程序将首先检查这个文件。Kongming20 上 /etc/hosts 文件的内容如下（笔者手动修改过）：

```
127.0.0.1         localhost
192.168.1.109     Kongming20
192.168.1.108     ernest-laptop
```

其中第一项指出本地回路地址 127.0.0.1 的名称是 localhost，第二项和第三项则分别描述了 Kongming20 和 ernest-laptop 的 IP 地址及对应的主机名。

代码清单 4-1 中，wget 命令输出"Resolving ernest-laptop... 192.168.1.108"，即它成功地解析了主机名 ernest-laptop 对应的 IP 地址，原因如下：当 wget 访问某个 Web 服务器时，它先读取环境变量 http_proxy。如果该环境变量被设置，并且我们没有阻止 wget 使用代理服务，则 wget 将通过 http_proxy 指定的代理服务器来访问 Web 服务。但 http_proxy 环境变量中包含主机名 ernest-laptop，因此 wget 将首先读取 /etc/hosts 配置文件，试图通过它来解析主机名 ernest-laptop 对应的 IP 地址。其结果正如 wget 的输出所示，解析成功。

如果程序在 /etc/hosts 文件中未找到目标机器名对应的 IP 地址，它将求助于 DNS 服务。

用户可以通过修改 /etc/host.conf 文件来自定义系统解析主机名的方法和顺序（一般是先访问本地文件 /etc/hosts，再访问 DNS 服务），Kongming20 上的该文件内容如下：

```
order hosts,bind
multi on
```

其中第一行表示优先使用 /etc/hosts 文件来解析主机名（hosts），失败后再使用 DNS 服务（bind）。第二行表示如果 /etc/hosts 文件中一个主机名对应多个 IP 地址，那么解析的结果就包含多个 IP 地址。/etc/host.conf 文件通常仅包含这两行，但它支持更多选项，具体使用请参考其 man 手册。

标准文档 RFC 1123 指出，网络上的主机都应该实现一个简单的本地名称查询服务。

4.6 HTTP 通信

为了方便讨论，我们将 wget 客户端和代理服务器之间的通信过程画成图 4-4 所示的 TCP 时序图。

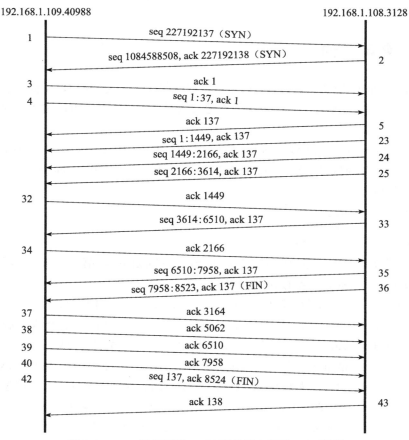

图 4-4　wget 客户端和 squid 服务器之间的 TCP 通信

首先应该注意的是，TCP 连接从建立到关闭的过程中，客户端仅给服务器发送了一个 HTTP 请求（即 TCP 报文段 4），该请求的长度为 136 字节（见代码清单 4-2 中 TCP 报文段 4 的 length 值）。代理服务器则用 6 个 TCP 报文段（23、24、25、33、35 和 36）给客户端返回了总长度为 8522 字节（这可以从对方的最后一个确认报文段 42 的确认值计算得到，考虑同步报文段和结束报文段各占用一个序号）的 HTTP 应答。客户端使用了 7 个 TCP 报文段（32、34、37、38、39、40 和 42）来确认这 8522 字节的 HTTP 应答数据。

下面我们简单分析一下这 136 字节的 HTTP 请求和 8522 字节的 HTTP 应答的部分主要内容（开启 tcpdump 的 -X 选项来查看）。

4.6.1 HTTP 请求

HTTP 请求的部分内容如下：

```
GET http://www.baidu.com/index.html HTTP/1.0
User-Agent: Wget/1.12 (linux-gnu)
Host: www.baidu.com
Connection: close
```

第 1 行是请求行。其中"GET"是请求方法，表示客户端以只读的方式来申请资源。常见的 HTTP 请求方法有 9 种，如表 4-1 所示。

表 4-1　HTTP 请求方法

请求方法	含　义
GET	申请获取资源，而不对服务器产生任何其他影响
HEAD	和 GET 方法类似，不过仅要求服务器返回头部信息，而不需要传输任何实际内容
POST	客户端向服务器提交数据的方法。这种方法会影响服务器：服务器可能根据收到的数据动态创建新的资源，也可能更新原有的资源
PUT	上传某个资源
DELETE	删除某个资源
TRACE	要求目标服务器返回原始 HTTP 请求的内容。它可用来查看中间服务器（比如代理服务器）对 HTTP 请求的影响
OPTIONS	查看服务器对某个特定 URL 都支持哪些请求方法。也可以把 URL 设置为 *，从而获得服务器支持的所有请求方法
CONNECT	用于某些代理服务器，它们能把请求的连接转化为一个安全隧道
PATCH	对某个资源做部分修改

这些方法中，HEAD、GET、OPTIONS 和 TRACE 被视为安全的方法，因为它们只是从服务器获得资源或信息，而不对服务器进行任何修改。而 POST、PUT、DELETE 和 PATCH 则影响服务器上的资源。

另一方面，GET、HEAD、OPTIONS、TRACE、PUT 和 DELETE 等请求方法被认为是等幂的（idempotent），即多次连续的、重复的请求和只发送一次该请求具有完全相同的效果。而 POST 方法则不同，连续多次发送同样一个请求可能进一步影响服务器上的资源。

值得一提的是，Linux 上提供了几个命令：HEAD、GET 和 POST。其含义基本与 HTTP 协议中的同名请求方法相同。它们适合用来快速测试 Web 服务器。

"http://www.baidu.com/index.html" 是目标资源的 URL。其中 "http" 是所谓的 scheme，表示获取目标资源需要使用的应用层协议。其他常见的 scheme 还有 ftp、rtsp 和 file 等。"www.baidu.com" 指定资源所在的目标主机。"index.html" 指定资源文件的名称，这里指的是服务器根目录（站点的根目录，而不是服务器的文件系统根目录"/"）中的索引文件。

"HTTP/1.0" 表示客户端（wget 程序）使用的 HTTP 的版本号是 1.0。目前的主流 HTTP 版本是 1.1。

HTTP 请求内容中的第 2~4 行都是 HTTP 请求的头部字段。一个 HTTP 请求可以包含多个头部字段。一个头部字段用一行表示，包含字段名称、冒号、空格和字段的值。HTTP 请求中的头部字段可按任意顺序排列。

"User-Agent: Wget/1.12 (linux-gnu)" 表示客户端使用的程序是 wget。

"Host: www.baidu.com" 表示目标主机名是 www.baidu.com。HTTP 协议规定 HTTP 请求中必须包含的头部字段就是目标主机名。

"Connection: close" 是我们执行 wget 命令时传入的（见代码清单 4-1），用以告诉服务器处理完这个 HTTP 请求之后就关闭连接。在旧的 HTTP 协议中，Web 客户端和 Web 服务器之间的一个 TCP 连接只能为一个 HTTP 请求服务。当处理完客户的一个 HTTP 请求之后，Web 服务器就（主动）将 TCP 连接关闭了。此后，同一客户如果要再发送一个 HTTP 请求的话，必须与服务器建立一个新的 TCP 连接。也就是说，同一个客户的多个连续的 HTTP 请求不能共用同一个 TCP 连接，这称为短连接。长连接与之相反，是指多个请求可以使用同一个 TCP 连接。长连接在编程上稍微复杂一些，但性能上却有很大提高：它极大地减少了网络上为建立 TCP 连接导致的负荷，同时对每次请求而言缩减了处理时间。HTTP 请求和应答中的 "Connection" 头部字段就是专门用于告诉对方一个请求完成之后该如何处理连接的，比如立即关闭连接（该头部字段的值为"close"）或者保持一段时间以等待后续请求（该头部字段的值为"keep-alive"）。当用浏览器访问一个网页时，读者不妨使用 netstat 命令来查看浏览器和 Web 服务器之间的连接是否是长连接，以及该连接维持了多长时间。

在所有头部字段之后，HTTP 请求必须包含一个空行，以标识头部字段的结束。请求行和每个头部字段都必须以 <CR><LF> 结束（回车符和换行符）；而空行则必须只包含一个 <CR><LF>，不能有其他字符，甚至是空白字符。

在空行之后，HTTP 请求可以包含可选的消息体。如果消息体非空，则 HTTP 请求的头部字段中必须包含描述该消息体长度的字段"Content-Length"。我们的实例只是获取目标服务器上的资源，所以没有消息体。

4.6.2　HTTP 应答

HTTP 应答的部分内容如下：

```
HTTP/1.0 200 OK
Server: BWS/1.0
Content-Length: 8024
Content-Type: text/html;charset =gbk
Set-Cookie: BAIDUID=A5B6C72D68CF639CE8896FD79A03FBD8:FG=1; expires=Wed,
            04 -Jul-42 00:10:47 GMT; path=/; domain=.baidu.com
Via: 1.0 localhost (squid/3.0 STABLE18)
```

第一行是状态行。"HTTP/1.0"是服务器使用的 HTTP 协议的版本号。通常，服务器需要使用和客户端相同的 HTTP 协议版本。"200 OK"是状态码和状态信息。常见的状态码和状态信息及其含义如表 4-2 所示。

表 4-2　HTTP 状态码和状态信息及其含义

状态类型	状态码和状态信息	含　　义
1xx 信息	100 Continue	服务器收到了客户端的请求行和头部信息，告诉客户端继续发送数据部分。客户端通常要先发送 Expect: 100-continue 头部字段告诉服务器自己还有数据要发送
2xx 成功	200 OK	请求成功
3xx 重定向	301 Moved Permanently	资源被转移了，请求将被重定向
	302 Found	通知客户端资源能在其他地方找到，但需要使用 GET 方法来获得它
	304 Not Modified	表示被申请的资源没有更新，和之前获得的相同
	307 Temporary Redirect	通知客户端资源能在其他地方找到。与 302 不同的是，客户端可以使用和原始请求相同的请求方法来访问目标资源
4xx 客户端错误	400 Bad Request	通用客户请求错误
	401 Unauthorized	请求需要认证信息
	403 Forbidden	访问被服务器禁止，通常是由于客户端没有权限访问该资源
	404 Not Found	资源没找到
	407 Proxy Authentication Required	客户端需要先获得代理服务器的认证
5xx 服务器错误	500 Internal Server Error	通用服务器错误
	503 Service Unavailable	暂时无法访问服务器

第 2~7 行是 HTTP 应答的头部字段。其表示方法与 HTTP 请求中的头部字段相同。

"Server: BWS/1.0"表示目标 Web 服务器程序的名字是 BWS（Baidu Web Server）。

"Content-Length: 8024"表示目标文档的长度为 8024 字节。这个值和 wget 输出的文档长度一致。

"Content-Type: text/html;charset =gbk"表示目标文档的 MIME 类型。其中"text"是主文档类型，"html"是子文档类型。"text/html"表示目标文档 index.html 是 text 类型中的 html 文档。"charset"是 text 文档类型的一个参数，用于指定文档的字符编码。

"Set-Cookie: BAIDUID=A5B6C72D68CF639CE8896FD79A03FBD8:FG=1; expires=Wed,

04 -Jul-42 00:10:47 GMT; path=/; domain=.baidu.com"表示服务器传送一个 Cookie 给客户端。其中，"BAIDUID"指定 Cookie 的名字，"expires"指定 Cookie 的生存时间，"domain"和"path"指定该 Cookie 生效的域名和路径。下面我们简单分析一下 Cookie 的作用。

第 2 章中曾提到，HTTP 协议是一种无状态的协议，即每个 HTTP 请求之间没有任何上下文关系。如果服务器处理后续 HTTP 请求时需要用到前面的 HTTP 请求的相关信息，客户端必须重传这些信息。这样就导致 HTTP 请求必须传输更多的数据。

在交互式 Web 应用程序兴起之后，HTTP 协议的这种无状态特性就显得不适应了，因为交互程序通常要承上启下。因此，我们要使用额外的手段来保持 HTTP 连接状态，常见的解决方法就是 Cookie。Cookie 是服务器发送给客户端的特殊信息（通过 HTTP 应答的头部字段"Set-Cookie"），客户端每次向服务器发送请求的时候都需要带上这些信息（通过 HTTP 请求的头部字段"Cookie"）。这样服务器就可以区分不同的客户了。基于浏览器的自动登录就是用 Cookie 实现的。

"Via: 1.0 localhost (squid/3.0 STABLE18)"表示 HTTP 应答在返回过程中经历过的所有代理服务器的地址和名称。这里的 localhost 实际上指的是"192.168.1.108"。这个头部字段的功能有点类似于 IP 协议的记录路由功能。

在所有头部字段之后，HTTP 应答必须包含一个空行，以标识头部字段的结束。状态行和每个头部字段都必须以 <CR><LF> 结束；而空行则必须只包含一个 <CR><LF>，不能有其他字符，甚至是空白字符。

空行之后是被请求文档 index.html 的内容（当然，我们并不关心它），其长度是 8024 字节。

4.7 实例总结

至此，我们成功地访问了 Internet 上的 Web 服务器，通过该实例，我们分析了 TCP/IP 协议族各层的部分协议：应用层的 HTTP 和 DNS、传输层的 TCP 和 UDP、网络层的 IP、数据链路层的 ARP，以及它们之间是如何协作来完成网络通信的。我们的分析方法是使用 tcpdump 抓包，然后观察各层协议的头部内容以推断其工作原理。在后续章节中，我们还将多次使用这种方法来分析问题。

第二篇

深入解析高性能服务器编程

第 5 章　Linux 网络编程基础 API

第 6 章　高级 I/O 函数

第 7 章　Linux 服务器程序规范

第 8 章　高性能服务器程序框架

第 9 章　I/O 复用

第 10 章　信号

第 11 章　定时器

第 12 章　高性能 I/O 框架库 Libevent

第 13 章　多进程编程

第 14 章　多线程编程

第 15 章　进程池和线程池

第 5 章　Linux 网络编程基础 API

本章是承前启后的一章。它探讨 Linux 网络编程基础 API 与内核中 TCP/IP 协议族之间的关系，并为后续章节提供编程基础。我们将从如下 3 个方面讨论 Linux 网络 API：

❑ socket 地址 API。socket 最开始的含义是一个 IP 地址和端口对（ip，port）。它唯一地表示了使用 TCP 通信的一端。本书称其为 socket 地址。

❑ socket 基础 API。socket 的主要 API 都定义在 sys/socket.h 头文件中，包括创建 socket、命名 socket、监听 socket、接受连接、发起连接、读写数据、获取地址信息、检测带外标记，以及读取和设置 socket 选项。

❑ 网络信息 API。Linux 提供了一套网络信息 API，以实现主机名和 IP 地址之间的转换，以及服务名称和端口号之间的转换。这些 API 都定义在 netdb.h 头文件中，我们将讨论其中几个主要的函数。

5.1　socket 地址 API

要学习 socket 地址 API，先要理解主机字节序和网络字节序。

5.1.1　主机字节序和网络字节序

现代 CPU 的累加器一次都能装载（至少）4 字节（这里考虑 32 位机，下同），即一个整数。那么这 4 字节在内存中排列的顺序将影响它被累加器装载成的整数的值。这就是字节序问题。字节序分为大端字节序（big endian）和小端字节序（little endian）。大端字节序是指一个整数的高位字节（23 ～ 31 bit）存储在内存的低地址处，低位字节（0 ～ 7 bit）存储在内存的高地址处。小端字节序则是指整数的高位字节存储在内存的高地址处，而低位字节则存储在内存的低地址处。代码清单 5-1 可用于检查机器的字节序。

代码清单 5-1　判断机器字节序

```
#include <stdio.h>
void byteorder()
{
    union
    {
        short value;
        char union_bytes[ sizeof( short ) ];
    } test;
    test.value = 0x0102;
    if (  ( test.union_bytes[ 0 ] == 1 ) && ( test.union_bytes[ 1 ] == 2 ) )
```

```
    {
        printf( "big endian\n" );
    }
    else if ( ( test.union_bytes[ 0 ] == 2 ) && ( test.union_bytes[ 1 ] == 1 ) )
    {
        printf( "little endian\n" );
    }
    else
    {
        printf( "unknown...\n" );
    }
}
```

现代 PC 大多采用小端字节序，因此小端字节序又被称为主机字节序。

当格式化的数据（比如 32 bit 整型数和 16 bit 短整型数）在两台使用不同字节序的主机之间直接传递时，接收端必然错误地解释之。解决问题的方法是：发送端总是把要发送的数据转化成大端字节序数据后再发送，而接收端知道对方传送过来的数据总是采用大端字节序，所以接收端可以根据自身采用的字节序决定是否对接收到的数据进行转换（小端机转换，大端机不转换）。因此大端字节序也称为网络字节序，它给所有接收数据的主机提供了一个正确解释收到的格式化数据的保证。

需要指出的是，即使是同一台机器上的两个进程（比如一个由 C 语言编写，另一个由 JAVA 编写）通信，也要考虑字节序的问题（JAVA 虚拟机采用大端字节序）。

Linux 提供了如下 4 个函数来完成主机字节序和网络字节序之间的转换：

```
#include <netinet/in.h>
unsigned long int htonl( unsigned long int hostlong );
unsigned short int htons( unsigned short int hostshort );
unsigned long int ntohl( unsigned long int netlong );
unsigned short int ntohs( unsigned short int netshort );
```

它们的含义很明确，比如 htonl 表示"host to network long"，即将长整型（32 bit）的主机字节序数据转化为网络字节序数据。这 4 个函数中，长整型函数通常用来转换 IP 地址，短整型函数用来转换端口号（当然不限于此。任何格式化的数据通过网络传输时，都应该使用这些函数来转换字节序）。

5.1.2 通用 socket 地址

socket 网络编程接口中表示 socket 地址的是结构体 sockaddr，其定义如下：

```
#include <bits/socket.h>
struct sockaddr
{
    sa_family_t sa_family;
    char sa_data[14];
}
```

sa_family 成员是地址族类型（sa_family_t）的变量。地址族类型通常与协议族类型对应。常见的协议族（protocol family，也称 domain，见后文）和对应的地址族如表 5-1 所示。

表 5-1　协议族和地址族的关系

协 议 族	地 址 族	描　　述
PF_UNIX	AF_UNIX	UNIX 本地域协议族
PF_INET	AF_INET	TCP/IPv4 协议族
PF_INET6	AF_INET6	TCP/IPv6 协议族

宏 PF_* 和 AF_* 都定义在 bits/socket.h 头文件中，且后者与前者有完全相同的值，所以二者通常混用。

sa_data 成员用于存放 socket 地址值。但是，不同的协议族的地址值具有不同的含义和长度，如表 5-2 所示。

表 5-2　协议族及其地址值

协 议 族	地址值含义和长度
PF_UNIX	文件的路径名，长度可达到 108 字节（见后文）
PF_INET	16 bit 端口号和 32 bit IPv4 地址，共 6 字节
PF_INET6	16 bit 端口号，32 bit 流标识，128 bit IPv6 地址，32 bit 范围 ID，共 26 字节

由表 5-2 可见，14 字节的 sa_data 根本无法完全容纳多数协议族的地址值。因此，Linux 定义了下面这个新的通用 socket 地址结构体：

```
#include <bits/socket.h>
struct sockaddr_storage
{
    sa_family_t sa_family;
    unsigned long int __ss_align;
    char __ss_padding[128-sizeof(__ss_align )];
}
```

这个结构体不仅提供了足够大的空间用于存放地址值，而且是内存对齐的（这是 __ss_align 成员的作用）。

5.1.3　专用 socket 地址

上面这两个通用 socket 地址结构体显然很不好用，比如设置与获取 IP 地址和端口号就需要执行烦琐的位操作。所以 Linux 为各个协议族提供了专门的 socket 地址结构体。

UNIX 本地域协议族使用如下专用 socket 地址结构体：

```
#include <sys/un.h>
struct sockaddr_un
{
    sa_family_t sin_family;      /* 地址族：AF_UNIX */
    char sun_path[108];          /* 文件路径名 */
};
```

TCP/IP 协议族有 sockaddr_in 和 sockaddr_in6 两个专用 socket 地址结构体，它们分别用于 IPv4 和 IPv6：

```
struct sockaddr_in
{
    sa_family_t sin_family;         /* 地址族：AF_INET */
    u_int16_t sin_port;             /* 端口号，要用网络字节序表示 */
    struct in_addr sin_addr;        /* IPv4 地址结构体，见下面 */
};
struct in_addr
{
    u_int32_t s_addr;               /* IPv4 地址，要用网络字节序表示 */
};
struct sockaddr_in6
{
    sa_family_t sin6_family;        /* 地址族：AF_INET6 */
    u_int16_t sin6_port;            /* 端口号，要用网络字节序表示 */
    u_int32_t sin6_flowinfo;        /* 流信息，应设置为 0 */
    struct in6_addr sin6_addr;      /* IPv6 地址结构体，见下面 */
    u_int32_t sin6_scope_id;        /* scope ID，尚处于实验阶段 */
};
struct in6_addr
{
    unsigned char sa_addr[16];      /* IPv6 地址，要用网络字节序表示 */
};
```

这两个专用 socket 地址结构体各字段的含义都很明确，我们只在右边稍加注释。

所有专用 socket 地址（以及 sockaddr_storage）类型的变量在实际使用时都需要转化为通用 socket 地址类型 sockaddr（强制转换即可），因为所有 socket 编程接口使用的地址参数的类型都是 sockaddr。

5.1.4　IP 地址转换函数

通常，人们习惯用可读性好的字符串来表示 IP 地址，比如用点分十进制字符串表示 IPv4 地址，以及用十六进制字符串表示 IPv6 地址。但编程中我们需要先把它们转化为整数（二进制数）方能使用。而记录日志时则相反，我们要把整数表示的 IP 地址转化为可读的字符串。下面 3 个函数可用于用点分十进制字符串表示的 IPv4 地址和用网络字节序整数表示的 IPv4 地址之间的转换：

```
#include <arpa/inet.h>
in_addr_t inet_addr( const char* strptr );
int inet_aton( const char* cp, struct in_addr* inp );
char* inet_ntoa( struct in_addr in );
```

inet_addr 函数将用点分十进制字符串表示的 IPv4 地址转化为用网络字节序整数表示的 IPv4 地址。它失败时返回 INADDR_NONE。

inet_aton 函数完成和 inet_addr 同样的功能，但是将转化结果存储于参数 inp 指向的地址结构中。它成功时返回 1，失败则返回 0。

inet_ntoa 函数将用网络字节序整数表示的 IPv4 地址转化为用点分十进制字符串表示的 IPv4 地址。但需要注意的是，该函数内部用一个静态变量存储转化结果，函数的返回值指向该静态内存，因此 inet_ntoa 是不可重入的。代码清单 5-2 揭示了其不可重入性。

代码清单 5-2　不可重入的 inet_ntoa 函数

```
char* szValue1 = inet_ntoa( "1.2.3.4" );
char* szValue2 = inet_ntoa( "10.194.71.60" );
printf( "address 1: %s\n", szValue1 );
printf( "address 2: %s\n", szValue2 );
```

运行这段代码，得到的结果是：

address1: 10.194.71.60
address2: 10.194.71.60

下面这对更新的函数也能完成和前面 3 个函数同样的功能，并且它们同时适用于 IPv4 地址和 IPv6 地址：

```
#include <arpa/inet.h>
int inet_pton( int af, const char* src, void* dst );
const char* inet_ntop( int af, const void* src, char* dst, socklen_t cnt );
```

inet_pton 函数将用字符串表示的 IP 地址 src（用点分十进制字符串表示的 IPv4 地址或用十六进制字符串表示的 IPv6 地址）转换成用网络字节序整数表示的 IP 地址，并把转换结果存储于 dst 指向的内存中。其中，af 参数指定地址族，可以是 AF_INET 或者 AF_INET6。inet_pton 成功时返回 1，失败则返回 0 并设置 errno[⊖]。

inet_ntop 函数进行相反的转换，前三个参数的含义与 inet_pton 的参数相同，最后一个参数 cnt 指定目标存储单元的大小。下面的两个宏能帮助我们指定这个大小（分别用于 IPv4 和 IPv6）：

```
#include <netinet/in.h>
#define INET_ADDRSTRLEN 16
#define INET6_ADDRSTRLEN 46
```

inet_ntop 成功时返回目标存储单元的地址，失败则返回 NULL 并设置 errno。

5.2　创建 socket

UNIX/Linux 的一个哲学是：所有东西都是文件。socket 也不例外，它就是可读、可写、可控制、可关闭的文件描述符。下面的 socket 系统调用可创建一个 socket：

```
#include <sys/types.h>
#include <sys/socket.h>
int socket( int domain, int type, int protocol );
```

[⊖] Linux提供众多errno以表示各种错误。如非特殊情况，本书将不一一指出各函数可能反馈的errno值。

domain 参数告诉系统使用哪个底层协议族。对 TCP/IP 协议族而言，该参数应该设置为 PF_INET（Protocol Family of Internet，用于 IPv4）或 PF_INET6（用于 IPv6）；对于 UNIX 本地域协议族而言，该参数应该设置为 PF_UNIX。关于 socket 系统调用支持的所有协议族，请读者自己参考其 man 手册。

type 参数指定服务类型。服务类型主要有 SOCK_STREAM 服务（流服务）和 SOCK_UGRAM（数据报）服务。对 TCP/IP 协议族而言，其值取 SOCK_STREAM 表示传输层使用 TCP 协议，取 SOCK_DGRAM 表示传输层使用 UDP 协议。

值得指出的是，自 Linux 内核版本 2.6.17 起，type 参数可以接受上述服务类型与下面两个重要的标志相与的值：SOCK_NONBLOCK 和 SOCK_CLOEXEC。它们分别表示将新创建的 socket 设为非阻塞的，以及用 fork 调用创建子进程时在子进程中关闭该 socket。在内核版本 2.6.17 之前的 Linux 中，文件描述符的这两个属性都需要使用额外的系统调用（比如 fcntl）来设置。

protocol 参数是在前两个参数构成的协议集合下，再选择一个具体的协议。不过这个值通常都是唯一的（前两个参数已经完全决定了它的值）。几乎在所有情况下，我们都应该把它设置为 0，表示使用默认协议。

socket 系统调用成功时返回一个 socket 文件描述符，失败则返回 -1 并设置 errno。

5.3 命名 socket

创建 socket 时，我们给它指定了地址族，但是并未指定使用该地址族中的哪个具体 socket 地址。将一个 socket 与 socket 地址绑定称为给 socket 命名。在服务器程序中，我们通常要命名 socket，因为只有命名后客户端才能知道该如何连接它。客户端则通常不需要命名 socket，而是采用匿名方式，即使用操作系统自动分配的 socket 地址。命名 socket 的系统调用是 bind，其定义如下：

```
#include <sys/types.h>
#include <sys/socket.h>
int bind( int sockfd, const struct sockaddr* my_addr, socklen_t addrlen );
```

bind 将 my_addr 所指的 socket 地址分配给未命名的 sockfd 文件描述符，addrlen 参数指出该 socket 地址的长度。

bind 成功时返回 0，失败则返回 -1 并设置 errno。其中两种常见的 errno 是 EACCES 和 EADDRINUSE，它们的含义分别是：

- EACCES，被绑定的地址是受保护的地址，仅超级用户能够访问。比如普通用户将 socket 绑定到知名服务端口（端口号为 0~1023）上时，bind 将返回 EACCES 错误。
- EADDRINUSE，被绑定的地址正在使用中。比如将 socket 绑定到一个处于 TIME_WAIT 状态的 socket 地址。

5.4 监听 socket

socket 被命名之后，还不能马上接受客户连接，我们需要使用如下系统调用来创建一个监听队列以存放待处理的客户连接：

```
#include <sys/socket.h>
int listen( int sockfd, int backlog );
```

sockfd 参数指定被监听的 socket。backlog 参数提示内核监听队列的最大长度。监听队列的长度如果超过 backlog，服务器将不受理新的客户连接，客户端也将收到 ECONNREFUSED 错误信息。在内核版本 2.2 之前的 Linux 中，backlog 参数是指所有处于半连接状态（SYN_RCVD）和完全连接状态（ESTABLISHED）的 socket 的上限。但自内核版本 2.2 之后，它只表示处于完全连接状态的 socket 的上限，处于半连接状态的 socket 的上限则由 /proc/sys/net/ipv4/tcp_max_syn_backlog 内核参数定义。backlog 参数的典型值是 5。

listen 成功时返回 0，失败则返回 -1 并设置 errno。

下面我们编写一个服务器程序，如代码清单 5-3 所示，以研究 backlog 参数对 listen 系统调用的实际影响。

代码清单 5-3　backlog 参数

```c
#include <sys/socket.h>
#include <netinet/in.h>
#include <arpa/inet.h>
#include <signal.h>
#include <unistd.h>
#include <stdlib.h>
#include <assert.h>
#include <stdio.h>
#include <string.h>

static bool stop = false;
/* SIGTERM 信号的处理函数，触发时结束主程序中的循环 */
static void handle_term( int sig )
{
    stop = true;
}

int main( int argc, char* argv[] )
{
    signal( SIGTERM, handle_term );

    if( argc <= 3 )
    {
        printf( "usage: %s ip_address port_number backlog\n",
                basename( argv[0] ) );
        return 1;
    }
    const char* ip = argv[1];
```

```c
    int port = atoi( argv[2] );
    int backlog = atoi( argv[3] );

    int sock = socket( PF_INET, SOCK_STREAM, 0 );
    assert( sock >= 0 );

    /* 创建一个 IPv4 socket 地址 */
    struct sockaddr_in address;
    bzero( &address, sizeof( address ) );
    address.sin_family = AF_INET;
    inet_pton( AF_INET, ip, &address.sin_addr );
    address.sin_port = htons( port );

    int ret = bind( sock, ( struct sockaddr* )&address, sizeof( address ) );
    assert( ret != -1 );

    ret = listen( sock, backlog );
    assert( ret != -1 );

    /* 循环等待连接，直到有 SIGTERM 信号将它中断 */
    while ( ! stop )
    {
        sleep( 1 );
    }

    /* 关闭 socket，见后文 */
    close( sock );
    return 0;
}
```

该服务器程序（名为 testlisten）接收 3 个参数：IP 地址、端口号和 backlog 值。我们在 Kongming20 上运行该服务器程序，并在 ernest-laptop 上多次执行 telnet 命令来连接该服务器程序。同时，每使用 telnet 命令建立一个连接，就执行一次 netstat 命令来查看服务器上连接的状态。具体操作过程如下：

```
$ ./testlisten 192.168.1.109 12345 5    # 监听12345端口，给backlog传递典型值5
$ telnet 192.168.1.109 12345            # 多次执行之
$ netstat -nt | grep 12345              # 多次执行之
```

代码清单 5-4 是 netstat 命令某次输出的内容，它显示了这一时刻 listen 监听队列的内容。

代码清单 5-4　listen 监听队列的内容

```
Proto Recv-Q Send-Q  Local Address          Foreign Address         Statetcp
tcp      0      0    192.168.1.109:12345    192.168.1.108:2240      SYN_RECV
tcp      0      0    192.168.1.109:12345    192.168.1.108:2228      SYN_RECV⊖
tcp      0      0    192.168.1.109:12345    192.168.1.108:2230      SYN_RECV
tcp      0      0    192.168.1.109:12345    192.168.1.108:2238      SYN_RECV
tcp      0      0    192.168.1.109:12345    192.168.1.108:2236      SYN_RECV
```

⊖ 等价于图8-8中的SYN_RCVD状态。

tcp	0	0	192.168.1.109:12345	192.168.1.108:2217	ESTABLISHED
tcp	0	0	192.168.1.109:12345	192.168.1.108:2226	ESTABLISHED
tcp	0	0	192.168.1.109:12345	192.168.1.108:2224	ESTABLISHED
tcp	0	0	192.168.1.109:12345	192.168.1.108:2212	ESTABLISHED
tcp	0	0	192.168.1.109:12345	192.168.1.108:2220	ESTABLISHED
tcp	0	0	192.168.1.109:12345	192.168.1.108:2222	ESTABLISHED

可见，在监听队列中，处于 ESTABLISHED 状态的连接只有 6 个（backlog 值加 1），其他的连接都处于 SYN_RCVD 状态。我们改变服务器程序的第 3 个参数并重新运行之，能发现同样的规律，即完整连接最多有（backlog+1）个。在不同的系统上，运行结果会有些差别，不过监听队列中完整连接的上限通常比 backlog 值略大。

5.5 接受连接

下面的系统调用从 listen 监听队列中接受一个连接：

```
#include <sys/types.h>
#include <sys/socket.h>
int accept( int sockfd, struct sockaddr *addr, socklen_t *addrlen );
```

sockfd 参数是执行过 listen 系统调用的监听 socket[⊖]。addr 参数用来获取被接受连接的远端 socket 地址，该 socket 地址的长度由 addrlen 参数指出。accept 成功时返回一个新的连接 socket，该 socket 唯一地标识了被接受的这个连接，服务器可通过读写该 socket 来与被接受连接对应的客户端通信。accept 失败时返回 -1 并设置 errno。

现在考虑如下情况：如果监听队列中处于 ESTABLISHED 状态的连接对应的客户端出现网络异常（比如掉线），或者提前退出，那么服务器对这个连接执行的 accept 调用是否成功？我们编写一个简单的服务器程序来测试之，如代码清单 5-5 所示。

代码清单 5-5　接受一个异常的连接

```c
#include <sys/socket.h>
#include <netinet/in.h>
#include <arpa/inet.h>
#include <assert.h>
#include <stdio.h>
#include <unistd.h>
#include <stdlib.h>
#include <errno.h>
#include <string.h>

int main( int argc, char* argv[] )
{
    if( argc <= 2 )
    {
```

⊖ 我们把执行过 listen 调用、处于 LISTEN 状态的 socket 称为监听 socket，而所有处于 ESTABLISHED 状态的 socket 则称为连接 socket。

```c
            printf( "usage: %s ip_address port_number\n", basename( argv[0] ) );
            return 1;
    }
    const char* ip = argv[1];
    int port = atoi( argv[2] );

    struct sockaddr_in address;
    bzero( &address, sizeof( address ) );
    address.sin_family = AF_INET;
    inet_pton( AF_INET, ip, &address.sin_addr );
    address.sin_port = htons( port );

    int sock = socket( PF_INET, SOCK_STREAM, 0 );
    assert( sock >= 0 );

    int ret = bind( sock, ( struct sockaddr* )&address, sizeof( address ) );
    assert( ret != -1 );

    ret = listen( sock, 5 );
    assert( ret != -1 );
    /* 暂停20秒以等待客户端连接和相关操作（掉线或者退出）完成 */
    sleep( 20 );
    struct sockaddr_in client;
    socklen_t client_addrlength = sizeof( client );
    int connfd = accept( sock, ( struct sockaddr* )&client, &client_addrlength );
    if ( connfd < 0 )
    {
        printf( "errno is: %d\n", errno );
    }
    else
    {
        /* 接受连接成功则打印出客户端的IP地址和端口号 */
        char remote[INET_ADDRSTRLEN];
        printf( "connected with ip: %s and port: %d\n", inet_ntop( AF_INET,
            &client.sin_addr, remote, INET_ADDRSTRLEN ), ntohs( client.sin_port ) );
        close( connfd );
    }

    close( sock );
    return 0;
}
```

我们在Kongming20上运行该服务器程序（名为testaccept），并在ernest-laptop上执行telnet命令来连接该服务器程序。具体操作过程如下：

```
$ ./testaccept 192.168.1.109 54321    # 监听54321端口
$ telnet 192.168.1.109 54321
```

启动telnet客户端程序后，立即断开该客户端的网络连接（建立和断开连接的过程要在服务器启动后20秒内完成）。结果发现accept调用能够正常返回，服务器输出如下：

```
connected with ip: 192.168.1.108 and port: 38545
```

接着,在服务器上运行 netstat 命令以查看 accept 返回的连接 socket 的状态:

```
$ netstat -nt | grep 54321
tcp    0    0 192.168.1.109:54321    192.168.1.108:38545    ESTABLISHED
```

netstat 命令的输出说明,accept 调用对于客户端网络断开毫不知情。下面我们重新执行上述过程,不过这次不断开客户端网络连接,而是在建立连接后立即退出客户端程序。这次 accept 调用同样正常返回,服务器输出如下:

```
connected with ip: 192.168.1.108 and port: 52070
```

再次在服务器上运行 netstat 命令:

```
$ netstat -nt | grep 54321
tcp    1    0 192.168.1.109:54321    192.168.1.108:52070    CLOSE_WAIT
```

由此可见,accept 只是从监听队列中取出连接,而不论连接处于何种状态(如上面的 ESTABLISHED 状态和 CLOSE_WAIT 状态),更不关心任何网络状况的变化。

5.6 发起连接

如果说服务器通过 listen 调用来被动接受连接,那么客户端需要通过如下系统调用来主动与服务器建立连接:

```c
#include <sys/types.h>
#include <sys/socket.h>
int connect( int sockfd, const struct sockaddr *serv_addr, socklen_t addrlen );
```

sockfd 参数由 socket 系统调用返回一个 socket。serv_addr 参数是服务器监听的 socket 地址,addrlen 参数则指定这个地址的长度。

connect 成功时返回 0。一旦成功建立连接,sockfd 就唯一地标识了这个连接,客户端就可以通过读写 sockfd 来与服务器通信。connect 失败则返回 -1 并设置 errno。其中两种常见的 errno 是 ECONNREFUSED 和 ETIMEDOUT,它们的含义如下:

- ECONNREFUSED,目标端口不存在,连接被拒绝。我们在 3.5.1 小节讨论过这种情况。
- ETIMEDOUT,连接超时。我们在 3.3.3 小节讨论过这种情况。

5.7 关闭连接

关闭一个连接实际上就是关闭该连接对应的 socket,这可以通过如下关闭普通文件描述符的系统调用来完成:

```c
#include <unistd.h>
int close( int fd );
```

fd 参数是待关闭的 socket。不过,close 系统调用并非总是立即关闭一个连接,而是将 fd 的引用计数减 1。只有当 fd 的引用计数为 0 时,才真正关闭连接。多进程程序中,一次 fork

系统调用默认将使父进程中打开的 socket 的引用计数加 1，因此我们必须在父进程和子进程中都对该 socket 执行 close 调用才能将连接关闭。

如果无论如何都要立即终止连接（而不是将 socket 的引用计数减 1），可以使用如下的 shutdown 系统调用（相对于 close 来说，它是专门为网络编程设计的）：

```
#include <sys/socket.h>
int shutdown( int sockfd, int howto );
```

sockfd 参数是待关闭的 socket。howto 参数决定了 shutdown 的行为，它可取表 5-3 中的某个值。

表 5-3　howto 参数的可选值

可选值	含义
SHUT_RD	关闭 sockfd 上读的这一半。应用程序不能再针对 socket 文件描述符执行读操作，并且该 socket 接收缓冲区中的数据都被丢弃
SHUT_WR	关闭 sockfd 上写的这一半。sockfd 的发送缓冲区中的数据会在真正关闭连接之前全部发送出去，应用程序不可再对该 socket 文件描述符执行写操作。这种情况下，连接处于半关闭状态（见 3.3.2 小节）
SHUT_RDWR	同时关闭 sockfd 上的读和写

由此可见，shutdown 能够分别关闭 socket 上的读或写，或者都关闭。而 close 在关闭连接时只能将 socket 上的读和写同时关闭。

shutdown 成功时返回 0，失败则返回 -1 并设置 errno。

5.8　数据读写

5.8.1　TCP 数据读写

对文件的读写操作 read 和 write 同样适用于 socket。但是 socket 编程接口提供了几个专门用于 socket 数据读写的系统调用，它们增加了对数据读写的控制。其中用于 TCP 流数据读写的系统调用是：

```
#include <sys/types.h>
#include <sys/socket.h>
ssize_t recv( int sockfd, void *buf, size_t len, int flags );
ssize_t send( int sockfd, const void *buf, size_t len, int flags );
```

recv 读取 sockfd 上的数据，buf 和 len 参数分别指定读缓冲区的位置和大小，flags 参数的含义见后文，通常设置为 0 即可。recv 成功时返回实际读取到的数据的长度，它可能小于我们期望的长度 len。因此我们可能要多次调用 recv，才能读取到完整的数据。recv 可能返回 0，这意味着通信对方已经关闭连接了。recv 出错时返回 -1 并设置 errno。

send 往 sockfd 上写入数据，buf 和 len 参数分别指定写缓冲区的位置和大小。send 成功时返回实际写入的数据的长度，失败则返回 -1 并设置 errno。

flags 参数为数据收发提供了额外的控制，它可以取表 5-4 所示选项中的一个或几个的逻辑或。

表 5-4 flags 参数的可选值

选项名	含义	send	recv
MSG_CONFIRM	指示数据链路层协议持续监听对方的回应，直到得到答复。它仅能用于 SOCK_DGRAM 和 SOCK_RAW 类型的 socket	Y	N
MSG_DONTROUTE	不查看路由表，直接将数据发送给本地局域网络内的主机。这表示发送者确切地知道目标主机就在本地网络上	Y	N
MSG_DONTWAIT	对 socket 的此次操作将是非阻塞的	Y	Y
MSG_MORE	告诉内核应用程序还有更多数据要发送，内核将超时等待新数据写入 TCP 发送缓冲区后一并发送。这样可防止 TCP 发送过多小的报文段，从而提高传输效率	Y	N
MSG_WAITALL	读操作仅在读取到指定数量的字节后才返回	N	Y
MSG_PEEK	窥探读缓存中的数据，此次读操作不会导致这些数据被清除	N	Y
MSG_OOB	发送或接收紧急数据	Y	Y
MSG_NOSIGNAL	往读端关闭的管道或者 socket 连接⊖中写数据时不引发 SIGPIPE 信号	Y	N

我们举例来说明如何使用这些选项。MSG_OOB 选项给应用程序提供了发送和接收带外数据的方法，如代码清单 5-6 和代码清单 5-7 所示。

代码清单 5-6 发送带外数据

```
#include <sys/socket.h>
#include <netinet/in.h>
#include <arpa/inet.h>
#include <assert.h>
#include <stdio.h>
#include <unistd.h>
#include <string.h>
#include <stdlib.h>

int main( int argc, char* argv[] )
{
    if( argc <= 2 )
    {
        printf( "usage: %s ip_address port_number\n", basename( argv[0] ) );
        return 1;
    }
    const char* ip = argv[1];
    int port = atoi( argv[2] );

    struct sockaddr_in server_address;
    bzero( &server_address, sizeof( server_address ) );
    server_address.sin_family = AF_INET;
```

⊖ 由于 socket 连接是全双工的，这里的"读端"是针对通信对方而言的。

```c
        inet_pton( AF_INET, ip, &server_address.sin_addr );
        server_address.sin_port = htons( port );

        int sockfd = socket( PF_INET, SOCK_STREAM, 0 );
        assert( sockfd >= 0 );
        if ( connect( sockfd, ( struct sockaddr* )&server_address,
                            sizeof( server_address ) ) < 0 )
        {
                printf( "connection failed\n" );
        }
        else
        {
                const char* oob_data = "abc";
                const char* normal_data = "123";
                send( sockfd, normal_data, strlen( normal_data ), 0 );
                send( sockfd, oob_data, strlen( oob_data ), MSG_OOB );
                send( sockfd, normal_data, strlen( normal_data ), 0 );
        }

        close( sockfd );
        return 0;
}
```

代码清单 5-7 接收带外数据

```c
#include <sys/socket.h>
#include <netinet/in.h>
#include <arpa/inet.h>
#include <assert.h>
#include <stdio.h>
#include <unistd.h>
#include <stdlib.h>
#include <errno.h>
#include <string.h>

#define BUF_SIZE 1024

int main( int argc, char* argv[] )
{
    if( argc <= 2 )
    {
        printf( "usage: %s ip_address port_number\n", basename( argv[0] ) );
        return 1;
    }
    const char* ip = argv[1];
    int port = atoi( argv[2] );

    struct sockaddr_in address;
    bzero( &address, sizeof( address ) );
    address.sin_family = AF_INET;
    inet_pton( AF_INET, ip, &address.sin_addr );
    address.sin_port = htons( port );
```

```c
    int sock = socket( PF_INET, SOCK_STREAM, 0 );
    assert( sock >= 0 );

    int ret = bind( sock, ( struct sockaddr* )&address, sizeof( address ) );
    assert( ret != -1 );

    ret = listen( sock, 5 );
    assert( ret != -1 );

    struct sockaddr_in client;
    socklen_t client_addrlength = sizeof( client );
    int connfd = accept( sock, ( struct sockaddr* )&client, &client_addrlength );
    if ( connfd < 0 )
    {
        printf( "errno is: %d\n", errno );
    }
    else
    {
        char buffer[ BUF_SIZE ];

        memset( buffer, '\0', BUF_SIZE );
        ret = recv( connfd, buffer, BUF_SIZE-1, 0 );
        printf( "got %d bytes of normal data '%s'\n", ret, buffer );

        memset( buffer, '\0', BUF_SIZE );
        ret = recv( connfd, buffer, BUF_SIZE-1, MSG_OOB );
        printf( "got %d bytes of oob data '%s'\n", ret, buffer );

        memset( buffer, '\0', BUF_SIZE );
        ret = recv( connfd, buffer, BUF_SIZE-1, 0 );
        printf( "got %d bytes of normal data '%s'\n", ret, buffer );

        close( connfd );
    }

    close( sock );
    return 0;
}
```

我们先在 Kongming20 上启动代码清单 5-7 所示的服务器程序（名为 testoobrecv），然后从 ernest-laptop 上执行代码清单 5-6 所示的客户端程序（名为 testoobsend）来向服务器发送带外数据。同时用 tcpdump 抓取这一过程中客户端和服务器交换的 TCP 报文段。具体操作如下：

```
$ ./testoobrecv 192.168.1.109 54321    # 在 Kongming20 上执行服务器程序，监听 54321 端口
$ ./testoobsend 192.168.1.109 54321    # 在 ernest-laptop 上执行客户端程序
$ sudo tcpdump -ntx -i eth0 port 54321
```

服务器程序的输出如下：

```
got 5 bytes of normal data '123ab'
got 1 bytes of oob data 'c'
got 3 bytes of normal data '123'
```

由此可见，客户端发送给服务器的 3 字节的带外数据"abc"中，仅有最后一个字符"c"被服务器当成真正的带外数据接收（正如 3.8 节讨论的那样）。并且，服务器对正常数据的接收将被带外数据截断，即前一部分正常数据"123ab"和后续的正常数据"123"是不能被一个 recv 调用全部读出的。

tcpdump 的输出内容中，和带外数据相关的是代码清单 5-8 所示的 TCP 报文段。

代码清单 5-8　含带外数据的 TCP 报文段

```
IP 192.168.1.108.60460 > 192.168.1.109.54321: Flags [P.U], seq 4:7, ack 1, win
92, urg 3, options [nop,nop,TS val 102794322 ecr 154703423], length 3
```

这里我们第一次看到 tcpdump 输出标志 U，这表示该 TCP 报文段的头部被设置了紧急标志。"urg 3"是紧急偏移值，它指出带外数据在字节流中的位置的下一字节位置是 7（3+4，其中 4 是该 TCP 报文段的序号值相对初始序号值的偏移）。因此，带外数据是字节流中的第 6 字节，即字符"c"。

值得一提的是，flags 参数只对 send 和 recv 的当前调用生效，而后面我们将看到如何通过 setsockopt 系统调用永久性地修改 socket 的某些属性。

5.8.2　UDP 数据读写

socket 编程接口中用于 UDP 数据报读写的系统调用是：

```
#include <sys/types.h>
#include <sys/socket.h>
ssize_t recvfrom( int sockfd, void* buf, size_t len, int flags, struct sockaddr*
                  src_addr, socklen_t* addrlen);
ssize_t sendto( int sockfd, const void* buf, size_t len, int flags, const struct
                sockaddr* dest_addr, socklen_t addrlen );
```

recvfrom 读取 sockfd 上的数据，buf 和 len 参数分别指定读缓冲区的位置和大小。因为 UDP 通信没有连接的概念，所以我们每次读取数据都需要获取发送端的 socket 地址，即参数 src_addr 所指的内容，addrlen 参数则指定该地址的长度。

sendto 往 sockfd 上写入数据，buf 和 len 参数分别指定写缓冲区的位置和大小。dest_addr 参数指定接收端的 socket 地址，addrlen 参数则指定该地址的长度。

这两个系统调用的 flags 参数以及返回值的含义均与 send/recv 系统调用的 flags 参数及返回值相同。

值得一提的是，recvfrom/sendto 系统调用也可以用于面向连接（STREAM）的 socket 的数据读写，只需要把最后两个参数都设置为 NULL 以忽略发送端 / 接收端的 socket 地址（因为我们已经和对方建立了连接，所以已经知道其 socket 地址了）。

5.8.3 通用数据读写函数

socket 编程接口还提供了一对通用的数据读写系统调用。它们不仅能用于 TCP 流数据，也能用于 UDP 数据报：

```
#include <sys/socket.h>
ssize_t recvmsg( int sockfd, struct msghdr* msg, int flags );
ssize_t sendmsg( int sockfd, struct msghdr* msg, int flags );
```

sockfd 参数指定被操作的目标 socket。msg 参数是 msghdr 结构体类型的指针，msghdr 结构体的定义如下：

```
struct msghdr
{
    void* msg_name;              /* socket 地址 */
    socklen_t msg_namelen;       /* socket 地址的长度 */
    struct iovec* msg_iov;       /* 分散的内存块，见后文 */
    int msg_iovlen;              /* 分散内存块的数量 */
    void* msg_control;           /* 指向辅助数据的起始位置 */
    socklen_t msg_controllen;    /* 辅助数据的大小 */
    int msg_flags;               /* 复制函数中的 flags 参数，并在调用过程中更新 */
};
```

msg_name 成员指向一个 socket 地址结构变量。它指定通信对方的 socket 地址。对于面向连接的 TCP 协议，该成员没有意义，必须被设置为 NULL。这是因为对数据流 socket 而言，对方的地址已经知道。msg_namelen 成员则指定了 msg_name 所指 socket 地址的长度。

msg_iov 成员是 iovec 结构体类型的指针，iovec 结构体的定义如下：

```
struct iovec
{
    void *iov_base;    /* 内存起始地址 */
    size_t iov_len;    /* 这块内存的长度 */
};
```

由上可见，iovec 结构体封装了一块内存的起始位置和长度。msg_iovlen 指定这样的 iovec 结构对象有多少个。对于 recvmsg 而言，数据将被读取并存放在 msg_iovlen 块分散的内存中，这些内存的位置和长度则由 msg_iov 指向的数组指定，这称为分散读（scatter read）；对于 sendmsg 而言，msg_iovlen 块分散内存中的数据将被一并发送，这称为集中写（gather write）。

msg_control 和 msg_controllen 成员用于辅助数据的传送。我们不详细讨论它们，仅在第 13 章介绍如何使用它们来实现在进程间传递文件描述符。

msg_flags 成员无须设定，它会复制 recvmsg/sendmsg 的 flags 参数的内容以影响数据读写过程。recvmsg 还会在调用结束前，将某些更新后的标志设置到 msg_flags 中。

recvmsg/sendmsg 的 flags 参数以及返回值的含义均与 send/recv 的 flags 参数及返回值相同。

5.9 带外标记

代码清单 5-7 演示了 TCP 带外数据的接收方法。但在实际应用中，我们通常无法预期带外数据何时到来。好在 Linux 内核检测到 TCP 紧急标志时，将通知应用程序有带外数据需要接收。内核通知应用程序带外数据到达的两种常见方式是：I/O 复用产生的异常事件和 SIGURG 信号。但是，即使应用程序得到了有带外数据需要接收的通知，还需要知道带外数据在数据流中的具体位置，才能准确接收带外数据。这一点可通过如下系统调用实现：

```
#include <sys/socket.h>
int sockatmark( int sockfd );
```

sockatmark 判断 sockfd 是否处于带外标记，即下一个被读取到的数据是否是带外数据。如果是，sockatmark 返回 1，此时我们就可以利用带 MSG_OOB 标志的 recv 调用来接收带外数据。如果不是，则 sockatmark 返回 0。

5.10 地址信息函数

在某些情况下，我们想知道一个连接 socket 的本端 socket 地址，以及远端的 socket 地址。下面这两个函数正是用于解决这个问题：

```
#include <sys/socket.h>
int getsockname( int sockfd, struct sockaddr* address, socklen_t* address_len );
int getpeername( int sockfd, struct sockaddr* address, socklen_t* address_len );
```

getsockname 获取 sockfd 对应的本端 socket 地址，并将其存储于 address 参数指定的内存中，该 socket 地址的长度则存储于 address_len 参数指向的变量中。如果实际 socket 地址的长度大于 address 所指内存区的大小，那么该 socket 地址将被截断。getsockname 成功时返回 0，失败返回 -1 并设置 errno。

getpeername 获取 sockfd 对应的远端 socket 地址，其参数及返回值的含义与 getsockname 的参数及返回值相同。

5.11 socket 选项

如果说 fcntl 系统调用是控制文件描述符属性的通用 POSIX 方法，那么下面两个系统调用则是专门用来读取和设置 socket 文件描述符属性的方法：

```
#include <sys/socket.h>
int getsockopt( int sockfd, int level, int option_name, void* option_value,
                socklen_t* restrict option_len );
int setsockopt( int sockfd, int level, int option_name, const void*
                option_value, socklen_t option_len );
```

sockfd 参数指定被操作的目标 socket。level 参数指定要操作哪个协议的选项（即属性），比如 IPv4、IPv6、TCP 等。option_name 参数则指定选项的名字。我们在表 5-5 中列举了

socket 通信中几个比较常用的 socket 选项。option_value 和 option_len 参数分别是被操作选项的值和长度。不同的选项具有不同类型的值，如表 5-5 中"数据类型"一列所示。

表 5-5 socket 选项

level	option name	数据类型	说明
SOL_SOCKET（通用 socket 选项，与协议无关）	SO_DEBUG	int	打开调试信息
	SO_REUSEADDR	int	重用本地地址
	SO_TYPE	int	获取 socket 类型
	SO_ERROR	int	获取并清除 socket 错误状态
	SO_DONTROUTE	int	不查看路由表，直接将数据发送给本地局域网内的主机。含义和 send 系统调用的 MSG_DONTROUTE 标志类似
	SO_RCVBUF	int	TCP 接收缓冲区大小
	SO_SNDBUF	int	TCP 发送缓冲区大小
	SO_KEEPALIVE	int	发送周期性保活报文以维持连接
	SO_OOBINLINE	int	接收到的带外数据将存留在普通数据的输入队列中（在线存留），此时我们不能使用带 MSG_OOB 标志的读操作来读取带外数据（而应该像读取普通数据那样读取带外数据）
	SO_LINGER	linger	若有数据待发送，则延迟关闭
	SO_RCVLOWAT	int	TCP 接收缓存区低水位标记
	SO_SNDLOWAT	int	TCP 发送缓存区低水位标记
	SO_RCVTIMEO	timeval	接收数据超时（见第 11 章）
	SO_SNDTIMEO	timeval	发送数据超时（见第 11 章）
IPPROTO_IP（IPv4 选项）	IP_TOS	int	服务类型
	IP_TTL	int	存活时间
IPPROTO_IPV6（IPv6 选项）	IPV6_NEXTHOP	sockaddr_in6	下一跳 IP 地址
	IPV6_RECVPKTINFO	int	接收分组信息
	IPV6_DONTFRAG	int	禁止分片
	IPV6_RECVTCLASS	int	接收通信类型
IPPROTO_TCP（TCP 选项）	TCP_MAXSEG	int	TCP 最大报文段大小
	TCP_NODELAY	int	禁止 Nagle 算法

getsockopt 和 setsockopt 这两个函数成功时返回 0，失败时返回 -1 并设置 errno。

值得指出的是，对服务器而言，有部分 socket 选项只能在调用 listen 系统调用前针对监听 socket⊖设置才有效。这是因为连接 socket 只能由 accept 调用返回，而 accept 从 listen 监听队列中接受的连接至少已经完成了 TCP 三次握手的前两个步骤（因为 listen 监听队列中的连接至少已进入 SYN_RCVD 状态，参见图 3-8 和代码清单 5-4），这说明服务器已经往被

⊖ 确切地说，socket 在执行 listen 调用前是不能称为监听 socket 的，此处是指将执行 listen 调用的 socket。

接受连接上发送出了 TCP 同步报文段。但有的 socket 选项却应该在 TCP 同步报文段中设置，比如 TCP 最大报文段选项（回忆 3.2.2 小节，该选项只能由同步报文段来发送）。对这种情况，Linux 给开发人员提供的解决方案是：对监听 socket 设置这些 socket 选项，那么 accept 返回的连接 socket 将自动继承这些选项。这些 socket 选项包括：SO_DEBUG、SO_DONTROUTE、SO_KEEPALIVE、SO_LINGER、SO_OOBINLINE、SO_RCVBUF、SO_RCVLOWAT、SO_SNDBUF、SO_SNDLOWAT、TCP_MAXSEG 和 TCP_NODELAY。 而对客户端而言，这些 socket 选项则应该在调用 connect 函数之前设置，因为 connect 调用成功返回之后，TCP 三次握手已完成。

下面我们详细讨论部分重要的 socket 选项。

5.11.1　SO_REUSEADDR 选项

我们在 3.4.2 小节讨论过 TCP 连接的 TIME_WAIT 状态，并提到服务器程序可以通过设置 socket 选项 SO_REUSEADDR 来强制使用被处于 TIME_WAIT 状态的连接占用的 socket 地址。具体实现方法如代码清单 5-9 所示。

代码清单 5-9　重用本地地址

```c
int sock = socket( PF_INET, SOCK_STREAM, 0 );
assert( sock >= 0 );
int reuse = 1;
setsockopt( sock, SOL_SOCKET, SO_REUSEADDR, &reuse, sizeof( reuse ) );

struct sockaddr_in address;
bzero( &address, sizeof( address ) );
address.sin_family = AF_INET;
inet_pton( AF_INET, ip, &address.sin_addr );
address.sin_port = htons( port );
int ret = bind( sock, ( struct sockaddr* )&address, sizeof( address ) );
```

经过 setsockopt 的设置之后，即使 sock 处于 TIME_WAIT 状态，与之绑定的 socket 地址也可以立即被重用。此外，我们也可以通过修改内核参数 /proc/sys/net/ipv4/tcp_tw_recycle 来快速回收被关闭的 socket，从而使得 TCP 连接根本就不进入 TIME_WAIT 状态，进而允许应用程序立即重用本地的 socket 地址。

5.11.2　SO_RCVBUF 和 SO_SNDBUF 选项

SO_RCVBUF 和 SO_SNDBUF 选项分别表示 TCP 接收缓冲区和发送缓冲区的大小。不过，当我们用 setsockopt 来设置 TCP 的接收缓冲区和发送缓冲区的大小时，系统都会将其值加倍，并且不得小于某个最小值。TCP 接收缓冲区的最小值是 256 字节，而发送缓冲区的最小值是 2048 字节（不过，不同的系统可能有不同的默认最小值）。系统这样做的目的，主要是确保一个 TCP 连接拥有足够的空闲缓冲区来处理拥塞（比如快速重传算法就期望 TCP 接收缓冲区能至少容纳 4 个大小为 SMSS 的 TCP 报文段)。此外,我们可以直接修改内核参数 /proc/sys/net/ipv4/tcp_rmem 和 /proc/sys/net/ipv4/tcp_wmem 来强制 TCP 接收缓冲区和发送缓冲区的大小没有最小值限制。我们将在第 16 章讨论这两个内核参数。

下面我们编写一对客户端和服务器程序,如代码清单 5-10 和代码清单 5-11 所示,它们分别修改 TCP 发送缓冲区和接收缓冲区的大小。

代码清单 5-10　修改 TCP 发送缓冲区的客户端程序

```c
#include <sys/socket.h>
#include <arpa/inet.h>
#include <assert.h>
#include <stdio.h>
#include <unistd.h>
#include <string.h>
#include <stdlib.h>

#define BUFFER_SIZE 512

int main( int argc, char* argv[] )
{
    if( argc <= 2 )
    {
        printf( "usage: %s ip_address port_number send_bufer_size\n",basename
            ( argv[0] ) );
        return 1;
    }
    const char* ip = argv[1];
    int port = atoi( argv[2] );

    struct sockaddr_in server_address;
    bzero( &server_address, sizeof( server_address ) );
    server_address.sin_family = AF_INET;
    inet_pton( AF_INET, ip, &server_address.sin_addr );
    server_address.sin_port = htons( port );

    int sock = socket( PF_INET, SOCK_STREAM, 0 );
    assert( sock >= 0 );

    int sendbuf = atoi( argv[3] );
    int len = sizeof( sendbuf );
    /* 先设置 TCP 发送缓冲区的大小,然后立即读取之 */
    setsockopt( sock, SOL_SOCKET, SO_SNDBUF, &sendbuf, sizeof( sendbuf ) );
    getsockopt( sock, SOL_SOCKET, SO_SNDBUF, &sendbuf, ( socklen_t* )&len );
    printf( "the tcp send buffer size after setting is %d\n", sendbuf );

    if ( connect( sock, ( struct sockaddr* )&server_address, sizeof
        ( server_address ) ) != -1 )
    {
        char buffer[ BUFFER_SIZE ];
        memset( buffer, 'a', BUFFER_SIZE );
        send( sock, buffer, BUFFER_SIZE, 0 );
```

    }
    close(sock);
    return 0;
}

代码清单 5-11 修改 TCP 接收缓冲区的服务器程序

```
#include <sys/socket.h>
#include <netinet/in.h>
#include <arpa/inet.h>
#include <assert.h>
#include <stdio.h>
#include <unistd.h>
#include <stdlib.h>
#include <errno.h>
#include <string.h>

#define BUFFER_SIZE 1024

int main( int argc, char* argv[] )
{
    if( argc <= 2 )
    {
        printf( "usage: %s ip_address port_number recv_buffer_size\n", basename
            ( argv[0] ) );
        return 1;
    }
    const char* ip = argv[1];
    int port = atoi( argv[2] );

    struct sockaddr_in address;
    bzero( &address, sizeof( address ) );
    address.sin_family = AF_INET;
    inet_pton( AF_INET, ip, &address.sin_addr );
    address.sin_port = htons( port );

    int sock = socket( PF_INET, SOCK_STREAM, 0 );
    assert( sock >= 0 );
    int recvbuf = atoi( argv[3] );
    int len = sizeof( recvbuf );
    /* 先设置 TCP 接收缓冲区的大小，然后立即读取之 */
    setsockopt( sock, SOL_SOCKET, SO_RCVBUF, &recvbuf, sizeof( recvbuf ) );
    getsockopt( sock, SOL_SOCKET, SO_RCVBUF, &recvbuf, ( socklen_t* )&len );
    printf( "the tcp receive buffer size after settting is %d\n", recvbuf );

    int ret = bind( sock, ( struct sockaddr* )&address, sizeof( address ) );
    assert( ret != -1 );

    ret = listen( sock, 5 );
    assert( ret != -1 );
```

```c
    struct sockaddr_in client;
    socklen_t client_addrlength = sizeof( client );
    int connfd = accept( sock, ( struct sockaddr* )&client, &client_addrlength );
    if ( connfd < 0 )
    {
        printf( "errno is: %d\n", errno );
    }
    else
    {
        char buffer[ BUFFER_SIZE ];
        memset( buffer, '\0', BUFFER_SIZE );
        while( recv( connfd, buffer, BUFFER_SIZE-1, 0 ) > 0 ){}
        close( connfd );
    }

    close( sock );
    return 0;
}
```

我们在 ernest-laptop 上运行代码清单 5-11 所示的服务器程序（名为 set_recv_buffer），然后在 Kongming20 上运行代码清单 5-10 所示的客户端程序（名为 set_send_buffer）来向服务器发送 512 字节的数据，然后用 tcpdump 抓取这一过程中双方交换的 TCP 报文段。具体操作过程如下：

```
$ ./set_recv_buffer 192.168.1.108 12345 50    # 将TCP接收缓冲区的大小设置为50字节
the tcp receive buffer size after settting is 256
$ ./set_send_buffer 192.168.1.108 12345 2000  # 将TCP发送缓冲区的大小设置为2 000字节
the tcp send buffer size after setting is 4000
$ tcpdump -nt -i eth0 port 12345
```

从服务器的输出来看，系统允许的 TCP 接收缓冲区最小为 256 字节。当我们设置 TCP 接收缓冲区的大小为 50 字节时，系统将忽略我们的设置。从客户端的输出来看，我们设置的 TCP 发送缓冲区的大小被系统增加了一倍。这两种情况和我们前面讨论的一致。下面是此次 TCP 通信的 tcpdump 输出：

1. IP 192.168.1.109.38663 > 192.168.1.108.12345: Flags [S], seq 1425875256, win 14600, options [mss 1460,sackOK,TS val 7782289 ecr 0,nop,wscale 4], length 0
2. IP 192.168.1.108.12345 > 192.168.1.109.38663: Flags [S.], seq 3109725840, ack 1425875257, win 192, options [mss 1460,sackOK,TS val 126229160 ecr 7782289,nop,wscale 6], length 0
3. IP 192.168.1.109.38663 > 192.168.1.108.12345: Flags [.], ack 1, win 913, length 0
4. IP 192.168.1.109.38663 > 192.168.1.108.12345: Flags [P.], seq 1:193, ack 1, win 913, length 192
5. IP 192.168.1.108.12345 > 192.168.1.109.38663: Flags [.], ack 193, win 0, length 0
6. IP 192.168.1.108.12345 > 192.168.1.109.38663: Flags [.], ack 193, win 3, length 0
7. IP 192.168.1.109.38663 > 192.168.1.108.12345: Flags [P.], seq 193:385, ack 1, win 913, length 192

```
 8. IP 192.168.1.108.12345 > 192.168.1.109.38663: Flags [.], ack 385, win 3,
    length 0
 9. IP 192.168.1.109.38663 > 192.168.1.108.12345: Flags [P.], seq 385:513, ack 1,
    win 913, length 128
10. IP 192.168.1.108.12345 > 192.168.1.109.38663: Flags [.], ack 513, win 3,
    length 0
11. IP 192.168.1.109.38663 > 192.168.1.108.12345: Flags [F.], seq 513, ack 1,
    win 913, length 0
12. IP 192.168.1.108.12345 > 192.168.1.109.38663: Flags [F.], seq 1, ack 514,
    win 3, length 0
13. IP 192.168.1.109.38663 > 192.168.1.108.12345: Flags [.], ack 2, win 913,
    length 0
```

首先注意第 2 个 TCP 报文段，它指出服务器的接收通告窗口大小为 192 字节。该值小于 256 字节，显然是在情理之中。同时，该同步报文段还指出服务器采用的窗口扩大因子是 6。所以服务器后续发送的大部分 TCP 报文段（6、8、10 和 12）的实际接收通告窗口大小都是 3×2^6 字节，即 192 字节。因此客户端每次最多给服务器发送 192 字节的数据。客户端一共给服务器发送了 512 字节的数据，这些数据必须至少被分为 3 个 TCP 报文段（4、7 和 9）来发送。

有意思的是 TCP 报文段 5 和 6。当服务器收到客户端发送过来的第一批数据（TCP 报文段 4）时，它立即用 TCP 报文段 5 给予了确认，但该确认报文段的接收通告窗口的大小为 0。这说明 TCP 模块发送该确认报文段时，应用程序还没来得及将数据从 TCP 接收缓冲中读出。所以此时客户端是不能发送数据给服务器的，直到服务器发送一个重复的确认报文段（TCP 报文段 6）来扩大其接收通告窗口。

5.11.3 SO_RCVLOWAT 和 SO_SNDLOWAT 选项

SO_RCVLOWAT 和 SO_SNDLOWAT 选项分别表示 TCP 接收缓冲区和发送缓冲区的低水位标记。它们一般被 I/O 复用系统调用（见第 9 章）用来判断 socket 是否可读或可写。当 TCP 接收缓冲区中可读数据的总数大于其低水位标记时，I/O 复用系统调用将通知应用程序可以从对应的 socket 上读取数据；当 TCP 发送缓冲区中的空闲空间（可以写入数据的空间）大于其低水位标记时，I/O 复用系统调用将通知应用程序可以往对应的 socket 上写入数据。

默认情况下，TCP 接收缓冲区的低水位标记和 TCP 发送缓冲区的低水位标记均为 1 字节。

5.11.4 SO_LINGER 选项

SO_LINGER 选项用于控制 close 系统调用在关闭 TCP 连接时的行为。默认情况下，当我们使用 close 系统调用来关闭一个 socket 时，close 将立即返回，TCP 模块负责把该 socket 对应的 TCP 发送缓冲区中残留的数据发送给对方。

如表 5-5 所示，设置（获取）SO_LINGER 选项的值时，我们需要给 setsockopt（getsockopt）系统调用传递一个 linger 类型的结构体，其定义如下：

```c
#include <sys/socket.h>
struct linger
{
    int l_onoff;         /* 开启（非 0）还是关闭（0）该选项 */
    int l_linger;        /* 滞留时间 */
};
```

根据 linger 结构体中两个成员变量的不同值，close 系统调用可能产生如下 3 种行为之一：
- l_onoff 等于 0。此时 SO_LINGER 选项不起作用，close 用默认行为来关闭 socket。
- l_onoff 不为 0，l_linger 等于 0。此时 close 系统调用立即返回，TCP 模块将丢弃被关闭的 socket 对应的 TCP 发送缓冲区中残留的数据，同时给对方发送一个复位报文段（见 3.5.2 小节）。因此，这种情况给服务器提供了异常终止一个连接的方法。
- l_onoff 不为 0，l_linger 大于 0。此时 close 的行为取决于两个条件：一是被关闭的 socket 对应的 TCP 发送缓冲区中是否还有残留的数据；二是该 socket 是阻塞的，还是非阻塞的。对于阻塞的 socket，close 将等待一段长为 l_linger 的时间，直到 TCP 模块发送完所有残留数据并得到对方的确认。如果这段时间内 TCP 模块没有发送完残留数据并得到对方的确认，那么 close 系统调用将返回 -1 并设置 errno 为 EWOULDBLOCK。如果 socket 是非阻塞的，close 将立即返回，此时我们需要根据其返回值和 errno 来判断残留数据是否已经发送完毕。关于阻塞和非阻塞，我们将在第 8 章讨论。

5.12 网络信息 API

socket 地址的两个要素，即 IP 地址和端口号，都是用数值表示的。这不便于记忆，也不便于扩展（比如从 IPv4 转移到 IPv6）。因此在前面的章节中，我们用主机名来访问一台机器，而避免直接使用其 IP 地址。同样，我们用服务名称来代替端口号。比如，下面两条 telnet 命令具有完全相同的作用：

```
telnet 127.0.0.1 80
telnet localhost www
```

上面的例子中，telnet 客户端程序是通过调用某些网络信息 API 来实现主机名到 IP 地址的转换，以及服务名称到端口号的转换的。下面我们将讨论网络信息 API 中比较重要的几个。

5.12.1 gethostbyname 和 gethostbyaddr

gethostbyname 函数根据主机名称获取主机的完整信息，gethostbyaddr 函数根据 IP 地址获取主机的完整信息。gethostbyname 函数通常先在本地的 /etc/hosts 配置文件中查找主机，如果没有找到，再去访问 DNS 服务器。这些在前面章节中都讨论过。这两个函数的定义如下：

```c
#include <netdb.h>
struct hostent* gethostbyname( const char* name );
struct hostent* gethostbyaddr( const void* addr, size_t len, int type );
```

name 参数指定目标主机的主机名，addr 参数指定目标主机的 IP 地址，len 参数指定 addr 所指 IP 地址的长度，type 参数指定 addr 所指 IP 地址的类型，其合法取值包括 AF_INET（用于 IPv4 地址）和 AF_INET6（用于 IPv6 地址）。

这两个函数返回的都是 hostent 结构体类型的指针，hostent 结构体的定义如下：

```c
#include <netdb.h>
struct hostent
{
    char* h_name;              /* 主机名 */
    char** h_aliases;          /* 主机别名列表，可能有多个 */
    int h_addrtype;            /* 地址类型（地址族）*/
    int h_length;              /* 地址长度 */
    char** h_addr_list         /* 按网络字节序列出的主机 IP 地址列表 */
};
```

5.12.2　getservbyname 和 getservbyport

getservbyname 函数根据名称获取某个服务的完整信息，getservbyport 函数根据端口号获取某个服务的完整信息。它们实际上都是通过读取 /etc/services 文件来获取服务的信息的。这两个函数的定义如下：

```c
#include <netdb.h>
struct servent* getservbyname( const char* name, const char* proto );
struct servent* getservbyport( int port, const char* proto );
```

name 参数指定目标服务的名字，port 参数指定目标服务对应的端口号。proto 参数指定服务类型，给它传递 "tcp" 表示获取流服务，给它传递 "udp" 表示获取数据报服务，给它传递 NULL 则表示获取所有类型的服务。

这两个函数返回的都是 servent 结构体类型的指针，结构体 servent 的定义如下：

```c
#include <netdb.h>
struct servent
{
    char* s_name;              /* 服务名称 */
    char** s_aliases;          /* 服务的别名列表，可能有多个 */
    int s_port;                /* 端口号 */
    char* s_proto;             /* 服务类型，通常是 tcp 或者 udp */
};
```

下面我们通过主机名和服务名来访问目标服务器上的 daytime 服务，以获取该机器的系统时间，如代码清单 5-12 所示。

代码清单 5-12　访问 daytime 服务

```c
#include <sys/socket.h>
#include <netinet/in.h>
```

```c
#include <netdb.h>
#include <stdio.h>
#include <unistd.h>
#include <assert.h>

int main( int argc, char *argv[] )
{
    assert( argc == 2 );
    char *host = argv[1];
    /* 获取目标主机地址信息 */
    struct hostent* hostinfo = gethostbyname( host );
    assert( hostinfo );
    /* 获取 daytime 服务信息 */
    struct servent* servinfo = getservbyname( "daytime", "tcp" );
    assert( servinfo );
    printf( "daytime port is %d\n", ntohs( servinfo->s_port ) );

    struct sockaddr_in address;
    address.sin_family = AF_INET;
    address.sin_port = servinfo->s_port;
    /* 注意下面的代码，因为 h_addr_list 本身是使用网络字节序的地址列表，所以使用其中的 IP 地
址时，无须对目标 IP 地址转换字节序 */
    address.sin_addr = *( struct in_addr* )*hostinfo->h_addr_list;

    int sockfd = socket( AF_INET, SOCK_STREAM, 0 );
    int result = connect( sockfd, (struct sockaddr* )&address, sizeof( address ) );
    assert( result != -1 );

    char buffer[128];
    result = read( sockfd, buffer, sizeof( buffer ) );
    assert( result > 0 );
    buffer[ result ] = '\0';
    printf( "the day tiem is: %s", buffer );
    close( sockfd );
    return 0;
}
```

需要指出的是，上面讨论的 4 个函数都是不可重入的，即非线程安全的。不过 netdb.h 头文件给出了它们的可重入版本。正如 Linux 下所有其他函数的可重入版本的命名规则那样，这些函数的函数名是在原函数名尾部加上 _r（re-entrant）。

5.12.3　getaddrinfo

getaddrinfo 函数既能通过主机名获得 IP 地址（内部使用的是 gethostbyname 函数），也能通过服务名获得端口号（内部使用的是 getservbyname 函数）。它是否可重入取决于其内部调用的 gethostbyname 和 getservbyname 函数是否是它们的可重入版本。该函数的定义如下：

```c
#include <netdb.h>
```

```
int getaddrinfo( const char* hostname, const char* service, const struct
addrinfo* hints, struct addrinfo** result ) ;
```

hostname 参数可以接收主机名，也可以接收字符串表示的 IP 地址（IPv4 采用点分十进制字符串，IPv6 则采用十六进制字符串）。同样，service 参数可以接收服务名，也可以接收字符串表示的十进制端口号。hints 参数是应用程序给 getaddrinfo 的一个提示，以对 getaddrinfo 的输出进行更精确的控制。hints 参数可以被设置为 NULL，表示允许 getaddrinfo 反馈任何可用的结果。result 参数指向一个链表，该链表用于存储 getaddrinfo 反馈的结果。

getaddrinfo 反馈的每一条结果都是 addrinfo 结构体类型的对象，结构体 addrinfo 的定义如下：

```
struct addrinfo
{
    int ai_flags;                /* 见后文 */
    int ai_family;               /* 地址族 */
    int ai_socktype;             /* 服务类型，SOCK_STREAM 或 SOCK_DGRAM */
    int ai_protocol;             /* 见后文 */
    socklen_t    ai_addrlen;     /* socket 地址 ai_addr 的长度 */
    char* ai_canonname;          /* 主机的别名 */
    struct sockaddr* ai_addr;    /* 指向 socket 地址 */
    struct addrinfo* ai_next;    /* 指向下一个 sockinfo 结构的对象 */
};
```

该结构体中，ai_protocol 成员是指具体的网络协议，其含义和 socket 系统调用的第三个参数相同，它通常被设置为 0。ai_flags 成员可以取表 5-6 中的标志的按位或。

表 5-6 ai_flags 成员

选 项	含 义
AI_PASSIVE	在 hints 参数中设置，表示调用者是否会将取得的 socket 地址用于被动打开。服务器通常需要设置它，表示接受任何本地 socket 地址上的服务请求。客户端程序不能设置它
AI_CANONNAME	在 hints 参数中设置，告诉 getaddrinfo 函数返回主机的别名
AI_NUMERICHOST	在 hints 参数中设置，表示 hostname 必须是用字符串表示的 IP 地址，从而避免了 DNS 查询
AI_NUMERICSERV	在 hints 参数中设置，强制 service 参数使用十进制端口号的字符串形式，而不能是服务名
AI_V4MAPPED	在 hints 参数中设置。如果 ai_family 被设置为 AF_INET6，那么当没有满足条件的 IPv6 地址被找到时，将 IPv4 地址映射为 IPv6 地址
AI_ALL	必须和 AI_V4MAPPED 同时使用，否则将被忽略。表示同时返回符合条件的 IPv6 地址以及由 IPv4 地址映射得到的 IPv6 地址
AI_ADDRCONFIG	仅当至少配置有一个 IPv4 地址（除了回路地址）时，才返回 IPv4 地址信息；同样，仅当至少配置有一个 IPv6 地址（除了回路地址）时，才返回 IPv6 地址信息。它和 AI_V4MAPPED 是互斥的

当我们使用 hints 参数的时候，可以设置其 ai_flags，ai_family，ai_socktype 和 ai_protocol 四个字段，其他字段则必须被设置为 NULL。例如，代码清单 5-13 利用了 hints 参数

获取主机 ernest-laptop 上的"daytime"流服务信息。

代码清单 5-13　使用 getaddrinfo 函数

```
struct addrinfo hints
struct addrinfo* res;

bzero( &hints, sizeof( hints ) );
hints.ai_socktype = SOCK_STREAM;
getaddrinfo( "ernest-laptop", "daytime", &hints, &res );
```

从代码清单 5-13 中我们能分析出，getaddrinfo 将隐式地分配堆内存（可以通过 valgrind 等工具查看），因为 res 指针原本是没有指向一块合法内存的，所以，getaddrinfo 调用结束后，我们必须使用如下配对函数来释放这块内存：

```
#include <netdb.h>
void freeaddrinfo ( struct addrinfo* res );
```

5.12.4　getnameinfo

getnameinfo 函数能通过 socket 地址同时获得以字符串表示的主机名（内部使用的是 gethostbyaddr 函数）和服务名（内部使用的是 getservbyport 函数）。它是否可重入取决于其内部调用的 gethostbyaddr 和 getservbyport 函数是否是它们的可重入版本。该函数的定义如下：

```
#include <netdb.h>
int getnameinfo( const struct sockaddr* sockaddr, socklen_t addrlen, char* host,
                 socklen_t hostlen, char* serv, socklen_t servlen, int flags );
```

getnameinfo 将返回的主机名存储在 host 参数指向的缓存中，将服务名存储在 serv 参数指向的缓存中，hostlen 和 servlen 参数分别指定这两块缓存的长度。flags 参数控制 getnameinfo 的行为，它可以接收表 5-7 中的选项。

表 5-7　flags 参数

选项	含义
NI_NAMEREQD	如果通过 socket 地址不能获得主机名，则返回一个错误
NI_DGRAM	返回数据报服务。大部分同时支持流和数据报的服务使用相同的端口号来提供这两种服务。但端口 512~514 是例外。比如 TCP 的 514 端口提供的是 shell 登录服务，而 UDP 的 514 端口提供的是 syslog 服务（参见 /etc/services 文件）
NI_NUMERICHOST	返回字符串表示的 IP 地址，而不是主机名
NI_NUMERICSERV	返回字符串表示的十进制端口号，而不是服务名
NI_NOFQDN	仅返回主机域名的第一部分。比如对主机名 nebula.testing.com，getnameinfo 只将 nebula 写入 host 缓存中

getaddrinfo 和 getnameinfo 函数成功时返回 0，失败则返回错误码，可能的错误码如表 5-8 所示。

表 5-8 getaddrinfo 和 getnameinfo 返回的错误码

选 项	含 义
EAI_AGAIN	调用临时失败，提示应用程序过后再试
EAI_BADFLAGS	非法的 ai_flags 值
EAI_FAIL	名称解析失败
EAI_FAMILY	不支持的 ai_family 参数
EAI_MEMORY	内存分配失败
EAI_NONAME	非法的主机名或服务名
EAI_OVERFLOW	用户提供的缓冲区溢出。仅发生在 getnameinfo 调用中
EAI_SERVICE	没有支持的服务，比如用数据报服务类型来查找 ssh 服务。因为 ssh 服务只能使用流服务
EAI_SOCKTYPE	不支持的服务类型。如果 hints.ai_socktype 和 hints.ai_protocol 不一致，比如前者指定 SOCK_DGRAM，而后者使用的是 IPROTO_TCP，则会触发这类错误
EAI_SYSTEM	系统错误，错误值存储在 errno 中

Linux 下 strerror 函数能将数值错误码 errno 转换成易读的字符串形式。同样，下面的函数可将表 5-8 中的错误码转换成其字符串形式：

```
#include <netdb.h>
const char* gai_strerror( int error );
```

第 6 章 高级 I/O 函数

Linux 提供了很多高级的 I/O 函数。它们并不像 Linux 基础 I/O 函数（比如 open 和 read）那么常用（编写内核模块时一般要实现这些 I/O 函数），但在特定的条件下却表现出优秀的性能。本章将讨论其中和网络编程相关的几个，这些函数大致分为三类：
- 用于创建文件描述符的函数，包括 pipe、dup/dup2 函数。
- 用于读写数据的函数，包括 readv/writev、sendfile、mmap/munmap、splice 和 tee 函数。
- 用于控制 I/O 行为和属性的函数，包括 fcntl 函数。

6.1 pipe 函数

pipe 函数可用于创建一个管道，以实现进程间通信。我们将在 13.4 节讨论如何使用管道来实现进程间通信，本章只介绍其基本使用方式。pipe 函数的定义如下：

```
#include <unistd.h>
int pipe( int fd[2] );
```

pipe 函数的参数是一个包含两个 int 型整数的数组指针。该函数成功时返回 0，并将一对打开的文件描述符值填入其参数指向的数组。如果失败，则返回 −1 并设置 errno。

通过 pipe 函数创建的这两个文件描述符 fd[0] 和 fd[1] 分别构成管道的两端，往 fd[1] 写入的数据可以从 fd[0] 读出。并且，fd[0] 只能用于从管道读出数据，fd[1] 则只能用于往管道写入数据，而不能反过来使用。如果要实现双向的数据传输，就应该使用两个管道。默认情况下，这一对文件描述符都是阻塞的。此时如果我们用 read 系统调用来读取一个空的管道，则 read 将被阻塞，直到管道内有数据可读；如果我们用 write 系统调用来往一个满的管道（见后文）中写入数据，则 write 亦将被阻塞，直到管道有足够多的空闲空间可用。但如果应用程序将 fd[0] 和 fd[1] 都设置为非阻塞的，则 read 和 write 会有不同的行为。关于阻塞和非阻塞的讨论，见第 8 章。如果管道的写端文件描述符 fd[1] 的引用计数（见 5.7 节）减少至 0，即没有任何进程需要往管道中写入数据，则针对该管道的读端文件描述符 fd[0] 的 read 操作将返回 0，即读取到了文件结束标记（End Of File，EOF）；反之，如果管道的读端文件描述符 fd[0] 的引用计数减少至 0，即没有任何进程需要从管道读取数据，则针对该管道的写端文件描述符 fd[1] 的 write 操作将失败，并引发 SIGPIPE 信号。关于 SIGPIPE 信号，我们将在第 10 章讨论。

管道内部传输的数据是字节流，这和 TCP 字节流的概念相同。但二者又有细微的区别。应用层程序能往一个 TCP 连接中写入多少字节的数据，取决于对方的接收通告窗口的大小和本端的拥塞窗口的大小。而管道本身拥有一个容量限制，它规定如果应用程序不将数据从管道读走的话,该管道最多能被写入多少字节的数据。自 Linux 2.6.11 内核起,管道容量的大小默认是 65 536 字节。我们可以使用 fcntl 函数来修改管道容量(见后文)。

此外,socket 的基础 API 中有一个 socketpair 函数。它能够方便地创建双向管道。其定义如下:

```
#include<sys/types.h>
#include<sys/socket.h>
int socketpair(int domain, int type, int protocol, int fd[2] );
```

socketpair 前三个参数的含义与 socket 系统调用的三个参数完全相同,但 domain 只能使用 UNIX 本地域协议族 AF_UNIX,因为我们仅能在本地使用这个双向管道。最后一个参数则和 pipe 系统调用的参数一样,只不过 socketpair 创建的这对文件描述符都是既可读又可写的。socketpair 成功时返回 0,失败时返回 –1 并设置 errno。

6.2 dup 函数和 dup2 函数

有时我们希望把标准输入重定向到一个文件,或者把标准输出重定向到一个网络连接(比如 CGI 编程)。这可以通过下面的用于复制文件描述符的 dup 或 dup2 函数来实现:

```
#include <unistd.h>
int dup( int file_descriptor );
int dup2( int file_descriptor_one, int file_descriptor_two );
```

dup 函数创建一个新的文件描述符,该新文件描述符和原有文件描述符 file_descriptor 指向相同的文件、管道或者网络连接。并且 dup 返回的文件描述符总是取系统当前可用的最小整数值。dup2 和 dup 类似,不过它将返回第一个不小于 file_descriptor_two 的整数值。dup 和 dup2 系统调用失败时返回 –1 并设置 errno。

> **注意** 通过 dup 和 dup2 创建的文件描述符并不继承原文件描述符的属性,比如 close-on-exec 和 non-blocking 等。

代码清单 6-1 利用 dup 函数实现了一个基本的 CGI 服务器。

代码清单 6-1 CGI 服务器原理

```
#include <sys/socket.h>
#include <netinet/in.h>
#include <arpa/inet.h>
#include <assert.h>
#include <stdio.h>
#include <unistd.h>
#include <stdlib.h>
#include <errno.h>
#include <string.h>

int main( int argc, char* argv[] )
{
    if( argc <= 2 )
```

```c
{
        printf( "usage: %s ip_address port_number\n", basename( argv[0] ) );
        return 1;
}
const char* ip = argv[1];
int port = atoi( argv[2] );

struct sockaddr_in address;
bzero( &address, sizeof( address ) );
address.sin_family = AF_INET;
inet_pton( AF_INET, ip, &address.sin_addr );
address.sin_port = htons( port );

int sock = socket( PF_INET, SOCK_STREAM, 0 );
assert( sock >= 0 );

int ret = bind( sock, ( struct sockaddr* )&address, sizeof( address ) );
assert( ret != -1 );

ret = listen( sock, 5 );
assert( ret != -1 );

struct sockaddr_in client;
socklen_t client_addrlength = sizeof( client );
int connfd = accept( sock, ( struct sockaddr* )&client, &client_addrlength );
if ( connfd < 0 )
{
        printf( "errno is: %d\n", errno );
}
else
{
        close( STDOUT_FILENO );
        dup( connfd );
        printf( "abcd\n" );
        close( connfd );
}

close( sock );
return 0;
}
```

在代码清单 6-1 中，我们先关闭标准输出文件描述符 STDOUT_FILENO（其值是 1），然后复制 socket 文件描述符 connfd。因为 dup 总是返回系统中最小的可用文件描述符，所以它的返回值实际上是 1，即之前关闭的标准输出文件描述符的值。这样一来，服务器输出到标准输出的内容（这里是 "abcd"）就会直接发送到与客户连接对应的 socket 上，因此 printf 调用的输出将被客户端获得（而不是显示在服务器程序的终端上）。这就是 CGI 服务器的基本工作原理。

6.3 readv 函数和 writev 函数

readv 函数将数据从文件描述符读到分散的内存块中，即分散读；writev 函数则将多块分散的内存数据一并写入文件描述符中，即集中写。它们的定义如下：

```c
#include <sys/uio.h>
ssize_t readv( int fd, const struct iovec* vector, int count );
ssize_t writev( int fd, const struct iovec* vector, int count );
```

fd 参数是被操作的目标文件描述符。vector 参数的类型是 iovec 结构数组。我们在第 5 章讨论过结构体 iovec，该结构体描述一块内存区。count 参数是 vector 数组的长度，即有多少块内存数据需要从 fd 读出或写到 fd。readv 和 writev 在成功时返回读出/写入 fd 的字节数，失败则返回 -1 并设置 errno。它们相当于简化版的 recvmsg 和 sendmsg 函数。

考虑第 4 章讨论过的 Web 服务器。当 Web 服务器解析完一个 HTTP 请求之后，如果目标文档存在且客户具有读取该文档的权限，那么它就需要发送一个 HTTP 应答来传输该文档。这个 HTTP 应答包含 1 个状态行、多个头部字段、1 个空行和文档的内容。其中，前 3 部分的内容可能被 Web 服务器放置在一块内存中，而文档的内容则通常被读入到另外一块单独的内存中（通过 read 函数或 mmap 函数）。我们并不需要把这两部分内容拼接到一起再发送，而是可以使用 writev 函数将它们同时写出，如代码清单 6-2 所示。

代码清单 6-2　Web 服务器上的集中写

```c
#include <sys/socket.h>
#include <netinet/in.h>
#include <arpa/inet.h>
#include <assert.h>
#include <stdio.h>
#include <unistd.h>
#include <stdlib.h>
#include <errno.h>
#include <string.h>
#include <sys/stat.h>
#include <sys/types.h>
#include <fcntl.h>

#define BUFFER_SIZE 1024
/* 定义两种 HTTP 状态码和状态信息 */
static const char* status_line[2] = { "200 OK", "500 Internal server error" };

int main( int argc, char* argv[] )
{
    if( argc <= 3 )
    {
        printf( "usage: %s ip_address port_number filename\n", basename( argv[0] ) );
        return 1;
    }
    const char* ip = argv[1];
    int port = atoi( argv[2] );
```

```c
        /* 将目标文件作为程序的第三个参数传入 */
        const char* file_name = argv[3];

        struct sockaddr_in address;
        bzero( &address, sizeof( address ) );
        address.sin_family = AF_INET;
        inet_pton( AF_INET, ip, &address.sin_addr );
        address.sin_port = htons( port );

        int sock = socket( PF_INET, SOCK_STREAM, 0 );
        assert( sock >= 0 );

        int ret = bind( sock, ( struct sockaddr* )&address, sizeof( address ) );
        assert( ret != -1 );

        ret = listen( sock, 5 );
        assert( ret != -1 );

        struct sockaddr_in client;
        socklen_t client_addrlength = sizeof( client );
        int connfd = accept( sock, ( struct sockaddr* )&client, &client_addrlength );
        if ( connfd < 0 )
        {
                printf( "errno is: %d\n", errno );
        }
        else
        {
                /* 用于保存HTTP应答的状态行、头部字段和一个空行的缓存区 */
                char header_buf[ BUFFER_SIZE ];
                memset( header_buf, '\0', BUFFER_SIZE );
                /* 用于存放目标文件内容的应用程序缓存 */
                char* file_buf;
                /* 用于获取目标文件的属性,比如是否为目录,文件大小等 */
                struct stat file_stat;
                /* 记录目标文件是否是有效文件 */
                bool valid = true;
                /* 缓存区header_buf目前已经使用了多少字节的空间 */
                int len = 0;
                if( stat( file_name, &file_stat ) < 0 )   /* 目标文件不存在 */
                {
                        valid = false;
                }
                else
                {
                        if( S_ISDIR( file_stat.st_mode ) )   /* 目标文件是一个目录 */
                        {
                                valid = false;
                        }
                        else if( file_stat.st_mode & S_IROTH )   /* 当前用户有读取目标文件的权限 */
                        {
                                /* 动态分配缓存区file_buf,并指定其大小为目标文件的大小
file_stat.st_size加1,然后将目标文件读入缓存区file_buf中 */
                                int fd = open( file_name, O_RDONLY );
```

```cpp
                        file_buf = new char [ file_stat.st_size + 1 ];
                        memset( file_buf, '\0', file_stat.st_size + 1 );
                        if ( read( fd, file_buf, file_stat.st_size ) < 0 )
                        {
                                valid = false;
                        }
                }
                else
                {
                        valid = false;
                }
        }
        /* 如果目标文件有效,则发送正常的 HTTP 应答 */
        if( valid )
        {
                /* 下面这部分内容将 HTTP 应答的状态行、"Content-Length"头部字段和一个空
行依次加入 header_buf 中 */
                ret = snprintf( header_buf, BUFFER_SIZE-1, "%s %s\r\n",
                                "HTTP/1.1", status_line[0] );
                len += ret;
                ret = snprintf( header_buf + len, BUFFER_SIZE-1-len,
                                "Content-Length: %d\r\n", file_stat.st_size );
                len += ret;
                ret = snprintf( header_buf + len, BUFFER_SIZE-1-len, "%s", "\r\n" );
                /* 利用 writev 将 header_buf 和 file_buf 的内容一并写出 */
                struct iovec iv[2];
                iv[ 0 ].iov_base = header_buf;
                iv[ 0 ].iov_len = strlen( header_buf );
                iv[ 1 ].iov_base = file_buf;
                iv[ 1 ].iov_len = file_stat.st_size;
                ret = writev( connfd, iv, 2 );
        }
        else   /* 如果目标文件无效,则通知客户端服务器发生了"内部错误" */
        {
                ret = snprintf( header_buf, BUFFER_SIZE-1, "%s %s\r\n",
                                "HTTP/1.1", status_line[1] );
                len += ret;
                ret = snprintf( header_buf + len, BUFFER_SIZE-1-len, "%s", "\r\n" );
                send( connfd, header_buf, strlen( header_buf ), 0 );
        }
        close( connfd );
        delete [] file_buf;
    }

    close( sock );
    return 0;
}
```

代码清单 6-2 中,我们省略了 HTTP 请求的接收及解析,因为现在关注的重点是 HTTP 应答的发送。我们直接将目标文件作为第 3 个参数传递给服务器程序,客户 telnet 到该服务器上即可获得该文件。关于 HTTP 请求的解析,我们将在第 8 章给出相关代码。

6.4 sendfile 函数

sendfile 函数在两个文件描述符之间直接传递数据（完全在内核中操作），从而避免了内核缓冲区和用户缓冲区之间的数据拷贝，效率很高，这被称为零拷贝。sendfile 函数的定义如下：

```
#include <sys/sendfile.h>
ssize_t sendfile( int out_fd, int in_fd, off_t* offset, size_t count );
```

in_fd 参数是待读出内容的文件描述符，out_fd 参数是待写入内容的文件描述符。offset 参数指定从读入文件流的哪个位置开始读，如果为空，则使用读入文件流默认的起始位置。count 参数指定在文件描述符 in_fd 和 out_fd 之间传输的字节数。sendfile 成功时返回传输的字节数，失败则返回 –1 并设置 errno。该函数的 man 手册明确指出，in_fd 必须是一个支持类似 mmap 函数的文件描述符，即它必须指向真实的文件，不能是 socket 和管道；而 out_fd 则必须是一个 socket。由此可见，sendfile 几乎是专门为在网络上传输文件而设计的。下面的代码清单 6-3 利用 sendfile 函数将服务器上的一个文件传送给客户端。

代码清单 6-3　用 sendfile 函数传输文件

```c
#include <sys/socket.h>
#include <netinet/in.h>
#include <arpa/inet.h>
#include <assert.h>
#include <stdio.h>
#include <unistd.h>
#include <stdlib.h>
#include <errno.h>
#include <string.h>
#include <sys/types.h>
#include <sys/stat.h>
#include <fcntl.h>
#include <sys/sendfile.h>

int main( int argc, char* argv[] )
{
    if( argc <= 3 )
    {
        printf( "usage: %s ip_address port_number filename\n", basename( argv[0] ) );
        return 1;
    }
    const char* ip = argv[1];
    int port = atoi( argv[2] );
    const char* file_name = argv[3];

    int filefd = open( file_name, O_RDONLY );
    assert( filefd > 0 );
    struct stat stat_buf;
    fstat( filefd, &stat_buf );

    struct sockaddr_in address;
```

```c
    bzero( &address, sizeof( address ) );
    address.sin_family = AF_INET;
    inet_pton( AF_INET, ip, &address.sin_addr );
    address.sin_port = htons( port );

    int sock = socket( PF_INET, SOCK_STREAM, 0 );
    assert( sock >= 0 );

    int ret = bind( sock, ( struct sockaddr* )&address, sizeof( address ) );
    assert( ret != -1 );

    ret = listen( sock, 5 );
    assert( ret != -1 );

    struct sockaddr_in client;
    socklen_t client_addrlength = sizeof( client );
    int connfd = accept( sock, ( struct sockaddr* )&client, &client_addrlength );
    if ( connfd < 0 )
    {
        printf( "errno is: %d\n", errno );
    }
    else
    {
        sendfile( connfd, filefd, NULL, stat_buf.st_size );
        close( connfd );
    }

    close( sock );
    return 0;
}
```

代码清单 6-3 中,我们将目标文件作为第 3 个参数传递给服务器程序,客户 telnet 到该服务器上即可获得该文件。相比代码清单 6-2,代码清单 6-3 没有为目标文件分配任何用户空间的缓存,也没有执行读取文件的操作,但同样实现了文件的发送,其效率显然要高得多。

6.5　mmap 函数和 munmap 函数

mmap 函数用于申请一段内存空间。我们可以将这段内存作为进程间通信的共享内存,也可以将文件直接映射到其中。munmap 函数则释放由 mmap 创建的这段内存空间。它们的定义如下:

```c
#include <sys/mman.h>
void* mmap( void *start, size_t length, int prot, int flags, int fd,
            off_t offset );
int munmap( void *start, size_t length );
```

start 参数允许用户使用某个特定的地址作为这段内存的起始地址。如果它被设置成 NULL,则系统自动分配一个地址。length 参数指定内存段的长度。prot 参数用来设置内存段的访问权限。它可以取以下几个值的按位或：

- PROT_READ，内存段可读。
- PROT_WRITE，内存段可写。
- PROT_EXEC，内存段可执行。
- PROT_NONE，内存段不能被访问。

flags 参数控制内存段内容被修改后程序的行为。它可以被设置为表 6-1 中的某些值（这里仅列出了常用的值）的按位或（其中 MAP_SHARED 和 MAP_PRIVATE 是互斥的，不能同时指定）。

表 6-1　mmap 的 flags 参数的常用值及其含义

常 用 值	含　　义
MAP_SHARED	在进程间共享这段内存。对该内存段的修改将反映到被映射的文件中。它提供了进程间共享内存的 POSIX 方法
MAP_PRIVATE	内存段为调用进程所私有。对该内存段的修改不会反映到被映射的文件中
MAP_ANONYMOUS	这段内存不是从文件映射而来的。其内容被初始化为全 0。这种情况下，mmap 函数的最后两个参数将被忽略
MAP_FIXED	内存段必须位于 start 参数指定的地址处。start 必须是内存页面大小（4096 字节）的整数倍
MAP_HUGETLB	按照"大内存页面"来分配内存空间。"大内存页面"的大小可通过 /proc/meminfo 文件来查看

fd 参数是被映射文件对应的文件描述符。它一般通过 open 系统调用获得。offset 参数设置从文件的何处开始映射（对于不需要读入整个文件的情况）。

mmap 函数成功时返回指向目标内存区域的指针，失败则返回 MAP_FAILED（(void*)-1）并设置 errno。munmap 函数成功时返回 0，失败则返回 –1 并设置 errno。

我们将在第 13 章进一步讨论如何利用 mmap 函数实现进程间共享内存。

6.6　splice 函数

splice 函数用于在两个文件描述符之间移动数据，也是零拷贝操作。splice 函数的定义如下：

```
#include <fcntl.h>
ssize_t splice( int fd_in, loff_t* off_in, int fd_out, loff_t* off_out,
                size_t len, unsigned int flags );
```

fd_in 参数是待输入数据的文件描述符。如果 fd_in 是一个管道文件描述符，那么 off_in 参数必须被设置为 NULL。如果 fd_in 不是一个管道文件描述符（比如 socket），那么 off_in 表示从输入数据流的何处开始读取数据。此时，若 off_in 被设置为 NULL，则表示从输入数据流的当前偏移位置读入；若 off_in 不为 NULL，则它将指出具体的偏移位置。fd_out/off_out 参数的含义与 fd_in/off_in 相同，不过用于输出数据流。len 参数指定移动数据的长度；flags 参数则控制数据如何移动，它可以被设置为表 6-2 中的某些值的按位或。

表 6-2　splice 的 flags 参数的常用值及其含义

常用值	含 义
SPLICE_F_MOVE	如果合适的话，按整页内存移动数据。这只是给内核的一个提示。不过，因为它的实现存在 BUG，所以自内核 2.6.21 后，它实际上没有任何效果
SPLICE_F_NONBLOCK	非阻塞的 splice 操作，但实际效果还会受文件描述符本身的阻塞状态的影响
SPLICE_F_MORE	给内核的一个提示：后续的 splice 调用将读取更多数据
SPLICE_F_GIFT	对 splice 没有效果

使用 splice 函数时，fd_in 和 fd_out 必须至少有一个是管道文件描述符。splice 函数调用成功时返回移动字节的数量。它可能返回 0，表示没有数据需要移动，这发生在从管道中读取数据（fd_in 是管道文件描述符）而该管道没有被写入任何数据时。splice 函数失败时返回 −1 并设置 errno。常见的 errno 如表 6-3 所示。

表 6-3　splice 函数可能产生的 errno 及其含义

错　误	含　义
EBADF	参数所指文件描述符有错
EINVAL	目标文件系统不支持 splice，或者目标文件以追加方式打开，或者两个文件描述符都不是管道文件描述符，或者某个 offset 参数被用于不支持随机访问的设备（比如字符设备）
ENOMEM	内存不够
ESPIPE	参数 fd_in（或 fd_out）是管道文件描述符，而 off_in（或 off_out）不为 NULL

下面我们使用 splice 函数来实现一个零拷贝的回射服务器，它将客户端发送的数据原样返回给客户端，具体实现如代码清单 6-4 所示。

代码清单 6-4　使用 splice 函数实现的回射服务器

```c
#include <sys/socket.h>
#include <netinet/in.h>
#include <arpa/inet.h>
#include <assert.h>
#include <stdio.h>
#include <unistd.h>
#include <stdlib.h>
#include <errno.h>
#include <string.h>
#include <fcntl.h>

int main( int argc, char* argv[] )
{
    if( argc <= 2 )
    {
        printf( "usage: %s ip_address port_number\n", basename( argv[0] ) );
        return 1;
    }
    const char* ip = argv[1];
    int port = atoi( argv[2] );

    struct sockaddr_in address;
```

```c
    bzero( &address, sizeof( address ) );
    address.sin_family = AF_INET;
    inet_pton( AF_INET, ip, &address.sin_addr );
    address.sin_port = htons( port );

    int sock = socket( PF_INET, SOCK_STREAM, 0 );
    assert( sock >= 0 );

    int ret = bind( sock, ( struct sockaddr* )&address, sizeof( address ) );
    assert( ret != -1 );

    ret = listen( sock, 5 );
    assert( ret != -1 );

    struct sockaddr_in client;
    socklen_t client_addrlength = sizeof( client );
    int connfd = accept( sock, ( struct sockaddr* )&client, &client_addrlength );
    if ( connfd < 0 )
    {
        printf( "errno is: %d\n", errno );
    }
    else
    {
        int pipefd[2];
        assert( ret != -1 );
        ret = pipe( pipefd );   /* 创建管道 */
        /* 将connfd上流入的客户数据定向到管道中 */
        ret = splice( connfd, NULL, pipefd[1], NULL, 32768,
                      SPLICE_F_MORE | SPLICE_F_MOVE );
        assert( ret != -1 );
        /* 将管道的输出定向到connfd客户连接文件描述符 */
        ret = splice( pipefd[0], NULL, connfd, NULL, 32768,
                      SPLICE_F_MORE | SPLICE_F_MOVE );
        assert( ret != -1 );
        close( connfd );
    }

    close( sock );
    return 0;
}
```

我们通过 splice 函数将客户端的内容读入到 pipefd[1] 中，然后再使用 splice 函数从 pipefd[0] 中读出该内容到客户端，从而实现了简单高效的回射服务。整个过程未执行 recv/send 操作，因此也未涉及用户空间和内核空间之间的数据拷贝。

6.7 tee 函数

tee 函数在两个管道文件描述符之间复制数据，也是零拷贝操作。它不消耗数据，因此源文件描述符上的数据仍然可以用于后续的读操作。tee 函数的原型如下：

```c
#include <fcntl.h>
ssize_t tee( int fd_in, int fd_out, size_t len, unsigned int flags );
```

该函数的参数的含义与 splice 相同（但 fd_in 和 fd_out 必须都是管道文件描述符）。tee 函数成功时返回在两个文件描述符之间复制的数据数量（字节数）。返回 0 表示没有复制任何数据。tee 失败时返回 −1 并设置 errno。

代码清单 6-5 利用 tee 函数和 splice 函数，实现了 Linux 下 tee 程序（同时输出数据到终端和文件的程序，不要和 tee 函数混淆）的基本功能。

代码清单 6-5　同时输出数据到终端和文件的程序

```cpp
// filename: tee.cpp
#include <assert.h>
#include <stdio.h>
#include <unistd.h>
#include <errno.h>
#include <string.h>
#include <fcntl.h>

int main( int argc, char* argv[] )
{
    if ( argc != 2 )
    {
        printf( "usage: %s <file>\n", argv[0] );
        return 1;
    }
    int filefd = open( argv[1], O_CREAT | O_WRONLY | O_TRUNC, 0666 );
    assert( filefd > 0 );

    int pipefd_stdout[2];
    int ret = pipe( pipefd_stdout );
    assert( ret != -1 );

    int pipefd_file[2];
    ret = pipe( pipefd_file );
    assert( ret != -1 );

    /* 将标准输入内容输入管道 pipefd_stdout */
    ret = splice( STDIN_FILENO, NULL, pipefd_stdout[1], NULL,
                  32768, SPLICE_F_MORE | SPLICE_F_MOVE );
    assert( ret != -1 );
    /* 将管道 pipefd_stdout 的输出复制到管道 pipefd_file 的输入端 */
    ret = tee( pipefd_stdout[0], pipefd_file[1], 32768, SPLICE_F_NONBLOCK );
    assert( ret != -1 );
    /* 将管道 pipefd_file 的输出定向到文件描述符 filefd 上，从而将标准输入的内容写入文件 */
    ret = splice( pipefd_file[0], NULL, filefd, NULL,
                  32768, SPLICE_F_MORE | SPLICE_F_MOVE );
    assert( ret != -1 );
    /* 将管道 pipefd_stdout 的输出定向到标准输出，其内容和写入文件的内容完全一致 */
    ret = splice( pipefd_stdout[0], NULL, STDOUT_FILENO, NULL,
                  32768, SPLICE_F_MORE | SPLICE_F_MOVE );
    assert( ret != -1 );

    close( filefd );
    close( pipefd_stdout[0] );
    close( pipefd_stdout[1] );
```

```
close( pipefd_file[0] );
close( pipefd_file[1] );
return 0;
}
```

6.8 fcntl 函数

fcntl 函数，正如其名字（file control）描述的那样，提供了对文件描述符的各种控制操作。另外一个常见的控制文件描述符属性和行为的系统调用是 ioctl，而且 ioctl 比 fcntl 能够执行更多的控制。但是，对于控制文件描述符常用的属性和行为，fcntl 函数是由 POSIX 规范指定的首选方法。所以本书仅讨论 fcntl 函数。fcntl 函数的定义如下：

```
#include <fcntl.h>
int fcntl( int fd, int cmd, … );
```

fd 参数是被操作的文件描述符，cmd 参数指定执行何种类型的操作。根据操作类型的不同，该函数可能还需要第三个可选参数 arg。fcntl 函数支持的常用操作及其参数如表 6-4 所示。

表 6-4　fcntl 支持的常用操作及其参数

操作分类	操作	含义	第三个参数的类型	成功时的返回值
复制文件描述符	F_DUPFD	创建一个新的文件描述符，其值大于或等于 arg	long	新创建的文件描述符的值
	F_DUPFD_CLOEXEC	与 F_DUPFD 相似，不过在创建文件描述符的同时，设置其 close-on-exec 标志	long	新创建的文件描述符的值
获取和设置文件描述符的标志	F_GETFD	获取 fd 的标志，比如 close-on-exec 标志	无	fd 的标志
	F_SETFD	设置 fd 的标志	long	0
获取和设置文件描述符的状态标志	F_GETFL	获取 fd 的状态标志，这些标志包括可由 open 系统调用设置的标志（O_APPEND、O_CREAT 等）和访问模式（O_RDONLY、O_WRONLY 和 O_RDWR）	void	fd 的状态标志
	F_SETFL	设置 fd 的状态标志，但部分标志是不能被修改的（比如访问模式标志）	long	0
管理信号	F_GETOWN	获得 SIGIO 和 SIGURG 信号的宿主进程的 PID 或进程组的组 ID	无	信号的宿主进程的 PID 或进程组的组 ID
	F_SETOWN	设定 SIGIO 和 SIGURG 信号的宿主进程的 PID 或者进程组的组 ID	long	0
	F_GETSIG	获取当应用程序被通知 fd 可读或可写时，是哪个信号通知该事件的	无	信号值，0 表示 SIGIO
	F_SETSIG	设置当 fd 可读或可写时，系统应该触发哪个信号来通知应用程序	long	0

(续)

操作分类	操作	含义	第三个参数的类型	成功时的返回值
操作管道容量	F_SETPIPE_SZ	设置由 fd 指定的管道的容量。/proc/sys/fs/pipe-size-max 内核参数指定了 fcntl 能设置的管道容量的上限	long	0
	F_GETPIPE_SZ	获取由 fd 指定的管道的容量	无	管道容量

fcntl 函数成功时的返回值如表 6-4 最后一列所示，失败则返回 –1 并设置 errno。

在网络编程中，fcntl 函数通常用来将一个文件描述符设置为非阻塞的，如代码清单 6-6 所示。

代码清单 6-6　将文件描述符设置为非阻塞的

```
int setnonblocking( int fd )
{
    int old_option = fcntl( fd, F_GETFL );        /* 获取文件描述符旧的状态标志 */
    int new_option = old_option | O_NONBLOCK;     /* 设置非阻塞标志 */
    fcntl( fd, F_SETFL, new_option );
    return old_option;                            /* 返回文件描述符旧的状态标志，以便 */
                                                  /* 日后恢复该状态标志 */
}
```

此外，SIGIO 和 SIGURG 这两个信号与其他 Linux 信号不同，它们必须与某个文件描述符相关联方可使用：当被关联的文件描述符可读或可写时，系统将触发 SIGIO 信号；当被关联的文件描述符（而且必须是一个 socket）上有带外数据可读时，系统将触发 SIGURG 信号。将信号和文件描述符关联的方法，就是使用 fcntl 函数为目标文件描述符指定宿主进程或进程组，那么被指定的宿主进程或进程组将捕获这两个信号。使用 SIGIO 时，还需要利用 fcntl 设置其 O_ASYNC 标志（异步 I/O 标志，不过 SIGIO 信号模型并非真正意义上的异步 I/O 模型，见第 8 章）。关于信号 SIGURG 的更多内容，我们将在第 10 章讨论。

第 7 章 Linux 服务器程序规范

除了网络通信外，服务器程序通常还必须考虑许多其他细节问题。这些细节问题涉及面广且零碎，而且基本上是模板式的，所以我们称之为服务器程序规范。比如：

- ❑ Linux 服务器程序一般以后台进程形式运行。后台进程又称守护进程（daemon）。它没有控制终端，因而也不会意外接收到用户输入。守护进程的父进程通常是 init 进程（PID 为 1 的进程）。
- ❑ Linux 服务器程序通常有一套日志系统，它至少能输出日志到文件，有的高级服务器还能输出日志到专门的 UDP 服务器。大部分后台进程都在 /var/log 目录下拥有自己的日志目录。
- ❑ Linux 服务器程序一般以某个专门的非 root 身份运行。比如 mysqld、httpd、syslogd 等后台进程，分别拥有自己的运行账户 mysql、apache 和 syslog。
- ❑ Linux 服务器程序通常是可配置的。服务器程序通常能处理很多命令行选项，如果一次运行的选项太多，则可以用配置文件来管理。绝大多数服务器程序都有配置文件，并存放在 /etc 目录下。比如第 4 章讨论的 squid 服务器的配置文件是 /etc/squid3/squid.conf。
- ❑ Linux 服务器进程通常会在启动的时候生成一个 PID 文件并存入 /var/run 目录中，以记录该后台进程的 PID。比如 syslogd 的 PID 文件是 /var/run/syslogd.pid。
- ❑ Linux 服务器程序通常需要考虑系统资源和限制，以预测自身能承受多大负荷，比如进程可用文件描述符总数和内存总量等。

在开始系统地学习网络编程之前，我们将用一章的篇幅来探讨服务器程序的一些主要的规范。

7.1 日志

7.1.1 Linux 系统日志

工欲善其事，必先利其器。服务器的调试和维护都需要一个专业的日志系统。Linux 提供一个守护进程来处理系统日志——syslogd，不过现在的 Linux 系统上使用的都是它的升级版——rsyslogd。

rsyslogd 守护进程既能接收用户进程输出的日志，又能接收内核日志。用户进程是通过调用 syslog 函数生成系统日志的。该函数将日志输出到一个 UNIX 本地域 socket 类型（AF_UNIX）的文件 /dev/log 中，rsyslogd 则监听该文件以获取用户进程的输出。内核日志在老的系统上是通过另外一个守护进程 rklogd 来管理的，rsyslogd 利用额外的模块实现了相同的功能。内核日志由 printk 等函数打印至内核的环状缓存（ring buffer）中。环状缓存的内容直接映射到 /proc/kmsg 文件中。rsyslogd 则通过读取该文件获得内核日志。

rsyslogd 守护进程在接收到用户进程或内核输入的日志后，会把它们输出至某些特定的日志文件。默认情况下，调试信息会保存至 /var/log/debug 文件，普通信息保存至 /var/log/messages 文件，内核消息则保存至 /var/log/kern.log 文件。不过，日志信息具体如何分发，可以在 rsyslogd 的配置文件中设置。rsyslogd 的主配置文件是 /etc/rsyslog.conf，其中主要可以设置的项包括：内核日志输入路径，是否接收 UDP 日志及其监听端口（默认是 514，见 /etc/services 文件），是否接收 TCP 日志及其监听端口，日志文件的权限，包含哪些子配置文件（比如 /etc/rsyslog.d/*.conf）。rsyslogd 的子配置文件则指定各类日志的目标存储文件。

图 7-1 总结了 Linux 的系统日志体系。

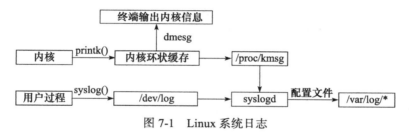

图 7-1　Linux 系统日志

7.1.2　syslog 函数

应用程序使用 syslog 函数与 rsyslogd 守护进程通信。syslog 函数的定义如下：

```
#include <syslog.h>
void syslog( int priority, const char* message, ... );
```

该函数采用可变参数（第二个参数 message 和第三个参数…）来结构化输出。priority 参数是所谓的设施值与日志级别的按位或。设施值的默认值是 LOG_USER，我们下面的讨论也只限于这一种设施值。日志级别有如下几个：

```
#include <syslog.h>
#define LOG_EMERG       0    /* 系统不可用 */
#define LOG_ALERT       1    /* 报警，需要立即采取动作 */
#define LOG_CRIT        2    /* 非常严重的情况 */
#define LOG_ERR         3    /* 错误 */
#define LOG_WARNING     4    /* 警告 */
#define LOG_NOTICE      5    /* 通知 */
#define LOG_INFO        6    /* 信息 */
#define LOG_DEBUG       7    /* 调试 */
```

下面这个函数可以改变 syslog 的默认输出方式，进一步结构化日志内容：

```
#include <syslog.h>
void openlog( const char* ident, int logopt, int facility );
```

ident 参数指定的字符串将被添加到日志消息的日期和时间之后，它通常被设置为程序的

名字。logopt 参数对后续 syslog 调用的行为进行配置,它可取下列值的按位或:

```
#define     LOG_PID        0x01    /* 在日志消息中包含程序 PID */
#define     LOG_CONS       0x02    /* 如果消息不能记录到日志文件,则打印至终端 */
#define     LOG_ODELAY     0x04    /* 延迟打开日志功能直到第一次调用 syslog */
#define     LOG_NDELAY     0x08    /* 不延迟打开日志功能 */
```

facility 参数可用来修改 syslog 函数中的默认设施值。

此外,日志的过滤也很重要。程序在开发阶段可能需要输出很多调试信息,而发布之后我们又需要将这些调试信息关闭。解决这个问题的方法并不是在程序发布之后删除调试代码(因为日后可能还需要用到),而是简单地设置日志掩码,使日志级别大于日志掩码的日志信息被系统忽略。下面这个函数用于设置 syslog 的日志掩码:

```
#include <syslog.h>
int setlogmask( int maskpri );
```

maskpri 参数指定日志掩码值。该函数始终会成功,它返回调用进程先前的日志掩码值。最后,不要忘了使用如下函数关闭日志功能:

```
#include <syslog.h>
void closelog();
```

7.2 用户信息

7.2.1 UID、EUID、GID 和 EGID

用户信息对于服务器程序的安全性来说是很重要的,比如大部分服务器就必须以 root 身份启动,但不能以 root 身份运行。下面这一组函数可以获取和设置当前进程的真实用户 ID(UID)、有效用户 ID(EUID)、真实组 ID(GID)和有效组 ID(EGID):

```
#include <sys/types.h>
#include <unistd.h>
uid_t getuid();                    /* 获取真实用户 ID */
uid_t geteuid();                   /* 获取有效用户 ID */
gid_t getgid();                    /* 获取真实组 ID */
gid_t getegid();                   /* 获取有效组 ID */
int setuid( uid_t uid );           /* 设置真实用户 ID */
int seteuid( uid_t uid );          /* 设置有效用户 ID */
int setgid( gid_t gid );           /* 设置真实组 ID */
int setegid( gid_t gid );          /* 设置有效组 ID */
```

需要指出的是,一个进程拥有两个用户 ID:UID 和 EUID。EUID 存在的目的是方便资源访问:它使得运行程序的用户拥有该程序的有效用户的权限。比如 su 程序,任何用户都可以使用它来修改自己的账户信息,但修改账户时 su 程序不得不访问 /etc/passwd 文件,而访问该文件是需要 root 权限的。那么以普通用户身份启动的 su 程序如何能访问 /etc/passwd 文件呢?窍门就在 EUID。用 ls 命令可以查看到,su 程序的所有者是 root,并且它被设置了 set-user-id 标志。这个标志表示,任何普通用户运行 su 程序时,其有效用户就是该程序的所有者 root。那么，根据有效用户的含义，任何运行 su 程序的普通用户都能够访问 /etc/passwd 文件。有效用户为 root 的进程称为特权进程（privileged processes）。EGID 的含义与 EUID 类似：给运行目标程序的组用户提供有效组的权限。

下面的代码清单 7-1 可以用来测试进程的 UID 和 EUID 的区别。

代码清单 7-1　测试进程的 UID 和 EUID 的区别

```c
#include <unistd.h>
#include <stdio.h>

int main()
{
    uid_t uid = getuid();
    uid_t euid = geteuid();
    printf( "userid is %d, effective userid is: %d\n", uid, euid );
    return 0;
}
```

编译该文件，将生成的可执行文件（名为 test_uid）的所有者设置为 root，并设置该文件的 set-user-id 标志，然后运行该程序以查看 UID 和 EUID。具体操作如下：

```
$ sudo chown root:root test_uid    # 修改目标文件的所有者为 root
$ sudo chmod +s test_uid           # 设置目标文件的 set-user-id 标志
$ ./test_uid                       # 运行程序
userid is 1000, effective userid is: 0
```

从测试程序的输出来看，进程的 UID 是启动程序的用户的 ID，而 EUID 则是 root 账户（文件所有者）的 ID。

7.2.2　切换用户

下面的代码清单 7-2 展示了如何将以 root 身份启动的进程切换为以一个普通用户身份运行。

代码清单 7-2　切换用户

```c
static bool switch_to_user( uid_t user_id, gid_t gp_id )
{
    /* 先确保目标用户不是 root */
    if ( ( user_id == 0 ) && ( gp_id == 0 ) )
    {
        return false;
    }

    /* 确保当前用户是合法用户：root 或者目标用户 */
    gid_t gid = getgid();
    uid_t uid = getuid();
    if ( ( ( gid != 0 ) || ( uid != 0 ) ) && ( ( gid != gp_id ) || ( uid != user_id ) ) )
    {
        return false;
    }

    /* 如果不是 root，则已经是目标用户 */
```

```
    if ( uid != 0 )
    {
        return true;
    }

    /* 切换到目标用户 */
    if ( ( setgid( gp_id ) < 0 ) || ( setuid( user_id ) < 0 ) )
    {
        return false;
    }

    return true;
}
```

7.3 进程间关系

7.3.1 进程组

Linux 下每个进程都隶属于一个进程组，因此它们除了 PID 信息外，还有进程组 ID（PGID）。我们可以用如下函数来获取指定进程的 PGID：

```
#include <unistd.h>
pid_t getpgid( pid_t pid );
```

该函数成功时返回进程 pid 所属进程组的 PGID，失败则返回 -1 并设置 errno。

每个进程组都有一个首领进程，其 PGID 和 PID 相同。进程组将一直存在，直到其中所有进程都退出，或者加入到其他进程组。

下面的函数用于设置 PGID：

```
#include <unistd.h>
int setpgid( pid_t pid, pid_t pgid );
```

该函数将 PID 为 pid 的进程的 PGID 设置为 pgid。如果 pid 和 pgid 相同，则由 pid 指定的进程将被设置为进程组首领；如果 pid 为 0，则表示设置当前进程的 PGID 为 pgid；如果 pgid 为 0，则使用 pid 作为目标 PGID。setpgid 函数成功时返回 0，失败则返回 -1 并设置 errno。

一个进程只能设置自己或者其子进程的 PGID。并且，当子进程调用 exec 系列函数后，我们也不能再在父进程中对它设置 PGID。

7.3.2 会话

一些有关联的进程组将形成一个会话（session）。下面的函数用于创建一个会话：

```
#include <unistd.h>
pid_t setsid( void );
```

该函数不能由进程组的首领进程调用，否则将产生一个错误。对于非组首领的进程，调用该函数不仅创建新会话，而且有如下额外效果：
- 调用进程成为会话的首领，此时该进程是新会话的唯一成员。
- 新建一个进程组，其 PGID 就是调用进程的 PID，调用进程成为该组的首领。
- 调用进程将甩开终端（如果有的话）。

该函数成功时返回新的进程组的 PGID，失败则返回 –1 并设置 errno。

Linux 进程并未提供所谓会话 ID（SID）的概念，但 Linux 系统认为它等于会话首领所在的进程组的 PGID，并提供了如下函数来读取 SID：

```
#include <unistd.h>
pid_t getsid( pid_t pid );
```

7.3.3 用 ps 命令查看进程关系

执行 ps 命令可查看进程、进程组和会话之间的关系：

```
$ ps -o pid,ppid,pgid,sid,comm | less
  PID  PPID  PGID   SID COMMAND
 1943  1942  1943  1943 bash
 2298  1943  2298  1943 ps
 2299  1943  2298  1943 less
```

我们是在 bash shell 下执行 ps 和 less 命令的，所以 ps 和 less 命令的父进程是 bash 命令，这可以从 PPID（父进程 PID）一列看出。这 3 条命令创建了 1 个会话（SID 是 1943）和 2 个进程组（PGID 分别是 1943 和 2298）。bash 命令的 PID、PGID 和 SID 都相同，很明显它既是会话的首领，也是组 1943 的首领。ps 命令则是组 2298 的首领，因为其 PID 也是 2298。图 7-2 描述了此三者的关系。

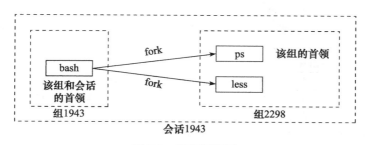

图 7-2　进程间关系

7.4　系统资源限制

Linux 上运行的程序都会受到资源限制的影响，比如物理设备限制（CPU 数量、内存数量等）、系统策略限制（CPU 时间等），以及具体实现的限制（比如文件名的最大长度）。Linux 系统资源限制可以通过如下一对函数来读取和设置：

```
#include <sys/resource.h>
int getrlimit( int resource, struct rlimit *rlim );
```

```
int setrlimit( int resource, const struct rlimit *rlim );
```

rlim 参数是 rlimit 结构体类型的指针，rlimit 结构体的定义如下：

```
struct rlimit
{
    rlim_t rlim_cur;
    rlim_t rlim_max;
};
```

rlim_t 是一个整数类型，它描述资源级别。rlim_cur 成员指定资源的软限制，rlim_max 成员指定资源的硬限制。软限制是一个建议性的、最好不要超越的限制，如果超越的话，系统可能向进程发送信号以终止其运行。例如，当进程 CPU 时间超过其软限制时，系统将向进程发送 SIGXCPU 信号；当文件尺寸超过其软限制时，系统将向进程发送 SIGXFSZ 信号（见第 10 章）。硬限制一般是软限制的上限。普通程序可以减小硬限制，而只有以 root 身份运行的程序才能增加硬限制。此外，我们可以使用 ulimit 命令修改当前 shell 环境下的资源限制（软限制或/和硬限制），这种修改将对该 shell 启动的所有后续程序有效。我们也可以通过修改配置文件来改变系统软限制和硬限制，而且这种修改是永久的，详情见第 16 章。

resource 参数指定资源限制类型。表 7-1 列举了部分比较重要的资源限制类型。

表 7-1　getrlimit 和 setrlimit 支持的部分资源限制类型

资源限制类型	含义
RLIMIT_AS	进程虚拟内存总量限制（单位是字节）。超过该限制将使得某些函数（比如 mmap）产生 ENOMEM 错误
RLIMIT_CORE	进程核心转储文件（core dump）的大小限制（单位是字节）。其值为 0 表示不产生核心转储文件
RLIMIT_CPU	进程 CPU 时间限制（单位是秒）
RLIMIT_DATA	进程数据段（初始化数据 data 段、未初始化数据 bss 段和堆）限制（单位是字节）
RLIMIT_FSIZE	文件大小限制（单位是字节），超过该限制将使得某些函数（比如 write）产生 EFBIG 错误
RLIMIT_NOFILE	文件描述符数量限制，超过该限制将使得某些函数（比如 pipe）产生 EMFILE 错误
RLIMIT_NPROC	用户能创建的进程数限制，超过该限制将使得某些函数（比如 fork）产生 EAGAIN 错误
RLIMIT_SIGPENDING	用户能够挂起的信号数量限制
RLIMIT_STACK	进程栈内存限制（单位是字节），超过该限制将引起 SIGSEGV 信号

setrlimit 和 getrlimit 成功时返回 0，失败则返回 -1 并设置 errno。

7.5　改变工作目录和根目录

有些服务器程序还需要改变工作目录和根目录，比如我们第 4 章讨论的 Web 服务器。一般来说，Web 服务器的逻辑根目录并非文件系统的根目录"/"，而是站点的根目录（对于 Linux 的 Web 服务来说，该目录一般是 /var/www/）。

获取进程当前工作目录和改变进程工作目录的函数分别是:

```
#include <unistd.h>
char* getcwd( char* buf, size_t size );
int chdir( const char* path );
```

buf 参数指向的内存用于存储进程当前工作目录的绝对路径名,其大小由 size 参数指定。如果当前工作目录的绝对路径的长度(再加上一个空结束字符"\0")超过了 size,则 getcwd 将返回 NULL,并设置 errno 为 ERANGE。如果 buf 为 NULL 并且 size 非 0,则 getcwd 可能在内部使用 malloc 动态分配内存,并将进程的当前工作目录存储在其中。如果是这种情况,则我们必须自己来释放 getcwd 在内部创建的这块内存。getcwd 函数成功时返回一个指向目标存储区(buf 指向的缓存区或是 getcwd 在内部动态创建的缓存区)的指针,失败则返回 NULL 并设置 errno。

chdir 函数的 path 参数指定要切换到的目标目录。它成功时返回 0,失败时返回 -1 并设置 errno。

改变进程根目录的函数是 chroot,其定义如下:

```
#include <unistd.h>
int chroot( const char* path );
```

path 参数指定要切换到的目标根目录。它成功时返回 0,失败时返回 -1 并设置 errno。chroot 并不改变进程的当前工作目录,所以调用 chroot 之后,我们仍然需要使用 chdir("/") 来将工作目录切换至新的根目录。改变进程的根目录之后,程序可能无法访问类似 /dev 的文件(和目录),因为这些文件(和目录)并非处于新的根目录之下。不过好在调用 chroot 之后,进程原先打开的文件描述符依然生效,所以我们可以利用这些早先打开的文件描述符来访问调用 chroot 之后不能直接访问的文件(和目录),尤其是一些日志文件。此外,只有特权进程才能改变根目录。

7.6 服务器程序后台化

最后,我们讨论如何在代码中让一个进程以守护进程的方式运行。守护进程的编写遵循一定的步骤[2],下面我们通过一个具体实现来探讨,如代码清单 7-3 所示。

代码清单 7-3 将服务器程序以守护进程的方式运行

```
bool daemonize()
{
    /* 创建子进程,关闭父进程,这样可以使程序在后台运行 */
    pid_t pid = fork();
    if ( pid < 0 )
    {
        return false;
    }
    else if ( pid > 0 )
```

```
        {
                exit( 0 );
        }

        /* 设置文件权限掩码。当进程创建新文件（使用 open( const char *pathname, int flags,
mode_t mode ) 系统调用）时，文件的权限将是 mode & 0777 */
        umask( 0 );

        /* 创建新的会话，设置本进程为进程组的首领 */
        pid_t sid = setsid();
        if ( sid < 0 )
        {
                return false;
        }

        /* 切换工作目录 */
        if ( ( chdir( "/" ) ) < 0 )
        {
                return false;
        }

        /* 关闭标准输入设备、标准输出设备和标准错误输出设备 */
        close( STDIN_FILENO );
        close( STDOUT_FILENO );
        close( STDERR_FILENO );

        /* 关闭其他已经打开的文件描述符，代码省略 */
        /* 将标准输入、标准输出和标准错误输出都定向到 /dev/null 文件 */
        open( "/dev/null", O_RDONLY );
        open( "/dev/null", O_RDWR );
        open( "/dev/null", O_RDWR );
        return true;
}
```

实际上，Linux 提供了完成同样功能的库函数：

```
#include <unistd.h>
int daemon( int nochdir, int noclose );
```

其中，nochdir 参数用于指定是否改变工作目录，如果给它传递 0，则工作目录将被设置为 "/"（根目录），否则继续使用当前工作目录。noclose 参数为 0 时，标准输入、标准输出和标准错误输出都被重定向到 /dev/null 文件，否则依然使用原来的设备。该函数成功时返回 0，失败则返回 −1 并设置 errno。

第 8 章 高性能服务器程序框架

这一章是全书的核心，也是后续章节的总览。在这一章中，我们按照服务器程序的一般原理，将服务器解构为如下三个主要模块：
- I/O 处理单元。本章将介绍 I/O 处理单元的四种 I/O 模型和两种高效事件处理模式。
- 逻辑单元。本章将介绍逻辑单元的两种高效并发模式，以及高效的逻辑处理方式——有限状态机。
- 存储单元。本书不讨论存储单元，因为它只是服务器程序的可选模块，而且其内容与网络编程本身无关。

最后，本章还介绍了提高服务器性能的其他建议。

8.1 服务器模型

8.1.1 C/S 模型

TCP/IP 协议在设计和实现上并没有客户端和服务器的概念，在通信过程中所有机器都是对等的。但由于资源（视频、新闻、软件等）都被数据提供者所垄断，所以几乎所有的网络应用程序都很自然地采用了图 8-1 所示的 C/S（客户端/服务器）模型：所有客户端都通过访问服务器来获取所需的资源。

采用 C/S 模型的 TCP 服务器和 TCP 客户端的工作流程如图 8-2 所示。

C/S 模型的逻辑很简单。服务器启动后，首先创建一个（或多个）监听 socket，并调用 bind 函数将其绑定到服务器感兴趣的端口上，然后调用 listen 函数等待客户连接。服务器稳定运行之后，客户端就可以调用 connect 函数向服务器发起连接了。由于客户连接请求是随机到达的异步事件，服务器需要使用某种 I/O 模型来监听这一事件。I/O 模型有多种，图 8-2 中，服务器使用的是 I/O 复用技术之一的 select 系统调用。当监听到连接请求后，服务器就调用 accept 函数接受它，并分配一个逻辑单元为新的连接服务。逻辑单元可以是新创建的子进程、子线程或者其他。图 8-2 中，服务器给客户端分配的逻辑单元是由 fork 系统调用创建的子进程。逻辑单元读取客户请求，处理该请求，然后将处理结果返回给客户端。客户端接收到服务器反馈的结果之后，可以继续向服务器发送请求，也可以立即

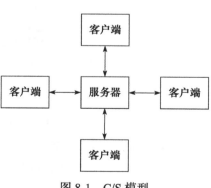

图 8-1 C/S 模型

主动关闭连接。如果客户端主动关闭连接，则服务器执行被动关闭连接。至此，双方的通信结束。需要注意的是，服务器在处理一个客户请求的同时还会继续监听其他客户请求，否则就变成了效率低下的串行服务器了（必须先处理完前一个客户的请求，才能继续处理下一个客户请求）。图 8-2 中，服务器同时监听多个客户请求是通过 select 系统调用实现的。

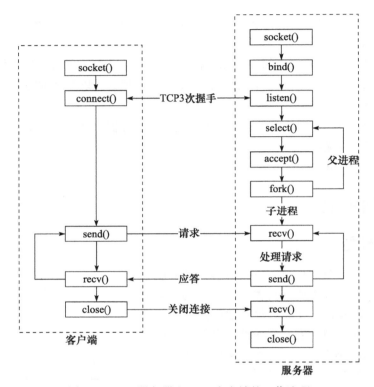

图 8-2　TCP 服务器和 TCP 客户端的工作流程

C/S 模型非常适合资源相对集中的场合，并且它的实现也很简单，但其缺点也很明显：服务器是通信的中心，当访问量过大时，可能所有客户都将得到很慢的响应。下面讨论的 P2P 模型解决了这个问题。

8.1.2　P2P 模型

P2P（Peer to Peer，点对点）模型比 C/S 模型更符合网络通信的实际情况。它摒弃了以服务器为中心的格局，让网络上所有主机重新回归对等的地位。P2P 模型如图 8-3a 所示。

P2P 模型使得每台机器在消耗服务的同时也给别人提供服务，这样资源能够充分、自由地共享。云计算机群可以看作 P2P 模型的一个典范。但 P2P 模型的缺点也很明显：当用户之间传输的请求过多时，网络的负载将加重。

图 8-3a 所示的 P2P 模型存在一个显著的问题，即主机之间很难互相发现。所以实际使

用的 P2P 模型通常带有一个专门的发现服务器，如图 8-3b 所示。这个发现服务器通常还提供查找服务（甚至还可以提供内容服务），使每个客户都能尽快地找到自己需要的资源。

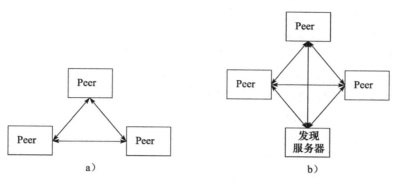

图 8-3　两种 P2P 模型

a）P2P 模型　b）带有发现服务器的 P2P 模型

从编程角度来讲，P2P 模型可以看作 C/S 模型的扩展：每台主机既是客户端，又是服务器。因此，我们仍然采用 C/S 模型来讨论网络编程。

8.2　服务器编程框架

虽然服务器程序种类繁多，但其基本框架都一样，不同之处在于逻辑处理。为了让读者能从设计的角度把握服务器编程，本章先讨论基本框架，如图 8-4 所示。

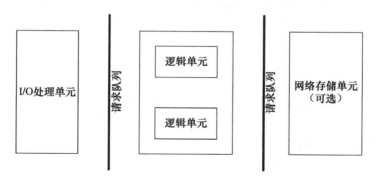

图 8-4　服务器基本框架

该图既能用来描述一台服务器，也能用来描述一个服务器机群。两种情况下各个部件的含义和功能如表 8-1 所示。

表 8-1　服务器基本模块的功能描述

模　　块	单个服务器程序	服务器机群
I/O 处理单元	处理客户连接，读写网络数据	作为接入服务器，实现负载均衡
逻辑单元	业务进程或线程	逻辑服务器

(续)

模　　块	单个服务器程序	服务器机群
网络存储单元	本地数据库、文件或缓存	数据库服务器
请求队列	各单元之间的通信方式	各服务器之间的永久 TCP 连接

I/O 处理单元是服务器管理客户连接的模块。它通常要完成以下工作：等待并接受新的客户连接，接收客户数据，将服务器响应数据返回给客户端。但是，数据的收发不一定在 I/O 处理单元中执行，也可能在逻辑单元中执行，具体在何处执行取决于事件处理模式（见后文）。对于一个服务器机群来说，I/O 处理单元是一个专门的接入服务器。它实现负载均衡，从所有逻辑服务器中选取负荷最小的一台来为新客户服务。

一个逻辑单元通常是一个进程或线程。它分析并处理客户数据，然后将结果传递给 I/O 处理单元或者直接发送给客户端（具体使用哪种方式取决于事件处理模式）。对服务器机群而言，一个逻辑单元本身就是一台逻辑服务器。服务器通常拥有多个逻辑单元，以实现对多个客户任务的并行处理。

网络存储单元可以是数据库、缓存和文件，甚至是一台独立的服务器。但它不是必须的，比如 ssh、telnet 等登录服务就不需要这个单元。

请求队列是各单元之间的通信方式的抽象。I/O 处理单元接收到客户请求时，需要以某种方式通知一个逻辑单元来处理该请求。同样，多个逻辑单元同时访问一个存储单元时，也需要采用某种机制来协调处理竞态条件。请求队列通常被实现为池的一部分，我们将在后面讨论池的概念。对于服务器机群而言，请求队列是各台服务器之间预先建立的、静态的、永久的 TCP 连接。这种 TCP 连接能提高服务器之间交换数据的效率，因为它避免了动态建立 TCP 连接导致的额外的系统开销。

8.3　I/O 模型

第 5 章讲到，socket 在创建的时候默认是阻塞的。我们可以给 socket 系统调用的第 2 个参数传递 SOCK_NONBLOCK 标志，或者通过 fcntl 系统调用的 F_SETFL 命令，将其设置为非阻塞的。阻塞和非阻塞的概念能应用于所有文件描述符，而不仅仅是 socket。我们称阻塞的文件描述符为阻塞 I/O，称非阻塞的文件描述符为非阻塞 I/O。

针对阻塞 I/O 执行的系统调用可能因为无法立即完成而被操作系统挂起，直到等待的事件发生为止。比如，客户端通过 connect 向服务器发起连接时，connect 将首先发送同步报文段给服务器，然后等待服务器返回确认报文段。如果服务器的确认报文段没有立即到达客户端，则 connect 调用将被挂起，直到客户端收到确认报文段并唤醒 connect 调用。socket 的基础 API 中，可能被阻塞的系统调用包括 accept、send、recv 和 connect。

针对非阻塞 I/O 执行的系统调用则总是立即返回，而不管事件是否已经发生。如果事件没有立即发生，这些系统调用就返回 -1，和出错的情况一样。此时我们必须根据 errno 来区分这两种情况。对 accept、send 和 recv 而言，事件未发生时 errno 通常被设置成 EAGAIN（意为"再来一次")或者 EWOULDBLOCK(意为"期望阻塞");对 connect 而言,errno 则被设置成 EINPROGRESS(意为"在处理中")。

很显然,我们只有在事件已经发生的情况下操作非阻塞 I/O(读、写等),才能提高程序的效率。因此,非阻塞 I/O 通常要和其他 I/O 通知机制一起使用,比如 I/O 复用和 SIGIO 信号。

I/O 复用是最常使用的 I/O 通知机制。它指的是,应用程序通过 I/O 复用函数向内核注册一组事件,内核通过 I/O 复用函数把其中就绪的事件通知给应用程序。Linux 上常用的 I/O 复用函数是 select、poll 和 epoll_wait,我们将在第 9 章详细讨论它们。需要指出的是,I/O 复用函数本身是阻塞的,它们能提高程序效率的原因在于它们具有同时监听多个 I/O 事件的能力。

SIGIO 信号也可以用来报告 I/O 事件。6.8 节的最后一段提到,我们可以为一个目标文件描述符指定宿主进程,那么被指定的宿主进程将捕获到 SIGIO 信号。这样,当目标文件描述符上有事件发生时,SIGIO 信号的信号处理函数将被触发,我们也就可以在该信号处理函数中对目标文件描述符执行非阻塞 I/O 操作了。关于信号的使用,我们将在第 10 章讨论。

从理论上说,阻塞 I/O、I/O 复用和信号驱动 I/O 都是同步 I/O 模型。因为在这三种 I/O 模型中,I/O 的读写操作,都是在 I/O 事件发生之后,由应用程序来完成的。而 POSIX 规范所定义的异步 I/O 模型则不同。对异步 I/O 而言,用户可以直接对 I/O 执行读写操作,这些操作告诉内核用户读写缓冲区的位置,以及 I/O 操作完成之后内核通知应用程序的方式。异步 I/O 的读写操作总是立即返回,而不论 I/O 是否是阻塞的,因为真正的读写操作已经由内核接管。也就是说,同步 I/O 模型要求用户代码自行执行 I/O 操作(将数据从内核缓冲区读入用户缓冲区,或将数据从用户缓冲区写入内核缓冲区),而异步 I/O 机制则由内核来执行 I/O 操作(数据在内核缓冲区和用户缓冲区之间的移动是由内核在"后台"完成的)。你可以这样认为,同步 I/O 向应用程序通知的是 I/O 就绪事件,而异步 I/O 向应用程序通知的是 I/O 完成事件。Linux 环境下,aio.h 头文件中定义的函数提供了对异步 I/O 的支持。不过这部分内容不是本书的重点,所以只做简单的讨论。

作为总结,我们将上面讨论的几种 I/O 模型的差异列于表 8-2 中。

表 8-2 I/O 模型对比

I/O 模型	读写操作和阻塞阶段
阻塞 I/O	程序阻塞于读写函数
I/O 复用	程序阻塞于 I/O 复用系统调用,但可同时监听多个 I/O 事件。对 I/O 本身的读写操作是非阻塞的
SIGIO 信号	信号触发读写就绪事件,用户程序执行读写操作。程序没有阻塞阶段
异步 I/O	内核执行读写操作并触发读写完成事件。程序没有阻塞阶段

8.4 两种高效的事件处理模式

服务器程序通常需要处理三类事件:I/O 事件、信号及定时事件。我们将在后续章节依次讨论这三种类型的事件,这一节先从整体上介绍一下两种高效的事件处理模式:Reactor 和 Proactor。

随着网络设计模式的兴起，Reactor 和 Proactor 事件处理模式应运而生。同步 I/O 模型通常用于实现 Reactor 模式，异步 I/O 模型则用于实现 Proactor 模式。不过后面我们将看到，如何使用同步 I/O 方式模拟出 Proactor 模式。

8.4.1 Reactor 模式

Reactor 是这样一种模式，它要求主线程（I/O 处理单元，下同）只负责监听文件描述上是否有事件发生，有的话就立即将该事件通知工作线程（逻辑单元，下同）。除此之外，主线程不做任何其他实质性的工作。读写数据，接受新的连接，以及处理客户请求均在工作线程中完成。

使用同步 I/O 模型（以 epoll_wait 为例）实现的 Reactor 模式的工作流程是：

1）主线程往 epoll 内核事件表中注册 socket 上的读就绪事件。

2）主线程调用 epoll_wait 等待 socket 上有数据可读。

3）当 socket 上有数据可读时，epoll_wait 通知主线程。主线程则将 socket 可读事件放入请求队列。

4）睡眠在请求队列上的某个工作线程被唤醒，它从 socket 读取数据，并处理客户请求，然后往 epoll 内核事件表中注册该 socket 上的写就绪事件。

5）主线程调用 epoll_wait 等待 socket 可写。

6）当 socket 可写时，epoll_wait 通知主线程。主线程将 socket 可写事件放入请求队列。

7）睡眠在请求队列上的某个工作线程被唤醒，它往 socket 上写入服务器处理客户请求的结果。

图 8-5 总结了 Reactor 模式的工作流程。

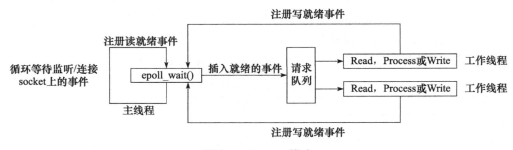

图 8-5　Reactor 模式

图 8-5 中，工作线程从请求队列中取出事件后，将根据事件的类型来决定如何处理它：对于可读事件，执行读数据和处理请求的操作；对于可写事件，执行写数据的操作。因此，图 8-5 所示的 Reactor 模式中，没必要区分所谓的"读工作线程"和"写工作线程"。

8.4.2 Proactor 模式

与 Reactor 模式不同，Proactor 模式将所有 I/O 操作都交给主线程和内核来处理，工作线程仅仅负责业务逻辑。因此，Proactor 模式更符合图 8-4 所描述的服务器编程框架。

使用异步 I/O 模型（以 aio_read 和 aio_write 为例）实现的 Proactor 模式的工作流程是：

1）主线程调用 aio_read 函数向内核注册 socket 上的读完成事件，并告诉内核用户读缓冲区的位置，以及读操作完成时如何通知应用程序（这里以信号为例，详情请参考 sigevent 的 man 手册）。

2）主线程继续处理其他逻辑。

3）当 socket 上的数据被读入用户缓冲区后，内核将向应用程序发送一个信号，以通知应用程序数据已经可用。

4）应用程序预先定义好的信号处理函数选择一个工作线程来处理客户请求。工作线程处理完客户请求之后，调用 aio_write 函数向内核注册 socket 上的写完成事件，并告诉内核用户写缓冲区的位置，以及写操作完成时如何通知应用程序（仍然以信号为例）。

5）主线程继续处理其他逻辑。

6）当用户缓冲区的数据被写入 socket 之后，内核将向应用程序发送一个信号，以通知应用程序数据已经发送完毕。

7）应用程序预先定义好的信号处理函数选择一个工作线程来做善后处理，比如决定是否关闭 socket。

图 8-6 总结了 Proactor 模式的工作流程。

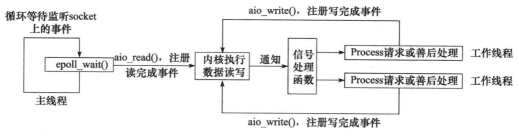

图 8-6　Proactor 模式

在图 8-6 中，连接 socket 上的读写事件是通过 aio_read/aio_write 向内核注册的，因此内核将通过信号来向应用程序报告连接 socket 上的读写事件。所以，主线程中的 epoll_wait 调用仅能用来检测监听 socket 上的连接请求事件，而不能用来检测连接 socket 上的读写事件。

8.4.3　模拟 Proactor 模式

参考文献 [3] 提到了使用同步 I/O 方式模拟出 Proactor 模式的一种方法。其原理是：主线程执行数据读写操作，读写完成之后，主线程向工作线程通知这一"完成事件"。那么从工作线程的角度来看，它们就直接获得了数据读写的结果，接下来要做的只是对读写的结果进行逻辑处理。

使用同步 I/O 模型（仍然以 epoll_wait 为例）模拟出的 Proactor 模式的工作流程如下：

1）主线程往 epoll 内核事件表中注册 socket 上的读就绪事件。

2）主线程调用 epoll_wait 等待 socket 上有数据可读。

3）当 socket 上有数据可读时，epoll_wait 通知主线程。主线程从 socket 循环读取数据，直到没有更多数据可读，然后将读取到的数据封装成一个请求对象并插入请求队列。

4）睡眠在请求队列上的某个工作线程被唤醒，它获得请求对象并处理客户请求，然后往 epoll 内核事件表中注册 socket 上的写就绪事件。

5）主线程调用 epoll_wait 等待 socket 可写。

6）当 socket 可写时，epoll_wait 通知主线程。主线程往 socket 上写入服务器处理客户请求的结果。

图 8-7 总结了用同步 I/O 模型模拟出的 Proactor 模式的工作流程。

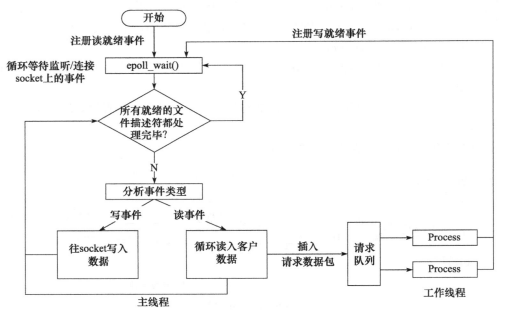

图 8-7　用同步 I/O 模拟出的 Proactor 模式

8.5　两种高效的并发模式

并发编程的目的是让程序"同时"执行多个任务。如果程序是计算密集型的，并发编程并没有优势，反而由于任务的切换使效率降低。但如果程序是 I/O 密集型的，比如经常读写文件，访问数据库等，则情况就不同了。由于 I/O 操作的速度远没有 CPU 的计算速度快，所以让程序阻塞于 I/O 操作将浪费大量的 CPU 时间。如果程序有多个执行线程，则当前被 I/O 操作所阻塞的执行线程可主动放弃 CPU（或由操作系统来调度），并将执行权转移到其他线程。这样一来，CPU 就可以用来做更加有意义的事情（除非所有线程都同时被 I/O 操作所阻塞），而不是等待 I/O 操作完成，因此 CPU 的利用率显著提升。

从实现上来说，并发编程主要有多进程和多线程两种方式，我们将在后续章节详细讨论它们，这一节先讨论并发模式。对应于图 8-4，并发模式是指 I/O 处理单元和多个逻辑单元之间协调完成任务的方法。服务器主要有两种并发编程模式：半同步/半异步（half-sync/half-async）模式和领导者/追随者（Leader/Followers）模式。我们将依次讨论之。

8.5.1 半同步/半异步模式

首先，半同步/半异步模式中的"同步"和"异步"与前面讨论的 I/O 模型中的"同步"和"异步"是完全不同的概念。在 I/O 模型中，"同步"和"异步"区分的是内核向应用程序通知的是何种 I/O 事件（是就绪事件还是完成事件），以及该由谁来完成 I/O 读写（是应用程序还是内核）。在并发模式中，"同步"指的是程序完全按照代码序列的顺序执行；"异步"指的是程序的执行需要由系统事件来驱动。常见的系统事件包括中断、信号等。比如，图 8-8a 描述了同步的读操作，而图 8-8b 则描述了异步的读操作。

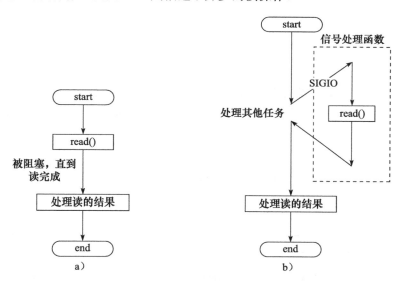

图 8-8 并发模式中的同步和异步
a) 同步读　　b) 异步读

按照同步方式运行的线程称为同步线程，按照异步方式运行的线程称为异步线程。显然，异步线程的执行效率高，实时性强，这是很多嵌入式程序采用的模型。但编写以异步方式执行的程序相对复杂，难于调试和扩展，而且不适合于大量的并发。而同步线程则相反，它虽然效率相对较低，实时性较差，但逻辑简单。因此，对于像服务器这种既要求较好的实时性，又要求能同时处理多个客户请求的应用程序，我们就应该同时使用同步线程和异步线程来实现，即采用半同步/半异步模式来实现。

半同步/半异步模式中，同步线程用于处理客户逻辑，相当于图 8-4 中的逻辑单元；异步线程用于处理 I/O 事件，相当于图 8-4 中的 I/O 处理单元。异步线程监听到客户请求后，就将其封装成请求对象并插入请求队列中。请求队列将通知某个工作在同步模式的工作线程来读取并处理该请求对象。具体选择哪个工作线程来为新的客户请求服务，则取决于请求队列的设计。比如最简单的轮流选取工作线程的 Round Robin 算法，也可以通过条件变量（见第 14 章）或信号量（见第 14 章）来随机地选择一个工作线程。图 8-9 总结了半同步 / 半异步模式的工作流程。

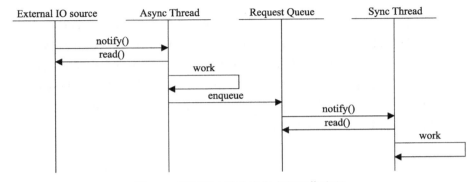

图 8-9 半同步 / 半异步模式的工作流程

在服务器程序中，如果结合考虑两种事件处理模式和几种 I/O 模型，则半同步 / 半异步模式就存在多种变体。其中有一种变体称为半同步 / 半反应堆（half-sync/half-reactive）模式，如图 8-10 所示。

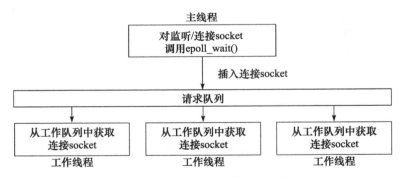

图 8-10 半同步 / 半反应堆模式

图 8-10 中，异步线程只有一个，由主线程来充当。它负责监听所有 socket 上的事件。如果监听 socket 上有可读事件发生，即有新的连接请求到来，主线程就接受之以得到新的连接 socket，然后往 epoll 内核事件表中注册该 socket 上的读写事件。如果连接 socket 上有读写事件发生，即有新的客户请求到来或有数据要发送至客户端，主线程就将该连接 socket 插入请求队列中。所有工作线程都睡眠在请求队列上，当有任务到来时，它们将通过竞争（比如申请互斥锁）获得任务的接管权。这种竞争机制使得只有空闲的工作线程才有机会来处理新任务，这是很合理的。

图 8-10 中，主线程插入请求队列中的任务是就绪的连接 socket。这说明该图所示的半同

步/半反应堆模式采用的事件处理模式是 Reactor 模式：它要求工作线程自己从 socket 上读取客户请求和往 socket 写入服务器应答。这就是该模式的名称中"half-reactive"的含义。实际上，半同步/半反应堆模式也可以使用模拟的 Proactor 事件处理模式，即由主线程来完成数据的读写。在这种情况下，主线程一般会将应用程序数据、任务类型等信息封装为一个任务对象，然后将其（或者指向该任务对象的一个指针）插入请求队列。工作线程从请求队列中取得任务对象之后，即可直接处理之，而无须执行读写操作了。我们将在第 15 章给出一个用半同步/半反应堆模式实现的简单 Web 服务器的代码。

半同步/半反应堆模式存在如下缺点：
- 主线程和工作线程共享请求队列。主线程往请求队列中添加任务，或者工作线程从请求队列中取出任务，都需要对请求队列加锁保护，从而白白耗费 CPU 时间。
- 每个工作线程在同一时间只能处理一个客户请求。如果客户数量较多，而工作线程较少，则请求队列中将堆积很多任务对象，客户端的响应速度将越来越慢。如果通过增加工作线程来解决这一问题，则工作线程的切换也将耗费大量 CPU 时间。

图 8-11 描述了一种相对高效的半同步/半异步模式，它的每个工作线程都能同时处理多个客户连接。

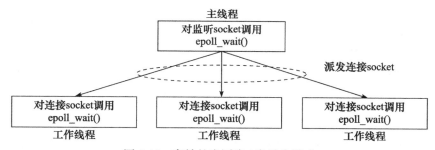

图 8-11　高效的半同步/半异步模式

图 8-11 中，主线程只管理监听 socket，连接 socket 由工作线程来管理。当有新的连接到来时，主线程就接受之并将新返回的连接 socket 派发给某个工作线程，此后该新 socket 上的任何 I/O 操作都由被选中的工作线程来处理，直到客户关闭连接。主线程向工作线程派发 socket 的最简单的方式，是往它和工作线程之间的管道里写数据。工作线程检测到管道上有数据可读时，就分析是否是一个新的客户连接请求到来。如果是，则把该新 socket 上的读写事件注册到自己的 epoll 内核事件表中。

可见，图 8-11 中，每个线程（主线程和工作线程）都维持自己的事件循环，它们各自独立地监听不同的事件。因此，在这种高效的半同步/半异步模式中，每个线程都工作在异步模式，所以它并非严格意义上的半同步/半异步模式。我们将在第 15 章给出一个用这种高效的半同步/半异步模式实现的简单 CGI 服务器的代码。

8.5.2 领导者/追随者模式

领导者/追随者模式是多个工作线程轮流获得事件源集合，轮流监听、分发并处理事件的一种模式。在任意时间点，程序都仅有一个领导者线程，它负责监听 I/O 事件。而其他线程则都是追随者，它们休眠在线程池中等待成为新的领导者。当前的领导者如果检测到 I/O 事件，首先要从线程池中推选出新的领导者线程，然后处理 I/O 事件。此时，新的领导者等待新的 I/O 事件，而原来的领导者则处理 I/O 事件，二者实现了并发。

领导者/追随者模式包含如下几个组件：句柄集（HandleSet）、线程集（ThreadSet）、事件处理器（EventHandler）和具体的事件处理器（ConcreteEventHandler）。它们的关系如图 8-12 所示[4]。

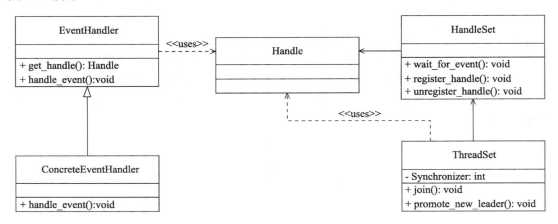

图 8-12　领导者/追随者模式的组件

1. 句柄集

句柄（Handle）用于表示 I/O 资源，在 Linux 下通常就是一个文件描述符。句柄集管理众多句柄，它使用 wait_for_event 方法来监听这些句柄上的 I/O 事件，并将其中的就绪事件通知给领导者线程。领导者则调用绑定到 Handle 上的事件处理器来处理事件。领导者将 Handle 和事件处理器绑定是通过调用句柄集中的 register_handle 方法实现的。

2. 线程集

这个组件是所有工作线程（包括领导者线程和追随者线程）的管理者。它负责各线程之间的同步，以及新领导者线程的推选。线程集中的线程在任一时间必处于如下三种状态之一：

- ❏ Leader：线程当前处于领导者身份，负责等待句柄集上的 I/O 事件。
- ❏ Processing：线程正在处理事件。领导者检测到 I/O 事件之后，可以转移到 Processing 状态来处理该事件，并调用 promote_new_leader 方法推选新的领导者；也可以指定其他追随者来处理事件（Event Handoff），此时领导者的地位不变。当处于 Processing 状态的线程处理完事件之后，如果当前线程集中没有领导者，则它将成为新的领导者，否则它就直接转变为追随者。

- Follower：线程当前处于追随者身份，通过调用线程集的 join 方法等待成为新的领导者，也可能被当前的领导者指定来处理新的任务。

图 8-13 显示了这三种状态之间的转换关系。

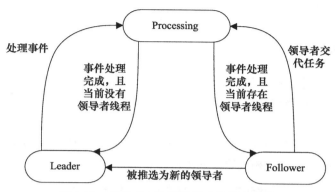

图 8-13　领导者 / 追随者模式的状态转移

需要注意的是，领导者线程推选新的领导者和追随者等待成为新领导者这两个操作都将修改线程集，因此线程集提供一个成员 Synchronizer 来同步这两个操作，以避免竞态条件。

3. 事件处理器和具体的事件处理器

事件处理器通常包含一个或多个回调函数 handle_event。这些回调函数用于处理事件对应的业务逻辑。事件处理器在使用前需要被绑定到某个句柄上，当该句柄上有事件发生时，领导者就执行与之绑定的事件处理器中的回调函数。具体的事件处理器是事件处理器的派生类。它们必须重新实现基类的 handle_event 方法，以处理特定的任务。

根据上面的讨论，我们将领导者 / 追随者模式的工作流程总结于图 8-14 中。

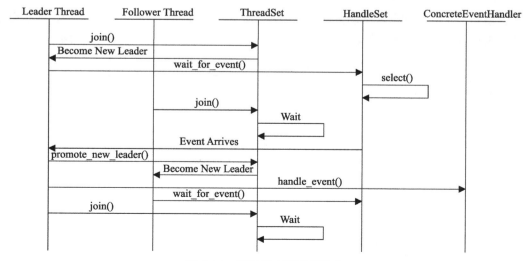

图 8-14　领导者 / 追随者模式

由于领导者线程自己监听 I/O 事件并处理客户请求，因而领导者/追随者模式不需要在线程之间传递任何额外的数据，也无须像半同步/半反应堆模式那样在线程之间同步对请求队列的访问。但领导者/追随者的一个明显缺点是仅支持一个事件源集合，因此也无法像图 8-11 所示的那样，让每个工作线程独立地管理多个客户连接。

8.6 有限状态机

前面两节探讨的是服务器的 I/O 处理单元、请求队列和逻辑单元之间协调完成任务的各种模式，这一节我们介绍逻辑单元内部的一种高效编程方法：有限状态机（finite state machine）。

有的应用层协议头部包含数据包类型字段，每种类型可以映射为逻辑单元的一种执行状态，服务器可以根据它来编写相应的处理逻辑，如代码清单 8-1 所示。

代码清单 8-1　状态独立的有限状态机

```
STATE_MACHINE( Package _pack )
{
    PackageType _type = _pack.GetType();
    switch( _type )
    {
        case type_A:
            process_package_A( _pack );
            break;
        case type_B:
            process_package_B( _pack );
            break;
    }
}
```

这就是一个简单的有限状态机，只不过该状态机的每个状态都是相互独立的，即状态之间没有相互转移。状态之间的转移是需要状态机内部驱动的，如代码清单 8-2 所示。

代码清单 8-2　带状态转移的有限状态机

```
STATE_MACHINE()
{
    State cur_State= type_A;
    while( cur_State != type_C )
    {
        Package _pack = getNewPackage();
        switch( cur_State )
        {
            case type_A:
                process_package_state_A( _pack );
                cur_State = type_B;
                break;
            case type_B:
                process_package_state_B( _pack );
```

```
            cur_State = type_C;
            break;
        }
    }
}
```

该状态机包含三种状态：type_A、type_B 和 type_C，其中 type_A 是状态机的开始状态，type_C 是状态机的结束状态。状态机的当前状态记录在 cur_State 变量中。在一趟循环过程中，状态机先通过 getNewPackage 方法获得一个新的数据包，然后根据 cur_State 变量的值判断如何处理该数据包。数据包处理完之后，状态机通过给 cur_State 变量传递目标状态值来实现状态转移。那么当状态机进入下一趟循环时，它将执行新的状态对应的逻辑。

下面我们考虑有限状态机应用的一个实例：HTTP 请求的读取和分析。很多网络协议，包括 TCP 协议和 IP 协议，都在其头部中提供头部长度字段。程序根据该字段的值就可以知道是否接收到一个完整的协议头部。但 HTTP 协议并未提供这样的头部长度字段，并且其头部长度变化也很大，可以只有十几字节，也可以有上百字节。根据协议规定，我们判断 HTTP 头部结束的依据是遇到一个空行，该空行仅包含一对回车换行符（<CR><LF>）。如果一次读操作没有读入 HTTP 请求的整个头部，即没有遇到空行，那么我们必须等待客户继续写数据并再次读入。因此，我们每完成一次读操作，就要分析新读入的数据中是否有空行。不过在寻找空行的过程中，我们可以同时完成对整个 HTTP 请求头部的分析（记住，空行前面还有请求行和头部域），以提高解析 HTTP 请求的效率。代码清单 8-3 使用主、从两个有限状态机实现了最简单的 HTTP 请求的读取和分析。为了使表述简洁，我们约定，直接称 HTTP 请求的一行（包括请求行和头部字段）为行。

代码清单 8-3　HTTP 请求的读取和分析

```
#include <sys/socket.h>
#include <netinet/in.h>
#include <arpa/inet.h>
#include <assert.h>
#include <stdio.h>
#include <stdlib.h>
#include <unistd.h>
#include <errno.h>
#include <string.h>
#include <fcntl.h>
#define BUFFER_SIZE 4096    /* 读缓冲区大小 */
/* 主状态机的两种可能状态，分别表示：当前正在分析请求行，当前正在分析头部字段 */
enum CHECK_STATE { CHECK_STATE_REQUESTLINE = 0, CHECK_STATE_HEADER };
/* 从状态机的三种可能状态，即行的读取状态，分别表示：读取到一个完整的行、行出错和行数据尚且不
完整 */
enum LINE_STATUS { LINE_OK = 0, LINE_BAD, LINE_OPEN };
/* 服务器处理 HTTP 请求的结果：NO_REQUEST 表示请求不完整，需要继续读取客户数据；GET_REQUEST
表示获得了一个完整的客户请求；BAD_REQUEST 表示客户请求有语法错误；FORBIDDEN_REQUEST 表示客户对资
源没有足够的访问权限；INTERNAL_ERROR 表示服务器内部错误；CLOSED_CONNECTION 表示客户端已经关闭连
接了 */
```

```cpp
enum HTTP_CODE { NO_REQUEST, GET_REQUEST, BAD_REQUEST,
FORBIDDEN_REQUEST, INTERNAL_ERROR, CLOSED_CONNECTION };
/* 为了简化问题,我们没有给客户端发送一个完整的HTTP应答报文,而只是根据服务器的处理结果发送如
下成功或失败信息 */
static const char* szret[] = { "I get a correct result\n", "Something wrong\n" };

/* 从状态机,用于解析出一行内容 */
LINE_STATUS parse_line( char* buffer, int& checked_index, int& read_index )
{
    char temp;
    /* checked_index指向buffer(应用程序的读缓冲区)中当前正在分析的字节,read_index指
向buffer中客户数据的尾部的下一字节。buffer中第0~checked_index字节都已分析完毕,第checked_
index~(read_index-1)字节由下面的循环挨个分析 */
    for ( ; checked_index < read_index; ++checked_index )
    {
        /* 获得当前要分析的字节 */
        temp = buffer[ checked_index ];
        /* 如果当前的字节是"\r",即回车符,则说明可能读取到一个完整的行 */
        if ( temp == '\r' )
        {
            /* 如果"\r"字符碰巧是目前buffer中的最后一个已经被读入的客户数据,那么这次
分析没有读取到一个完整的行,返回LINE_OPEN以表示还需要继续读取客户数据才能进一步分析 */
            if ( ( checked_index + 1 ) == read_index )
            {
                return LINE_OPEN;
            }
            /* 如果下一个字符是"\n",则说明我们成功读取到一个完整的行 */
            else if ( buffer[ checked_index + 1 ] == '\n' )
            {
                buffer[ checked_index++ ] = '\0';
                buffer[ checked_index++ ] = '\0';
                return LINE_OK;
            }
            /* 否则的话,说明客户发送的HTTP请求存在语法问题 */
            return LINE_BAD;
        }
        /* 如果当前的字节是"\n",即换行符,则也说明可能读取到一个完整的行 */
        else if( temp == '\n' )
        {
            if( ( checked_index > 1 ) &&  buffer[ checked_index - 1 ] == '\r' )
            {
                buffer[ checked_index-1 ] = '\0';
                buffer[ checked_index++ ] = '\0';
                return LINE_OK;
            }
            return LINE_BAD;
        }
    }
    /* 如果所有内容都分析完毕也没遇到"\r"字符,则返回LINE_OPEN,表示还需要继续读取客户数
据才能进一步分析 */
    return LINE_OPEN;
}
```

```c
/* 分析请求行 */
HTTP_CODE parse_requestline( char* temp, CHECK_STATE& checkstate )
{
    char* url = strpbrk( temp, " \t" );
    /* 如果请求行中没有空白字符或"\t"字符，则 HTTP 请求必有问题 */
    if ( ! url )
    {
        return BAD_REQUEST;
    }
    *url++ = '\0';

    char* method = temp;
    if ( strcasecmp( method, "GET" ) == 0 )    /* 仅支持 GET 方法 */
    {
        printf( "The request method is GET\n" );
    }
    else
    {
        return BAD_REQUEST;
    }

    url += strspn( url, " \t" );
    char* version = strpbrk( url, " \t" );
    if ( ! version )
    {
        return BAD_REQUEST;
    }
    *version++ = '\0';
    version += strspn( version, " \t" );
    /* 仅支持 HTTP/1.1 */
    if ( strcasecmp( version, "HTTP/1.1" ) != 0 )
    {
        return BAD_REQUEST;
    }
    /* 检查 URL 是否合法 */
    if ( strncasecmp( url, "http://", 7 ) == 0 )
    {
        url += 7;
        url = strchr( url, '/' );
    }

    if ( ! url || url[ 0 ] != '/' )
    {
        return BAD_REQUEST;
    }
    printf( "The request URL is: %s\n", url );
    /* HTTP 请求行处理完毕，状态转移到头部字段的分析 */
    checkstate = CHECK_STATE_HEADER;
    return NO_REQUEST;
}

/* 分析头部字段 */
HTTP_CODE parse_headers( char* temp )
```

```c
{
    /* 遇到一个空行，说明我们得到了一个正确的 HTTP 请求 */
    if ( temp[ 0 ] == '\0' )
    {
        return GET_REQUEST;
    }
    else if ( strncasecmp( temp, "Host:", 5 ) == 0 )    /* 处理"HOST"头部字段 */
    {
        temp += 5;
        temp += strspn( temp, " \t" );
        printf( "the request host is: %s\n", temp );
    }
    else    /* 其他头部字段都不处理 */
    {
        printf( "I can not handle this header\n" );
    }
    return NO_REQUEST;
}
/* 分析 HTTP 请求的入口函数 */
HTTP_CODE parse_content( char* buffer, int& checked_index, CHECK_STATE&
                         checkstate, int& read_index, int& start_line )
{
    LINE_STATUS linestatus = LINE_OK;            /* 记录当前行的读取状态 */
    HTTP_CODE retcode = NO_REQUEST;              /* 记录 HTTP 请求的处理结果 */
    /* 主状态机，用于从 buffer 中取出所有完整的行 */
    while( ( linestatus = parse_line( buffer, checked_index, read_index ) ) == LINE_OK )
    {
        char* temp = buffer + start_line;        /* start_line 是行在 buffer 中的起始位置 */
        start_line = checked_index;              /* 记录下一行的起始位置 */
        /* checkstate 记录主状态机当前的状态 */
        switch ( checkstate )
        {
            case CHECK_STATE_REQUESTLINE:        /* 第一个状态，分析请求行 */
            {
                retcode = parse_requestline( temp, checkstate );
                if ( retcode == BAD_REQUEST )
                {
                    return BAD_REQUEST;
                }
                break;
            }
            case CHECK_STATE_HEADER:             /* 第二个状态，分析头部字段 */
            {
                retcode = parse_headers( temp );
                if ( retcode == BAD_REQUEST )
                {
                    return BAD_REQUEST;
                }
                else if ( retcode == GET_REQUEST )
                {
                    return GET_REQUEST;
                }
                break;
            }
            default:
            {
                return INTERNAL_ERROR;
```

```c
            }
        }
    }
    /* 若没有读取到一个完整的行,则表示还需要继续读取客户数据才能进一步分析 */
    if( linestatus == LINE_OPEN )
    {
        return NO_REQUEST;
    }
    else
    {
        return BAD_REQUEST;
    }
}

int main( int argc, char* argv[] )
{
    if( argc <= 2 )
    {
        printf( "usage: %s ip_address port_number\n", basename( argv[0] ) );
        return 1;
    }
    const char* ip = argv[1];
    int port = atoi( argv[2] );

    struct sockaddr_in address;
    bzero( &address, sizeof( address ) );
    address.sin_family = AF_INET;
    inet_pton( AF_INET, ip, &address.sin_addr );
    address.sin_port = htons( port );

    int listenfd = socket( PF_INET, SOCK_STREAM, 0 );
    assert( listenfd >= 0 );
    int ret = bind( listenfd, ( struct sockaddr* )&address, sizeof( address ) );
    assert( ret != -1 );
    ret = listen( listenfd, 5 );
    assert( ret != -1 );
    struct sockaddr_in client_address;
    socklen_t client_addrlength = sizeof( client_address );
    int fd = accept( listenfd, ( struct sockaddr* )&client_address,
                     &client_addrlength );
    if( fd < 0 )
    {
        printf( "errno is: %d\n", errno );
    }
    else
    {
        char buffer[ BUFFER_SIZE ];   /* 读缓冲区 */
        memset( buffer, '\0', BUFFER_SIZE );
        int data_read = 0;
        int read_index = 0;           /* 当前已经读取了多少字节的客户数据 */
        int checked_index = 0;        /* 当前已经分析完了多少字节的客户数据 */
        int start_line = 0;           /* 行在buffer中的起始位置 */
        /* 设置主状态机的初始状态 */
        CHECK_STATE checkstate = CHECK_STATE_REQUESTLINE;
        while( 1 )   /* 循环读取客户数据并分析之 */
        {
```

```
                    data_read = recv( fd, buffer + read_index, BUFFER_SIZE - read_index, 0 );
                    if ( data_read == -1 )
                    {
                        printf( "reading failed\n" );
                        break;
                    }
                    else if ( data_read == 0 )
                    {
                        printf( "remote client has closed the connection\n" );
                        break;
                    }
                    read_index += data_read;
                    /* 分析目前已经获得的所有客户数据 */
                    HTTP_CODE result = parse_content( buffer, checked_index, checkstate,
                                        read_index, start_line );
                    if( result == NO_REQUEST )      /* 尚未得到一个完整的 HTTP 请求 */
                    {
                        continue;
                    }
                    else if( result == GET_REQUEST )  /* 得到一个完整的、正确的 HTTP 请求 */
                    {
                        send( fd, szret[0], strlen( szret[0] ), 0 );
                        break;
                    }
                    else    /* 其他情况表示发生错误 */
                    {
                        send( fd, szret[1], strlen( szret[1] ), 0 );
                        break;
                    }
                }
                close( fd );
            }
            close( listenfd );
            return 0;
        }
```

我们将代码清单 8-3 中的两个有限状态机分别称为主状态机和从状态机，这体现了它们之间的关系：主状态机在内部调用从状态机。下面先分析从状态机，即 parse_line 函数，它从 buffer 中解析出一个行。图 8-15 描述了其可能的状态及状态转移过程。

这个状态机的初始状态是 LINE_OK，其原始驱动力来自于 buffer 中新到达的客户数据。在 main 函数中，我们循环调用 recv 函数往 buffer 中读入客户数据。每次成功读取数据后，我们就调用 parse_content 函数来分析新读入的数据。parse_

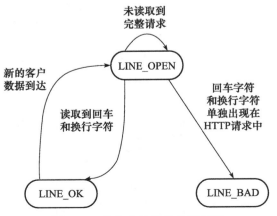

图 8-15 从状态机的状态转移图

content 函数首先要做的就是调用 parse_line 函数来获取一个行。现在假设服务器经过一次 recv 调用之后，buffer 的内容以及部分变量的值如图 8-16a 所示。

parse_line 函数处理后的结果如图 8-16b 所示，它挨个检查图 8-16a 所示的 buffer 中 checked_index 到（read_index-1）之间的字节，判断是否存在行结束符，并更新 checked_index 的值。当前 buffer 中不存在行结束符，所以 parse_line 返回 LINE_OPEN。接下来，程序继续调用 recv 以读取更多客户数据，这次读操作后 buffer 中的内容以及部分变量的值如图 8-16c 所示。然后 parse_line 函数就又开始处理这部分新到来的数据，如图 8-16d 所示。这次它读取到了一个完整的行，即"HOST:localhost\r\n"。此时，parse_line 函数就可以将这行内容递交给 parse_content 函数中的主状态机来处理了。

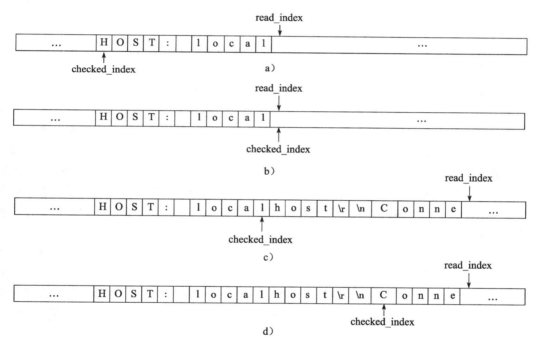

图 8-16　parse_line 函数的工作过程

a）调用 recv 后，buffer 里的初始内容和部分变量的值　b）parse_line 函数处理 buffer 后的结果　c）再次调用 recv 后的结果　d）parse_line 函数再次处理 buffer 后的结果

主状态机使用 checkstate 变量来记录当前的状态。如果当前的状态是 CHECK_STATE_REQUESTLINE，则表示 parse_line 函数解析出的行是请求行，于是主状态机调用 parse_requestline 来分析请求行；如果当前的状态是 CHECK_STATE_HEADER，则表示 parse_line 函数解析出的是头部字段，于是主状态机调用 parse_headers 来分析头部字段。checkstate 变量的初始值是 CHECK_STATE_REQUESTLINE，parse_requestline 函数在成功地分析完请求行之后将其设置为 CHECK_STATE_HEADER，从而实现状态转移。

8.7 提高服务器性能的其他建议

性能对服务器来说是至关重要的，毕竟每个客户都期望其请求能很快地得到响应。影响服务器性能的首要因素就是系统的硬件资源，比如 CPU 的个数、速度，内存的大小等。不过由于硬件技术的飞速发展，现代服务器都不缺乏硬件资源。因此，我们需要考虑的主要问题是如何从"软环境"来提升服务器的性能。服务器的"软环境"，一方面是指系统的软件资源，比如操作系统允许用户打开的最大文件描述符数量；另一方面指的就是服务器程序本身，即如何从编程的角度来确保服务器的性能，这是本节要讨论的问题。

前面我们介绍了几种高效的事件处理模式和并发模式，以及高效的逻辑处理方式——有限状态机，它们都有助于提高服务器的整体性能。下面我们进一步分析高性能服务器需要注意的其他几个方面：池、数据复制、上下文切换和锁。

8.7.1 池

既然服务器的硬件资源"充裕"，那么提高服务器性能的一个很直接的方法就是以空间换时间，即"浪费"服务器的硬件资源，以换取其运行效率。这就是池（pool）的概念。池是一组资源的集合，这组资源在服务器启动之初就被完全创建好并初始化，这称为静态资源分配。当服务器进入正式运行阶段，即开始处理客户请求的时候，如果它需要相关的资源，就可以直接从池中获取，无须动态分配。很显然，直接从池中取得所需资源比动态分配资源的速度要快得多，因为分配系统资源的系统调用都是很耗时的。当服务器处理完一个客户连接后，可以把相关的资源放回池中，无须执行系统调用来释放资源。从最终的效果来看，池相当于服务器管理系统资源的应用层设施，它避免了服务器对内核的频繁访问。

不过，既然池中的资源是预先静态分配的，我们就无法预期应该分配多少资源。这个问题又该如何解决呢？最简单的解决方案就是分配"足够多"的资源，即针对每个可能的客户连接都分配必要的资源。这通常会导致资源的浪费，因为任一时刻的客户数量都可能远远没有达到服务器能支持的最大客户数量。好在这种资源的浪费对服务器来说一般不会构成问题。还有一种解决方案是预先分配一定的资源，此后如果发现资源不够用，就再动态分配一些并加入池中。

根据不同的资源类型，池可分为多种，常见的有内存池、进程池、线程池和连接池。它们的含义都很明确。

内存池通常用于 socket 的接收缓存和发送缓存。对于某些长度有限的客户请求，比如 HTTP 请求，预先分配一个大小足够（比如 5000 字节）的接收缓存区是很合理的。当客户请求的长度超过接收缓冲区的大小时，我们可以选择丢弃请求或者动态扩大接收缓冲区。

进程池和线程池都是并发编程常用的"伎俩"。当我们需要一个工作进程或工作线程来处理新到来的客户请求时，我们可以直接从进程池或线程池中取得一个执行实体，而无须动态地调用 fork 或 pthread_create 等函数来创建进程和线程。

连接池通常用于服务器或服务器机群的内部永久连接。图 8-4 中，每个逻辑单元可能都需要频繁地访问本地的某个数据库。简单的做法是：逻辑单元每次需要访问数据库的时候，就向数据库程序发起连接，而访问完毕后释放连接。很显然，这种做法的效率太低。一种解决方案是使用连接池。连接池是服务器预先和数据库程序建立的一组连接的集合。当某个逻辑单元需要访问数据库时，它可以直接从连接池中取得一个连接的实体并使用之。待完成数据库的访问之后，逻辑单元再将该连接返还给连接池。

8.7.2 数据复制

高性能服务器应该避免不必要的数据复制，尤其是当数据复制发生在用户代码和内核之间的时候。如果内核可以直接处理从 socket 或者文件读入的数据，则应用程序就没必要将这些数据从内核缓冲区复制到应用程序缓冲区中。这里说的"直接处理"指的是应用程序不关心这些数据的内容，不需要对它们做任何分析。比如 ftp 服务器，当客户请求一个文件时，服务器只需要检测目标文件是否存在，以及客户是否有读取它的权限，而绝对不会关心文件的具体内容。这样的话，ftp 服务器就无须把目标文件的内容完整地读入到应用程序缓冲区中并调用 send 函数来发送，而是可以使用"零拷贝"函数 sendfile 来直接将其发送给客户端。

此外，用户代码内部（不访问内核）的数据复制也是应该避免的。举例来说，当两个工作进程之间要传递大量的数据时，我们就应该考虑使用共享内存来在它们之间直接共享这些数据，而不是使用管道或者消息队列来传递。又比如代码清单 8-3 所示的解析 HTTP 请求的实例中，我们用指针（start_line）来指出每个行在 buffer 中的起始位置，以便随后对行内容进行访问，而不是把行的内容复制到另外一个缓冲区中来使用，因为这样既浪费空间，又效率低下。

8.7.3 上下文切换和锁

并发程序必须考虑上下文切换（context switch）的问题，即进程切换或线程切换导致的的系统开销。即使是 I/O 密集型的服务器，也不应该使用过多的工作线程（或工作进程，下同），否则线程间的切换将占用大量的 CPU 时间，服务器真正用于处理业务逻辑的 CPU 时间的比重就显得不足了。因此，为每个客户连接都创建一个工作线程的服务器模型是不可取的。图 8-11 所描述的半同步/半异步模式是一种比较合理的解决方案，它允许一个线程同时处理多个客户连接。此外，多线程服务器的一个优点是不同的线程可以同时运行在不同的 CPU 上。当线程的数量不大于 CPU 的数目时，上下文的切换就不是问题了。

并发程序需要考虑的另外一个问题是共享资源的加锁保护。锁通常被认为是导致服务器效率低下的一个因素，因为由它引入的代码不仅不处理任何业务逻辑，而且需要访问内核资源。因此，服务器如果有更好的解决方案，就应该避免使用锁。显然，图 8-11 所描述的半同步/半异步模式就比图 8-10 所描述的半同步/半反应堆模式的效率高。如果服务器必须使用"锁"，则可以考虑减小锁的粒度，比如使用读写锁。当所有工作线程都只读取一块共享内存的内容时，读写锁并不会增加系统的额外开销。只有当其中某一个工作线程需要写这块内存时，系统才必须去锁住这块区域。

第 9 章 I/O 复用

I/O 复用使得程序能同时监听多个文件描述符，这对提高程序的性能至关重要。通常，网络程序在下列情况下需要使用 I/O 复用技术：
- 客户端程序要同时处理多个 socket。比如本章将要讨论的非阻塞 connect 技术。
- 客户端程序要同时处理用户输入和网络连接。比如本章将要讨论的聊天室程序。
- TCP 服务器要同时处理监听 socket 和连接 socket。这是 I/O 复用使用最多的场合。后续章节将展示很多这方面的例子。
- 服务器要同时处理 TCP 请求和 UDP 请求。比如本章将要讨论的回射服务器。
- 服务器要同时监听多个端口，或者处理多种服务。比如本章将要讨论的 xinetd 服务器。

需要指出的是，I/O 复用虽然能同时监听多个文件描述符，但它本身是阻塞的。并且当多个文件描述符同时就绪时，如果不采取额外的措施，程序就只能按顺序依次处理其中的每一个文件描述符，这使得服务器程序看起来像是串行工作的。如果要实现并发，只能使用多进程或多线程等编程手段。

Linux 下实现 I/O 复用的系统调用主要有 select、poll 和 epoll，本章将依次讨论之，然后介绍使用它们的几个实例。

9.1 select 系统调用

select 系统调用的用途是：在一段指定时间内，监听用户感兴趣的文件描述符上的可读、可写和异常等事件。本节先介绍 select 系统调用的 API，然后讨论 select 判断文件描述符就绪的条件，最后给出它在处理带外数据中的实际应用。

9.1.1 select API

select 系统调用的原型如下：

```
#include <sys/select.h>
int select( int nfds, fd_set* readfds, fd_set* writefds, fd_set* exceptfds,
            struct timeval* timeout );
```

1）nfds 参数指定被监听的文件描述符的总数。它通常被设置为 select 监听的所有文件描述符中的最大值加 1，因为文件描述符是从 0 开始计数的。

2）readfds、writefds 和 exceptfds 参数分别指向可读、可写和异常等事件对应的文件描述符集合。应用程序调用 select 函数时，通过这 3 个参数传入自己感兴趣的文件描述符。select 调用返回时，内核将修改它们来通知应用程序哪些文件描述符已经就绪。这 3 个参数是 fd_set 结构指针类型。fd_set 结构体的定义如下：

```
#include <typesizes.h>
#define __FD_SETSIZE 1024

#include <sys/select.h>
#define FD_SETSIZE __FD_SETSIZE
typedef long int __fd_mask;
#undef __NFDBITS
#define __NFDBITS ( 8 * (int) sizeof ( __fd_mask ) )
typedef struct
{
#ifdef __USE_XOPEN
    __fd_mask fds_bits[ __FD_SETSIZE / __NFDBITS ];
# define __FDS_BITS(set) ((set)->fds_bits)
#else
    __fd_mask __fds_bits[ __FD_SETSIZE / __NFDBITS ];
# define __FDS_BITS(set) ((set)->__fds_bits)
#endif
} fd_set;
```

由以上定义可见，fd_set 结构体仅包含一个整型数组，该数组的每个元素的每一位（bit）标记一个文件描述符。fd_set 能容纳的文件描述符数量由 FD_SETSIZE 指定，这就限制了 select 能同时处理的文件描述符的总量。

由于位操作过于烦琐，我们应该使用下面的一系列宏来访问 fd_set 结构体中的位：

```
#include <sys/select.h>
FD_ZERO( fd_set *fdset );                       /* 清除 fdset 的所有位 */
FD_SET( int fd, fd_set *fdset );                /* 设置 fdset 的位 fd */
FD_CLR( int fd, fd_set *fdset );                /* 清除 fdset 的位 fd */
int FD_ISSET( int fd, fd_set *fdset );          /* 测试 fdset 的位 fd 是否被设置 */
```

3）timeout 参数用来设置 select 函数的超时时间。它是一个 timeval 结构类型的指针，采用指针参数是因为内核将修改它以告诉应用程序 select 等待了多久。不过我们不能完全信任 select 调用返回后的 timeout 值，比如调用失败时 timeout 值是不确定的。timeval 结构体的定义如下：

```
struct timeval
{
    long    tv_sec;     /* 秒数 */
    long    tv_usec;    /* 微秒数 */
};
```

由以上定义可见，select 给我们提供了一个微秒级的定时方式。如果给 timeout 变量的 tv_sec 成员和 tv_usec 成员都传递 0，则 select 将立即返回。如果给 timeout 传递 NULL，则 select 将一直阻塞，直到某个文件描述符就绪。

select 成功时返回就绪（可读、可写和异常）文件描述符的总数。如果在超时时间内没有任何文件描述符就绪，select 将返回 0。select 失败时返回 -1 并设置 errno。如果在 select 等待期间，程序接收到信号，则 select 立即返回 -1，并设置 errno 为 EINTR。

9.1.2 文件描述符就绪条件

哪些情况下文件描述符可以被认为是可读、可写或者出现异常，对于 select 的使用非常关键。在网络编程中，下列情况下 socket 可读：

- socket 内核接收缓存区中的字节数大于或等于其低水位标记 SO_RCVLOWAT。此时我们可以无阻塞地读该 socket，并且读操作返回的字节数大于 0。
- socket 通信的对方关闭连接。此时对该 socket 的读操作将返回 0。
- 监听 socket 上有新的连接请求。
- socket 上有未处理的错误。此时我们可以使用 getsockopt 来读取和清除该错误。

下列情况下 socket 可写：

- socket 内核发送缓存区中的可用字节数大于或等于其低水位标记 SO_SNDLOWAT。此时我们可以无阻塞地写该 socket，并且写操作返回的字节数大于 0。
- socket 的写操作被关闭。对写操作被关闭的 socket 执行写操作将触发一个 SIGPIPE 信号。
- socket 使用非阻塞 connect 连接成功或者失败（超时）之后。
- socket 上有未处理的错误。此时我们可以使用 getsockopt 来读取和清除该错误。

网络程序中，select 能处理的异常情况只有一种：socket 上接收到带外数据。下面我们详细讨论之。

9.1.3 处理带外数据

上一小节提到，socket 上接收到普通数据和带外数据都将使 select 返回，但 socket 处于不同的就绪状态：前者处于可读状态，后者处于异常状态。代码清单 9-1 描述了 select 是如何同时处理二者的。

代码清单 9-1　同时接收普通数据和带外数据

```c
#include <sys/types.h>
#include <sys/socket.h>
#include <netinet/in.h>
#include <arpa/inet.h>
#include <assert.h>
#include <stdio.h>
#include <unistd.h>
#include <errno.h>
#include <string.h>
#include <fcntl.h>
#include <stdlib.h>

int main( int argc, char* argv[] )
{
    if( argc <= 2 )
    {
        printf( "usage: %s ip_address port_number\n", basename( argv[0] ) );
        return 1;
    }
```

```c
        const char* ip = argv[1];
        int port = atoi( argv[2] );

        int ret = 0;
        struct sockaddr_in address;
        bzero( &address, sizeof( address ) );
        address.sin_family = AF_INET;
        inet_pton( AF_INET, ip, &address.sin_addr );
        address.sin_port = htons( port );

        int listenfd = socket( PF_INET, SOCK_STREAM, 0 );
        assert( listenfd >= 0 );
        ret = bind( listenfd, ( struct sockaddr* )&address, sizeof( address ) );
        assert( ret != -1 );
        ret = listen( listenfd, 5 );
        assert( ret != -1 );

        struct sockaddr_in client_address;
        socklen_t client_addrlength = sizeof( client_address );
        int connfd = accept( listenfd, ( struct sockaddr* )&client_address,
                             &client_addrlength );
        if ( connfd < 0 )
        {
                printf( "errno is: %d\n", errno );
                close( listenfd );
        }

        char buf[1024];
        fd_set read_fds;
        fd_set exception_fds;
        FD_ZERO( &read_fds );
        FD_ZERO( &exception_fds );

        while( 1 )
        {
                memset( buf, '\0', sizeof( buf ) );
                /* 每次调用 select 前都要重新在 read_fds 和 exception_fds 中设置文件描述符
connfd，因为事件发生之后，文件描述符集合将被内核修改 */
                FD_SET( connfd, &read_fds );
                FD_SET( connfd, &exception_fds );
                ret = select( connfd + 1, &read_fds, NULL, &exception_fds, NULL );
                if ( ret < 0 )
                {
                        printf( "selection failure\n" );
                        break;
                }

                /* 对于可读事件，采用普通的 recv 函数读取数据 */
                if ( FD_ISSET( connfd, &read_fds ) )
                {
                        ret = recv( connfd, buf, sizeof( buf )-1, 0);
                        if( ret <= 0 )
                        {
                                break;
                        }
```

```
                printf( "get %d bytes of normal data: %s\n", ret, buf );
            }
            /* 对于异常事件,采用带 MSG_OOB 标志的 recv 函数读取带外数据 */
            else if( FD_ISSET( connfd, &exception_fds ) )
            {
                ret = recv( connfd, buf, sizeof( buf )-1, MSG_OOB );
                if( ret <= 0 )
                {
                    break;
                }
                printf( "get %d bytes of oob data: %s\n", ret, buf );
            }
        }
        close( connfd );
        close( listenfd );
        return 0;
    }
```

9.2 poll 系统调用

poll 系统调用和 select 类似,也是在指定时间内轮询一定数量的文件描述符,以测试其中是否有就绪者。poll 的原型如下:

```
#include <poll.h>
int poll( struct pollfd* fds, nfds_t nfds, int timeout );
```

1) fds 参数是一个 pollfd 结构类型的数组,它指定所有我们感兴趣的文件描述符上发生的可读、可写和异常等事件。pollfd 结构体的定义如下:

```
struct pollfd
{
    int fd;                 /* 文件描述符 */
    short events;           /* 注册的事件 */
    short revents;          /* 实际发生的事件,由内核填充 */
};
```

其中,fd 成员指定文件描述符;events 成员告诉 poll 监听 fd 上的哪些事件,它是一系列事件的按位或;revents 成员则由内核修改,以通知应用程序 fd 上实际发生了哪些事件。poll 支持的事件类型如表 9-1 所示。

表 9-1 poll 事件类型

事件	描述	是否可作为输入	是否可作为输出
POLLIN	数据(包括普通数据和优先数据)可读	是	是
POLLRDNORM	普通数据可读	是	是
POLLRDBAND	优先级带数据可读(Linux 不支持)	是	是
POLLPRI	高优先级数据可读,比如 TCP 带外数据	是	是
POLLOUT	数据(包括普通数据和优先数据)可写	是	是

（续）

事件	描述	是否可作为输入	是否可作为输出
POLLWRNORM	普通数据可写	是	是
POLLWRBAND	优先级带数据可写	是	是
POLLRDHUP	TCP 连接被对方关闭，或者对方关闭了写操作。它由 GNU 引入	是	是
POLLERR	错误	否	是
POLLHUP	挂起。比如管道的写端被关闭后，读端描述符上将收到 POLLHUP 事件	否	是
POLLNVAL	文件描述符没有打开	否	是

表 9-1 中，POLLRDNORM、POLLRDBAND、POLLWRNORM、POLLWRBAND 由 XOPEN 规范定义。它们实际上是将 POLLIN 事件和 POLLOUT 事件分得更细致，以区别对待普通数据和优先数据。但 Linux 并不完全支持它们。

通常，应用程序需要根据 recv 调用的返回值来区分 socket 上接收到的是有效数据还是对方关闭连接的请求，并做相应的处理。不过，自 Linux 内核 2.6.17 开始，GNU 为 poll 系统调用增加了一个 POLLRDHUP 事件，它在 socket 上接收到对方关闭连接的请求之后触发。这为我们区分上述两种情况提供了一种更简单的方式。但使用 POLLRDHUP 事件时，我们需要在代码最开始处定义 _GNU_SOURCE。

2）nfds 参数指定被监听事件集合 fds 的大小。其类型 nfds_t 的定义如下：

```
typedef unsigned long int nfds_t;
```

3）timeout 参数指定 poll 的超时值，单位是毫秒。当 timeout 为 -1 时，poll 调用将永远阻塞，直到某个事件发生；当 timeout 为 0 时，poll 调用将立即返回。

poll 系统调用的返回值的含义与 select 相同。

9.3 epoll 系列系统调用

9.3.1 内核事件表

epoll 是 Linux 特有的 I/O 复用函数。它在实现和使用上与 select、poll 有很大差异。首先，epoll 使用一组函数来完成任务，而不是单个函数。其次，epoll 把用户关心的文件描述符上的事件放在内核里的一个事件表中，从而无须像 select 和 poll 那样每次调用都要重复传入文件描述符集或事件集。但 epoll 需要使用一个额外的文件描述符，来唯一标识内核中的这个事件表。这个文件描述符使用如下 epoll_create 函数来创建：

```
#include <sys/epoll.h>
int epoll_create( int size )
```

size 参数现在并不起作用，只是给内核一个提示，告诉它事件表需要多大。该函数返回的文件描述符将用作其他所有 epoll 系统调用的第一个参数，以指定要访问的内核事件表。

下面的函数用来操作 epoll 的内核事件表：

```
#include <sys/epoll.h>
int epoll_ctl( int epfd, int op, int fd, struct epoll_event *event )
```
fd 参数是要操作的文件描述符，op 参数则指定操作类型。操作类型有如下 3 种：
- EPOLL_CTL_ADD，往事件表中注册 fd 上的事件。
- EPOLL_CTL_MOD，修改 fd 上的注册事件。
- EPOLL_CTL_DEL，删除 fd 上的注册事件。

event 参数指定事件，它是 epoll_event 结构指针类型。epoll_event 的定义如下：
```
struct epoll_event
{
    __uint32_t events;    /* epoll 事件 */
    epoll_data_t data;    /* 用户数据 */
};
```
其中 events 成员描述事件类型。epoll 支持的事件类型和 poll 基本相同。表示 epoll 事件类型的宏是在 poll 对应的宏前加上 "E"，比如 epoll 的数据可读事件是 EPOLLIN。但 epoll 有两个额外的事件类型——EPOLLET 和 EPOLLONESHOT。它们对于 epoll 的高效运作非常关键，我们将在后面讨论它们。data 成员用于存储用户数据，其类型 epoll_data_t 的定义如下：
```
typedef union epoll_data
{
    void* ptr;
    int fd;
    uint32_t u32;
    uint64_t u64;
} epoll_data_t;
```
epoll_data_t 是一个联合体，其 4 个成员中使用最多的是 fd，它指定事件所从属的目标文件描述符。ptr 成员可用来指定与 fd 相关的用户数据。但由于 epoll_data_t 是一个联合体，我们不能同时使用其 ptr 成员和 fd 成员，因此，如果要将文件描述符和用户数据关联起来（正如 8.5.2 小节讨论的将句柄和事件处理器绑定一样），以实现快速的数据访问，只能使用其他手段，比如放弃使用 epoll_data_t 的 fd 成员，而在 ptr 指向的用户数据中包含 fd。

epoll_ctl 成功时返回 0，失败则返回 -1 并设置 errno。

9.3.2 epoll_wait 函数

epoll 系列系统调用的主要接口是 epoll_wait 函数。它在一段超时时间内等待一组文件描述符上的事件，其原型如下：
```
#include <sys/epoll.h>
int epoll_wait( int epfd, struct epoll_event* events, int maxevents,
                int timeout );
```
该函数成功时返回就绪的文件描述符的个数，失败时返回 -1 并设置 errno。

关于该函数的参数，我们从后往前讨论。timeout 参数的含义与 poll 接口的 timeout 参数相同。maxevents 参数指定最多监听多少个事件，它必须大于 0。

epoll_wait 函数如果检测到事件，就将所有就绪的事件从内核事件表（由 epfd 参数指定）中复制到它的第二个参数 events 指向的数组中。这个数组只用于输出 epoll_wait 检测到的就绪事件，而不像 select 和 poll 的数组参数那样既用于传入用户注册的事件，又用于输出内核检测到的就绪事件。这就极大地提高了应用程序索引就绪文件描述符的效率。代码清单 9-2 体现了这个差别。

代码清单 9-2　poll 和 epoll 在使用上的差别

```
/* 如何索引 poll 返回的就绪文件描述符 */
int ret = poll( fds, MAX_EVENT_NUMBER, -1 );
/* 必须遍历所有已注册文件描述符并找到其中的就绪者（当然，可以利用 ret 来稍做优化）*/
for( int i = 0; i < MAX_EVENT_NUMBER; ++i )
{
    if( fds[i].revents & POLLIN )   /* 判断第 i 个文件描述符是否就绪 */
    {
        int sockfd = fds[i].fd;
        /* 处理 sockfd */
    }
}

/* 如何索引 epoll 返回的就绪文件描述符 */
int ret = epoll_wait( epollfd, events, MAX_EVENT_NUMBER, -1 );
/* 仅遍历就绪的 ret 个文件描述符 */
for ( int i = 0; i < ret; i++ )
{
    int sockfd = events[i].data.fd;
    /* sockfd 肯定就绪，直接处理 */
}
```

9.3.3　LT 和 ET 模式

epoll 对文件描述符的操作有两种模式：LT（Level Trigger，电平触发）模式和 ET（Edge Trigger，边沿触发）模式。LT 模式是默认的工作模式，这种模式下 epoll 相当于一个效率较高的 poll。当往 epoll 内核事件表中注册一个文件描述符上的 EPOLLET 事件时，epoll 将以 ET 模式来操作该文件描述符。ET 模式是 epoll 的高效工作模式。

对于采用 LT 工作模式的文件描述符，当 epoll_wait 检测到其上有事件发生并将此事件通知应用程序后，应用程序可以不立即处理该事件。这样，当应用程序下一次调用 epoll_wait 时，epoll_wait 还会再次向应用程序通告此事件，直到该事件被处理。而对于采用 ET 工作模式的文件描述符，当 epoll_wait 检测到其上有事件发生并将此事件通知应用程序后，应用程序必须立即处理该事件，因为后续的 epoll_wait 调用将不再向应用程序通知这一事件。可见，ET 模式在很大程度上降低了同一个 epoll 事件被重复触发的次数，因此效率要比 LT 模式高。代码清单 9-3 体现了 LT 和 ET 在工作方式上的差异。

代码清单9-3　LT 和 ET 模式

```
#include <sys/types.h>
#include <sys/socket.h>
#include <netinet/in.h>
#include <arpa/inet.h>
#include <assert.h>
#include <stdio.h>
#include <unistd.h>
#include <errno.h>
#include <string.h>
#include <fcntl.h>
#include <stdlib.h>
#include <sys/epoll.h>
#include <pthread.h>

#define MAX_EVENT_NUMBER 1024
#define BUFFER_SIZE 10
/* 将文件描述符设置成非阻塞的 */
int setnonblocking( int fd )
{
    int old_option = fcntl( fd, F_GETFL );
    int new_option = old_option | O_NONBLOCK;
    fcntl( fd, F_SETFL, new_option );
    return old_option;
}
/* 将文件描述符 fd 上的 EPOLLIN 注册到 epollfd 指示的 epoll 内核事件表中，参数 enable_et 指定
是否对 fd 启用 ET 模式 */
void addfd( int epollfd, int fd, bool enable_et )
{
    epoll_event event;
    event.data.fd = fd;
    event.events = EPOLLIN;
    if( enable_et )
    {
        event.events |= EPOLLET;
    }
    epoll_ctl( epollfd, EPOLL_CTL_ADD, fd, &event );
    setnonblocking( fd );
}
/* LT 模式的工作流程 */
void lt( epoll_event* events, int number, int epollfd, int listenfd )
{
    char buf[ BUFFER_SIZE ];
    for ( int i = 0; i < number; i++ )
    {
        int sockfd = events[i].data.fd;
        if ( sockfd == listenfd )
        {
            struct sockaddr_in client_address;
            socklen_t client_addrlength = sizeof( client_address );
            int connfd = accept( listenfd, ( struct sockaddr* )&client_address,
                                 &client_addrlength );
```

```
                    addfd( epollfd, connfd, false );  /* 对 connfd 禁用 ET 模式 */
            }
            else if ( events[i].events & EPOLLIN )
            {
                /* 只要 socket 读缓存中还有未读出的数据,这段代码就被触发 */
                printf( "event trigger once\n" );
                memset( buf, '\0', BUFFER_SIZE );
                int ret = recv( sockfd, buf, BUFFER_SIZE-1, 0 );
                if( ret <= 0 )
                {
                    close( sockfd );
                    continue;
                }
                printf( "get %d bytes of content: %s\n", ret, buf );
            }
            else
            {
                printf( "something else happened \n" );
            }
        }
    }
    /* ET 模式的工作流程 */
    void et( epoll_event* events, int number, int epollfd, int listenfd )
    {
        char buf[ BUFFER_SIZE ];
        for ( int i = 0; i < number; i++ )
        {
            int sockfd = events[i].data.fd;
            if ( sockfd == listenfd )
            {
                struct sockaddr_in client_address;
                socklen_t client_addrlength = sizeof( client_address );
                int connfd = accept( listenfd, ( struct sockaddr* )&client_address,
                                    &client_addrlength );
                addfd( epollfd, connfd, true );  /* 对 connfd 开启 ET 模式 */
            }
            else if ( events[i].events & EPOLLIN )
            {
                /* 这段代码不会被重复触发,所以我们循环读取数据,以确保把 socket 读缓存中的
所有数据读出 */
                printf( "event trigger once\n" );
                while( 1 )
                 {
                    memset( buf, '\0', BUFFER_SIZE );
                    int ret = recv( sockfd, buf, BUFFER_SIZE-1, 0 );
                    if( ret < 0 )
                    {
                        /* 对于非阻塞 IO,下面的条件成立表示数据已经全部读取完毕。此后,
epoll 就能再次触发 sockfd 上的 EPOLLIN 事件,以驱动下一次读操作 */
                        if( ( errno == EAGAIN ) || ( errno == EWOULDBLOCK ) )
                        {
                            printf( "read later\n" );
                            break;
```

```
                            }
                            close( sockfd );
                            break;
                        }
                        else if( ret == 0 )
                        {
                            close( sockfd );
                        }
                        else
                        {
                            printf( "get %d bytes of content: %s\n", ret, buf );
                        }
                    }
                }
                else
                {
                    printf( "something else happened \n" );
                }
            }
        }
    }

    int main( int argc, char* argv[] )
    {
        if( argc <= 2 )
        {
            printf( "usage: %s ip_address port_number\n", basename( argv[0] ) );
            return 1;
        }
        const char* ip = argv[1];
        int port = atoi( argv[2] );

        int ret = 0;
        struct sockaddr_in address;
        bzero( &address, sizeof( address ) );
        address.sin_family = AF_INET;
        inet_pton( AF_INET, ip, &address.sin_addr );
        address.sin_port = htons( port );

        int listenfd = socket( PF_INET, SOCK_STREAM, 0 );
        assert( listenfd >= 0 );

        ret = bind( listenfd, ( struct sockaddr* )&address, sizeof( address ) );
        assert( ret != -1 );

        ret = listen( listenfd, 5 );
        assert( ret != -1 );

        epoll_event events[ MAX_EVENT_NUMBER ];
        int epollfd = epoll_create( 5 );
        assert( epollfd != -1 );
        addfd( epollfd, listenfd, true );

        while( 1 )
        {
            int ret = epoll_wait( epollfd, events, MAX_EVENT_NUMBER, -1 );
```

```
            if ( ret < 0 )
            {
                    printf( "epoll failure\n" );
                    break;
            }

            lt( events, ret, epollfd, listenfd );     /* 使用 LT 模式 */
            // et( events, ret, epollfd, listenfd );  /* 使用 ET 模式 */
    }

    close( listenfd );
    return 0;
}
```

读者不妨运行一下这段代码，然后 telnet 到这个服务器程序上并一次传输超过 10 字节（BUFFER_SIZE 的大小）的数据，然后比较 LT 模式和 ET 模式的异同。你会发现，正如我们预期的，ET 模式下事件被触发的次数要比 LT 模式下少很多。

注意　每个使用 ET 模式的文件描述符都应该是非阻塞的。如果文件描述符是阻塞的，那么读或写操作将会因为没有后续的事件而一直处于阻塞状态（饥渴状态）。

9.3.4　EPOLLONESHOT 事件

即使我们使用 ET 模式，一个 socket 上的某个事件还是可能被触发多次。这在并发程序中就会引起一个问题。比如一个线程（或进程，下同）在读取完某个 socket 上的数据后开始处理这些数据，而在数据的处理过程中该 socket 上又有新数据可读（EPOLLIN 再次被触发），此时另外一个线程被唤醒来读取这些新的数据。于是就出现了两个线程同时操作一个 socket 的局面。这当然不是我们期望的。我们期望的是一个 socket 连接在任一时刻都只被一个线程处理。这一点可以使用 epoll 的 EPOLLONESHOT 事件实现。

对于注册了 EPOLLONESHOT 事件的文件描述符，操作系统最多触发其上注册的一个可读、可写或者异常事件，且只触发一次，除非我们使用 epoll_ctl 函数重置该文件描述符上注册的 EPOLLONESHOT 事件。这样，当一个线程在处理某个 socket 时，其他线程是不可能有机会操作该 socket 的。但反过来思考，注册了 EPOLLONESHOT 事件的 socket 一旦被某个线程处理完毕，该线程就应该立即重置这个 socket 上的 EPOLLONESHOT 事件，以确保这个 socket 下一次可读时，其 EPOLLIN 事件能被触发，进而让其他工作线程有机会继续处理这个 socket。

代码清单 9-4 展示了 EPOLLONESHOT 事件的使用。

代码清单 9-4　使用 EPOLLONESHOT 事件

```
#include <sys/types.h>
#include <sys/socket.h>
#include <netinet/in.h>
```

```c
#include <arpa/inet.h>
#include <assert.h>
#include <stdio.h>
#include <unistd.h>
#include <errno.h>
#include <string.h>
#include <fcntl.h>
#include <stdlib.h>
#include <sys/epoll.h>
#include <pthread.h>

#define MAX_EVENT_NUMBER 1024
#define BUFFER_SIZE 1024
struct fds
{
    int epollfd;
    int sockfd;
};

int setnonblocking( int fd )
{
    int old_option = fcntl( fd, F_GETFL );
    int new_option = old_option | O_NONBLOCK;
    fcntl( fd, F_SETFL, new_option );
    return old_option;
}
/* 将 fd 上的 EPOLLIN 和 EPOLLET 事件注册到 epollfd 指示的 epoll 内核事件表中，参数 oneshot
指定是否注册 fd 上的 EPOLLONESHOT 事件 */
void addfd( int epollfd, int fd, bool oneshot )
{
    epoll_event event;
    event.data.fd = fd;
    event.events = EPOLLIN | EPOLLET;
    if( oneshot )
    {
        event.events |= EPOLLONESHOT;
    }
    epoll_ctl( epollfd, EPOLL_CTL_ADD, fd, &event );
    setnonblocking( fd );
}
/* 重置 fd 上的事件。这样操作之后，尽管 fd 上的 EPOLLONESHOT 事件被注册，但是操作系统仍然会触
发 fd 上的 EPOLLIN 事件，且只触发一次 */
void reset_oneshot( int epollfd, int fd )
{
    epoll_event event;
    event.data.fd = fd;
    event.events = EPOLLIN | EPOLLET | EPOLLONESHOT;
    epoll_ctl( epollfd, EPOLL_CTL_MOD, fd, &event );
}
/* 工作线程 */
void* worker( void* arg )
{
    int sockfd = ( (fds*)arg )->sockfd;
```

```
    int epollfd = ( (fds*)arg )->epollfd;
    printf( "start new thread to receive data on fd: %d\n", sockfd );
    char buf[ BUFFER_SIZE ];
    memset( buf, '\0', BUFFER_SIZE );
    /* 循环读取 sockfd 上的数据，直到遇到 EAGAIN 错误 */
    while( 1 )
    {
        int ret = recv( sockfd, buf, BUFFER_SIZE-1, 0 );
        if( ret == 0 )
        {
            close( sockfd );
            printf( "foreiner closed the connection\n" );
            break;
        }
        else if( ret < 0 )
        {
            if( errno == EAGAIN )
            {
                reset_oneshot( epollfd, sockfd );
                printf( "read later\n" );
                break;
            }
        }
        else
        {
            printf( "get content: %s\n", buf );
            /* 休眠 5s，模拟数据处理过程 */
            sleep( 5 );
        }
    }
    printf( "end thread receiving data on fd: %d\n", sockfd );
}

int main( int argc, char* argv[] )
{
    if( argc <= 2 )
    {
        printf( "usage: %s ip_address port_number\n", basename( argv[0] ) );
        return 1;
    }
    const char* ip = argv[1];
    int port = atoi( argv[2] );

    int ret = 0;
    struct sockaddr_in address;
    bzero( &address, sizeof( address ) );
    address.sin_family = AF_INET;
    inet_pton( AF_INET, ip, &address.sin_addr );
    address.sin_port = htons( port );

    int listenfd = socket( PF_INET, SOCK_STREAM, 0 );
    assert( listenfd >= 0 );
```

```c
        ret = bind( listenfd, ( struct sockaddr* )&address, sizeof( address ) );
        assert( ret != -1 );

        ret = listen( listenfd, 5 );
        assert( ret != -1 );

        epoll_event events[ MAX_EVENT_NUMBER ];
        int epollfd = epoll_create( 5 );
        assert( epollfd != -1 );
        /* 注意，监听socket listenfd上是不能注册EPOLLONESHOT事件的，否则应用程序只能处理
一个客户连接！因为后续的客户连接请求将不再触发listenfd上的EPOLLIN事件 */
        addfd( epollfd, listenfd, false );

        while( 1 )
        {
            int ret = epoll_wait( epollfd, events, MAX_EVENT_NUMBER, -1 );
            if ( ret < 0 )
            {
                printf( "epoll failure\n" );
                break;
            }

            for ( int i = 0; i < ret; i++ )
            {
                int sockfd = events[i].data.fd;
                if ( sockfd == listenfd )
                {
                    struct sockaddr_in client_address;
                    socklen_t client_addrlength = sizeof( client_address );
                    int connfd = accept( listenfd, ( struct sockaddr* )&client_address,
                                        &client_addrlength );
                    /* 对每个非监听文件描述符都注册EPOLLONESHOT事件 */
                    addfd( epollfd, connfd, true );
                }
                else if ( events[i].events & EPOLLIN )
                {
                    pthread_t thread;
                    fds fds_for_new_worker;
                    fds_for_new_worker.epollfd = epollfd;
                    fds_for_new_worker.sockfd = sockfd;
                    /* 新启动一个工作线程为sockfd服务 */
                    pthread_create( &thread, NULL, worker, ( void* )
                                    &fds_for_new_worker );
                }
                else
                {
                    printf( "something else happened \n" );
                }
            }
        }

        close( listenfd );
        return 0;
    }
```

从工作线程函数 worker 来看，如果一个工作线程处理完某个 socket 上的一次请求（我们用休眠 5 s 来模拟这个过程）之后，又接收到该 socket 上新的客户请求，则该线程将继续为这个 socket 服务。并且因为该 socket 上注册了 EPOLLONESHOT 事件，其他线程没有机会接触这个 socket，如果工作线程等待 5 s 后仍然没收到该 socket 上的下一批客户数据，则它将放弃为该 socket 服务。同时，它调用 reset_oneshot 函数来重置该 socket 上的注册事件，这将使 epoll 有机会再次检测到该 socket 上的 EPOLLIN 事件，进而使得其他线程有机会为该 socket 服务。

由此看来，尽管一个 socket 在不同时间可能被不同的线程处理，但同一时刻肯定只有一个线程在为它服务。这就保证了连接的完整性，从而避免了很多可能的竞态条件。

9.4　三组 I/O 复用函数的比较

前面我们讨论了 select、poll 和 epoll 三组 I/O 复用系统调用，这 3 组系统调用都能同时监听多个文件描述符。它们将等待由 timeout 参数指定的超时时间，直到一个或者多个文件描述符上有事件发生时返回，返回值是就绪的文件描述符的数量。返回 0 表示没有事件发生。现在我们从事件集、最大支持文件描述符数、工作模式和具体实现等四个方面进一步比较它们的异同，以明确在实际应用中应该选择使用哪个（或哪些）。

这 3 组函数都通过某种结构体变量来告诉内核监听哪些文件描述符上的哪些事件，并使用该结构体类型的参数来获取内核处理的结果。select 的参数类型 fd_set 没有将文件描述符和事件绑定，它仅仅是一个文件描述符集合，因此 select 需要提供 3 个这种类型的参数来分别传入和输出可读、可写及异常等事件。这一方面使得 select 不能处理更多类型的事件，另一方面由于内核对 fd_set 集合的在线修改，应用程序下次调用 select 前不得不重置这 3 个 fd_set 集合。poll 的参数类型 pollfd 则多少"聪明"一些。它把文件描述符和事件都定义其中，任何事件都被统一处理，从而使得编程接口简洁得多。并且内核每次修改的是 pollfd 结构体的 revents 成员，而 events 成员保持不变，因此下次调用 poll 时应用程序无须重置 pollfd 类型的事件集参数。由于每次 select 和 poll 调用都返回整个用户注册的事件集合（其中包括就绪的和未就绪的），所以应用程序索引就绪文件描述符的时间复杂度为 O（n）。epoll 则采用与 select 和 poll 完全不同的方式来管理用户注册的事件。它在内核中维护一个事件表，并提供了一个独立的系统调用 epoll_ctl 来控制往其中添加、删除、修改事件。这样，每次 epoll_wait 调用都直接从该内核事件表中取得用户注册的事件，而无须反复从用户空间读入这些事件。epoll_wait 系统调用的 events 参数仅用来返回就绪的事件，这使得应用程序索引就绪文件描述符的时间复杂度达到 O（1）。

poll 和 epoll_wait 分别用 nfds 和 maxevents 参数指定最多监听多少个文件描述符和事件。这两个数值都能达到系统允许打开的最大文件描述符数目，即 65 535（cat/proc/sys/fs/file-max）。而 select 允许监听的最大文件描述符数量通常有限制。虽然用户可以修改这个限制，但这可能导致不可预期的后果。

select 和 poll 都只能工作在相对低效的 LT 模式，而 epoll 则可以工作在 ET 高效模式。并且 epoll 还支持 EPOLLONESHOT 事件。该事件能进一步减少可读、可写和异常等事件被触发的次数。

从实现原理上来说，select 和 poll 采用的都是轮询的方式，即每次调用都要扫描整个注册文件描述符集合，并将其中就绪的文件描述符返回给用户程序，因此它们检测就绪事件的算法的时间复杂度是 O（n）。epoll_wait 则不同，它采用的是回调的方式。内核检测到就绪的文件描述符时，将触发回调函数，回调函数就将该文件描述符上对应的事件插入内核就绪事件队列。内核最后在适当的时机将该就绪事件队列中的内容拷贝到用户空间。因此 epoll_wait 无须轮询整个文件描述符集合来检测哪些事件已经就绪，其算法时间复杂度是 O（1）。但是，当活动连接比较多的时候，epoll_wait 的效率未必比 select 和 poll 高，因为此时回调函数被触发得过于频繁。所以 epoll_wait 适用于连接数量多，但活动连接较少的情况。

最后，为了便于阅读，我们将这 3 组 I/O 复用系统调用的区别总结于表 9-2 中。

表 9-2　select、poll 和 epoll 的区别

系统调用	select	poll	epoll
事件集合	用户通过 3 个参数分别传入感兴趣的可读、可写及异常等事件，内核通过对这些参数的在线修改来反馈其中的就绪事件。这使得用户每次调用 select 都要重置这 3 个参数	统一处理所有事件类型，因此只需一个事件集参数。用户通过 pollfd.events 传入感兴趣的事件，内核通过修改 pollfd.revents 反馈其中就绪的事件	内核通过一个事件表直接管理用户感兴趣的所有事件。因此每次调用 epoll_wait 时，无须反复传入用户感兴趣的事件。epoll_wait 系统调用的参数 events 仅用来反馈就绪的事件
应用程序索引就绪文件描述符的时间复杂度	O(n)	O(n)	O(1)
最大支持文件描述符数	一般有最大值限制	65 535	65 535
工作模式	LT	LT	支持 ET 高效模式
内核实现和工作效率	采用轮询方式来检测就绪事件，算法时间复杂度为 O(n)	采用轮询方式来检测就绪事件，算法时间复杂度为 O(n)	采用回调方式来检测就绪事件，算法时间复杂度为 O(1)

9.5　I/O 复用的高级应用一：非阻塞 connect

connect 系统调用的 man 手册中有如下一段内容：

```
EINPROGRESS
    The socket is nonblocking and the connection cannot be completed immediately.
It is possible to select(2) or poll(2) for completion by selecting the socket
for writing. After select(2) indicates  writability, use getsockopt(2) to read
the SO_ERROR option at level SOL_SOCKET to determine whether connect() completed
successfully (SO_ERROR is zero) or unsuccessfully (SO_ERROR is one of the usual
error codes listed here, explaining the reason for the failure).
```

这段话描述了 connect 出错时的一种 errno 值：EINPROGRESS。这种错误发生在对非阻塞的 socket 调用 connect，而连接又没有立即建立时。根据 man 文档的解释，在这种情况下，我们可以调用 select、poll 等函数来监听这个连接失败的 socket 上的可写事件。当 select、poll 等函数返回后，再利用 getsockopt 来读取错误码并清除该 socket 上的错误。如果错误码是 0，表示连接成功建立，否则连接失败。

通过上面描述的非阻塞 connect 方式，我们就能同时发起多个连接并一起等待。下面看看非阻塞 connect 的一种实现[2]，如代码清单 9-5 所示。

代码清单 9-5　非阻塞 connect

```
#include <sys/types.h>
#include <sys/socket.h>
#include <netinet/in.h>
#include <arpa/inet.h>
#include <stdlib.h>
#include <assert.h>
#include <stdio.h>
#include <time.h>
#include <errno.h>
#include <fcntl.h>
#include <sys/ioctl.h>
#include <unistd.h>
#include <string.h>

#define BUFFER_SIZE 1023

int setnonblocking( int fd )
{
    int old_option = fcntl( fd, F_GETFL );
    int new_option = old_option | O_NONBLOCK;
    fcntl( fd, F_SETFL, new_option );
    return old_option;
}
/* 超时连接函数，参数分别是服务器 IP 地址、端口号和超时时间（毫秒）。函数成功时返回已经处于连接
状态的 socket，失败则返回-1 */
int unblock_connect( const char* ip, int port, int time )
{
    int ret = 0;
    struct sockaddr_in address;
    bzero( &address, sizeof( address ) );
    address.sin_family = AF_INET;
    inet_pton( AF_INET, ip, &address.sin_addr );
    address.sin_port = htons( port );

    int sockfd = socket( PF_INET, SOCK_STREAM, 0 );
    int fdopt = setnonblocking( sockfd );
    ret = connect( sockfd, ( struct sockaddr* )&address, sizeof( address ) );
    if ( ret == 0 )
    {
        /* 如果连接成功，则恢复 sockfd 的属性，并立即返回之 */
        printf( "connect with server immediately\n" );
        fcntl( sockfd, F_SETFL, fdopt );
```

```c
                return sockfd;
        }
        else if ( errno != EINPROGRESS )
        {
                /* 如果连接没有立即建立，那么只有当 errno 是 EINPROGRESS 时才表示连接还在进行，
否则出错返回 */
                printf( "unblock connect not support\n" );
                return -1;
        }

        fd_set readfds;
        fd_set writefds;
        struct timeval timeout;

        FD_ZERO( &readfds );
        FD_SET( sockfd, &writefds );

        timeout.tv_sec = time;
        timeout.tv_usec = 0;

        ret = select( sockfd + 1, NULL, &writefds, NULL, &timeout );
        if ( ret <= 0 )
        {
                /* select 超时或者出错，立即返回 */
                printf( "connection time out\n" );
                close( sockfd );
                return -1;
        }

        if ( ! FD_ISSET( sockfd, &writefds ) )
        {
                printf( "no events on sockfd found\n" );
                close( sockfd );
                return -1;
        }

        int error = 0;
        socklen_t length = sizeof( error );
        /* 调用 getsockopt 来获取并清除 sockfd 上的错误 */
        if( getsockopt( sockfd, SOL_SOCKET, SO_ERROR, &error, &length ) < 0 )
        {
                printf( "get socket option failed\n" );
                close( sockfd );
                return -1;
        }
        /* 错误号不为 0 表示连接出错 */
        if( error != 0 )
        {
                printf( "connection failed after select with the error: %d \n", error );
                close( sockfd );
                return -1;
        }
        /* 连接成功 */
```

```
            printf( "connection ready after select with the socket: %d \n", sockfd );
            fcntl( sockfd, F_SETFL, fdopt );
            return sockfd;
}

int main( int argc, char* argv[] )
{
    if( argc <= 2 )
    {
        printf( "usage: %s ip_address port_number\n", basename( argv[0] ) );
        return 1;
    }
    const char* ip = argv[1];
    int port = atoi( argv[2] );

    int sockfd = unblock_connect( ip, port, 10 );
    if ( sockfd < 0 )
    {
        return 1;
    }
    close( sockfd );
    return 0;
}
```

但遗憾的是，这种方法存在几处移植性问题。首先，非阻塞的 socket 可能导致 connect 始终失败。其次，select 对处于 EINPROGRESS 状态下的 socket 可能不起作用。最后，对于出错的 socket，getsockopt 在有些系统（比如 Linux）上返回 -1（正如代码清单 9-5 所期望的），而在有些系统（比如源自伯克利的 UNIX）上则返回 0。这些问题没有一个统一的解决方法，感兴趣的读者可自行参考相关文献。

9.6 I/O 复用的高级应用二：聊天室程序

像 ssh 这样的登录服务通常要同时处理网络连接和用户输入，这也可以使用 I/O 复用来实现。本节我们以 poll 为例实现一个简单的聊天室程序，以阐述如何使用 I/O 复用技术来同时处理网络连接和用户输入。该聊天室程序能让所有用户同时在线群聊，它分为客户端和服务器两个部分。其中客户端程序有两个功能：一是从标准输入终端读入用户数据，并将用户数据发送至服务器；二是往标准输出终端打印服务器发送给它的数据。服务器的功能是接收客户数据，并把客户数据发送给每一个登录到该服务器上的客户端（数据发送者除外）。下面我们依次给出客户端程序和服务器程序的代码。

9.6.1 客户端

客户端程序使用 poll 同时监听用户输入和网络连接，并利用 splice 函数将用户输入内容直接定向到网络连接上以发送之，从而实现数据零拷贝，提高了程序执行效率。客户端程序如代码清单 9-6 所示。

代码清单 9-6　聊天室客户端程序

```c
#define _GNU_SOURCE 1
#include <sys/types.h>
#include <sys/socket.h>
#include <netinet/in.h>
#include <arpa/inet.h>
#include <assert.h>
#include <stdio.h>
#include <unistd.h>
#include <string.h>
#include <stdlib.h>
#include <poll.h>
#include <fcntl.h>

#define BUFFER_SIZE 64

int main( int argc, char* argv[] )
{
    if( argc <= 2 )
    {
        printf( "usage: %s ip_address port_number\n", basename( argv[0] ) );
        return 1;
    }
    const char* ip = argv[1];
    int port = atoi( argv[2] );

    struct sockaddr_in server_address;
    bzero( &server_address, sizeof( server_address ) );
    server_address.sin_family = AF_INET;
    inet_pton( AF_INET, ip, &server_address.sin_addr );
    server_address.sin_port = htons( port );

    int sockfd = socket( PF_INET, SOCK_STREAM, 0 );
    assert( sockfd >= 0 );
    if ( connect( sockfd, ( struct sockaddr* )&server_address, sizeof
        ( server_address ) ) < 0 )
    {
        printf( "connection failed\n" );
        close( sockfd );
        return 1;
    }

    pollfd fds[2];
    /* 注册文件描述符 0（标准输入）和文件描述符 sockfd 上的可读事件 */
    fds[0].fd = 0;
    fds[0].events = POLLIN;
    fds[0].revents = 0;
    fds[1].fd = sockfd;
    fds[1].events = POLLIN | POLLRDHUP;
    fds[1].revents = 0;
```

```c
    char read_buf[BUFFER_SIZE];
    int pipefd[2];
    int ret = pipe( pipefd );
    assert( ret != -1 );

    while( 1 )
    {
        ret = poll( fds, 2, -1 );
        if( ret < 0 )
        {
            printf( "poll failure\n" );
            break;
        }

        if( fds[1].revents & POLLRDHUP )
        {
            printf( "server close the connection\n" );
            break;
        }
        else if( fds[1].revents & POLLIN )
        {
            memset( read_buf, '\0', BUFFER_SIZE );
            recv( fds[1].fd, read_buf, BUFFER_SIZE-1, 0 );
            printf( "%s\n", read_buf );
        }

        if( fds[0].revents & POLLIN )
        {
            /* 使用splice将用户输入的数据直接写到sockfd上（零拷贝）*/
            ret = splice( 0, NULL, pipefd[1], NULL, 32768,
                          SPLICE_F_MORE | SPLICE_F_MOVE );
            ret = splice( pipefd[0], NULL, sockfd, NULL, 32768,
                          SPLICE_F_MORE | SPLICE_F_MOVE );
        }
    }

    close( sockfd );
    return 0;
}
```

9.6.2 服务器

服务器程序使用poll同时管理监听socket和连接socket，并且使用牺牲空间换取时间的策略来提高服务器性能，如代码清单9-7所示。

代码清单9-7 聊天室服务器程序

```c
#define _GNU_SOURCE 1
#include <sys/types.h>
#include <sys/socket.h>
#include <netinet/in.h>
```

```c
#include <arpa/inet.h>
#include <assert.h>
#include <stdio.h>
#include <unistd.h>
#include <errno.h>
#include <string.h>
#include <fcntl.h>
#include <stdlib.h>
#include <poll.h>

#define USER_LIMIT 5       /* 最大用户数量 */
#define BUFFER_SIZE 64     /* 读缓冲区的大小 */
#define FD_LIMIT 65535     /* 文件描述符数量限制 */
/* 客户数据：客户端socket地址、待写到客户端的数据的位置、从客户端读入的数据 */
struct client_data
{
    sockaddr_in address;
    char* write_buf;
    char buf[ BUFFER_SIZE ];
};

int setnonblocking( int fd )
{
    int old_option = fcntl( fd, F_GETFL );
    int new_option = old_option | O_NONBLOCK;
    fcntl( fd, F_SETFL, new_option );
    return old_option;
}

int main( int argc, char* argv[] )
{
    if( argc <= 2 )
    {
        printf( "usage: %s ip_address port_number\n", basename( argv[0] ) );
        return 1;
    }
    const char* ip = argv[1];
    int port = atoi( argv[2] );

    int ret = 0;
    struct sockaddr_in address;
    bzero( &address, sizeof( address ) );
    address.sin_family = AF_INET;
    inet_pton( AF_INET, ip, &address.sin_addr );
    address.sin_port = htons( port );

    int listenfd = socket( PF_INET, SOCK_STREAM, 0 );
    assert( listenfd >= 0 );

    ret = bind( listenfd, ( struct sockaddr* )&address, sizeof( address ) );
    assert( ret != -1 );

    ret = listen( listenfd, 5 );
```

```
        assert( ret != -1 );

        /* 创建 users 数组，分配 FD_LIMIT 个 client_data 对象。可以预期：每个可能的 socket 连接
都可以获得一个这样的对象，并且 socket 的值可以直接用来索引（作为数组的下标）socket 连接对应的 client_
data 对象，这是将 socket 和客户数据关联的简单而高效的方式    */
        client_data* users = new client_data[FD_LIMIT];
        /* 尽管我们分配了足够多的 client_data 对象，但为了提高 poll 的性能，仍然有必要限制用户的数量 */
        pollfd fds[USER_LIMIT+1];
        int user_counter = 0;
        for( int i = 1; i <= USER_LIMIT; ++i )
        {
            fds[i].fd = -1;
            fds[i].events = 0;
        }
        fds[0].fd = listenfd;
        fds[0].events = POLLIN | POLLERR;
        fds[0].revents = 0;

        while( 1 )
        {
            ret = poll( fds, user_counter+1, -1 );
            if ( ret < 0 )
            {
                printf( "poll failure\n" );
                break;
            }

            for( int i = 0; i < user_counter+1; ++i )
            {
                if( ( fds[i].fd == listenfd ) && ( fds[i].revents & POLLIN ) )
                {
                    struct sockaddr_in client_address;
                    socklen_t client_addrlength = sizeof( client_address );
                    int connfd = accept( listenfd, ( struct sockaddr* )
                                            &client_address, &client_addrlength );
                    if ( connfd < 0 )
                    {
                        printf( "errno is: %d\n", errno );
                        continue;
                    }
                    /* 如果请求太多，则关闭新到的连接 */
                    if( user_counter >= USER_LIMIT )
                    {
                        const char* info = "too many users\n";
                        printf( "%s", info );
                        send( connfd, info, strlen( info ), 0 );
                        close( connfd );
                        continue;
                    }
                    /* 对于新的连接，同时修改 fds 和 users 数组。前文已经提到，users[connfd]
对应于新连接文件描述符 connfd 的客户数据 */
                    user_counter++;
                    users[connfd].address = client_address;
```

```c
            setnonblocking( connfd );
            fds[user_counter].fd = connfd;
            fds[user_counter].events = POLLIN | POLLRDHUP | POLLERR;
            fds[user_counter].revents = 0;
            printf( "comes a new user, now have %d users\n", user_counter );
        }
        else if( fds[i].revents & POLLERR )
        {
            printf( "get an error from %d\n", fds[i].fd );
            char errors[ 100 ];
            memset( errors, '\0', 100 );
            socklen_t length = sizeof( errors );
            if( getsockopt( fds[i].fd, SOL_SOCKET, SO_ERROR, &errors,
                &length ) < 0 )
            {
                printf( "get socket option failed\n" );
            }
            continue;
        }
        else if( fds[i].revents & POLLRDHUP )
        {
            /* 如果客户端关闭连接，则服务器也关闭对应的连接，并将用户总数减1 */
            users[fds[i].fd] = users[fds[user_counter].fd];
            close( fds[i].fd );
            fds[i] = fds[user_counter];
            i--;
            user_counter--;
            printf( "a client left\n" );
        }
        else if( fds[i].revents & POLLIN )
        {
            int connfd = fds[i].fd;
            memset( users[connfd].buf, '\0', BUFFER_SIZE );
            ret = recv( connfd, users[connfd].buf, BUFFER_SIZE-1, 0 );
            printf( "get %d bytes of client data %s from %d\n", ret,
                    users[connfd].buf, connfd );
            if( ret < 0 )
            {
                /* 如果读操作出错，则关闭连接 */
                if( errno != EAGAIN )
                {
                    close( connfd );
                    users[fds[i].fd] = users[fds[user_counter].fd];
                    fds[i] = fds[user_counter];
                    i--;
                    user_counter--;
                }
            }
            else if( ret == 0 )
            {
            }
            else
            {
```

```
                                    /* 如果接收到客户数据，则通知其他socket连接准备写数据 */
                                    for( int j = 1; j <= user_counter; ++j )
                                    {
                                        if( fds[j].fd == connfd )
                                        {
                                            continue;
                                        }

                                        fds[j].events |= ~POLLIN;
                                        fds[j].events |= POLLOUT;
                                        users[fds[j].fd].write_buf = users[connfd].buf;
                                    }
                                }
                            }
                            else if( fds[i].revents & POLLOUT )
                            {
                                int connfd = fds[i].fd;
                                if( ! users[connfd].write_buf )
                                {
                                    continue;
                                }
                                ret = send( connfd, users[connfd].write_buf,
                                            strlen( users[connfd].write_buf ), 0 );
                                users[connfd].write_buf = NULL;
                                /* 写完数据后需要重新注册fds[i]上的可读事件 */
                                fds[i].events |= ~POLLOUT;
                                fds[i].events |= POLLIN;
                            }
                        }
                    }

                    delete [] users;
                    close( listenfd );
                    return 0;
                }
```

9.7 I/O 复用的高级应用三：同时处理 TCP 和 UDP 服务

至此，我们讨论过的服务器程序都只监听一个端口。在实际应用中，有不少服务器程序能同时监听多个端口，比如超级服务 inetd 和 android 的调试服务 adbd。

从 bind 系统调用的参数来看，一个 socket 只能与一个 socket 地址绑定，即一个 socket 只能用来监听一个端口。因此，服务器如果要同时监听多个端口，就必须创建多个 socket，并将它们分别绑定到各个端口上。这样一来，服务器程序就需要同时管理多个监听 socket，I/O 复用技术就有了用武之地。另外，即使是同一个端口，如果服务器要同时处理该端口上的 TCP 和 UDP 请求，则也需要创建两个不同的 socket：一个是流 socket，另一个是数据报 socket，并将它们都绑定到该端口上。比如代码清单 9-8 所示的回射服务器就能同时处理一个端口上的 TCP 和 UDP 请求。

代码清单 9-8 同时处理 TCP 请求和 UDP 请求的回射服务器

```c
#include <sys/types.h>
#include <sys/socket.h>
#include <netinet/in.h>
#include <arpa/inet.h>
#include <assert.h>
#include <stdio.h>
#include <unistd.h>
#include <errno.h>
#include <string.h>
#include <fcntl.h>
#include <stdlib.h>
#include <sys/epoll.h>
#include <pthread.h>

#define MAX_EVENT_NUMBER 1024
#define TCP_BUFFER_SIZE 512
#define UDP_BUFFER_SIZE 1024

int setnonblocking( int fd )
{
    int old_option = fcntl( fd, F_GETFL );
    int new_option = old_option | O_NONBLOCK;
    fcntl( fd, F_SETFL, new_option );
    return old_option;
}

void addfd( int epollfd, int fd )
{
    epoll_event event;
    event.data.fd = fd;
    event.events = EPOLLIN | EPOLLET;
    epoll_ctl( epollfd, EPOLL_CTL_ADD, fd, &event );
    setnonblocking( fd );
}

int main( int argc, char* argv[] )
{
    if( argc <= 2 )
    {
        printf( "usage: %s ip_address port_number\n", basename( argv[0] ) );
        return 1;
    }
    const char* ip = argv[1];
    int port = atoi( argv[2] );

    int ret = 0;
    struct sockaddr_in address;
    bzero( &address, sizeof( address ) );
    address.sin_family = AF_INET;
    inet_pton( AF_INET, ip, &address.sin_addr );
    address.sin_port = htons( port );
```

```c
/* 创建TCP socket，并将其绑定到端口port上 */
int listenfd = socket( PF_INET, SOCK_STREAM, 0 );
assert( listenfd >= 0 );

ret = bind( listenfd, ( struct sockaddr* )&address, sizeof( address ) );
assert( ret != -1 );

ret = listen( listenfd, 5 );
assert( ret != -1 );

/* 创建UDP socket，并将其绑定到端口port上 */
bzero( &address, sizeof( address ) );
address.sin_family = AF_INET;
inet_pton( AF_INET, ip, &address.sin_addr );
address.sin_port = htons( port );
int udpfd = socket( PF_INET, SOCK_DGRAM, 0 );
assert( udpfd >= 0 );

ret = bind( udpfd, ( struct sockaddr* )&address, sizeof( address ) );
assert( ret != -1 );

epoll_event events[ MAX_EVENT_NUMBER ];
int epollfd = epoll_create( 5 );
assert( epollfd != -1 );
/* 注册TCP socket和UDP socket上的可读事件 */
addfd( epollfd, listenfd );
addfd( epollfd, udpfd );

while( 1 )
{
    int number = epoll_wait( epollfd, events, MAX_EVENT_NUMBER, -1 );
    if ( number < 0 )
    {
        printf( "epoll failure\n" );
        break;
    }

    for ( int i = 0; i < number; i++ )
    {
        int sockfd = events[i].data.fd;
        if ( sockfd == listenfd )
        {
            struct sockaddr_in client_address;
            socklen_t client_addrlength = sizeof( client_address );
            int connfd = accept( listenfd, ( struct sockaddr* )
                                 &client_address,&client_addrlength );
            addfd( epollfd, connfd );
        }
        else if ( sockfd == udpfd )
        {
            char buf[ UDP_BUFFER_SIZE ];
```

```c
                    memset( buf, '\0', UDP_BUFFER_SIZE );
                    struct sockaddr_in client_address;
                    socklen_t client_addrlength = sizeof( client_address );
                    ret = recvfrom( udpfd, buf, UDP_BUFFER_SIZE-1, 0,
                                    ( struct sockaddr* )&client_address, &client_addrlength );
                    if( ret > 0 )
                    {
                        sendto( udpfd, buf, UDP_BUFFER_SIZE-1, 0,
                                ( struct sockaddr* )&client_address, client_addrlength );
                    }
                }
                else if ( events[i].events & EPOLLIN )
                {
                    char buf[ TCP_BUFFER_SIZE ];
                    while( 1 )
                    {
                        memset( buf, '\0', TCP_BUFFER_SIZE );
                        ret = recv( sockfd, buf, TCP_BUFFER_SIZE-1, 0 );
                        if( ret < 0 )
                        {
                            if( ( errno == EAGAIN ) || ( errno == EWOULDBLOCK ) )
                            {
                                break;
                            }
                            close( sockfd );
                            break;
                        }
                        else if( ret == 0 )
                        {
                            close( sockfd );
                        }
                        else
                        {
                            send( sockfd, buf, ret, 0 );
                        }
                    }
                }
                else
                {
                    printf( "something else happened \n" );
                }
            }
        }
        close( listenfd );
        return 0;
    }
```

9.8 超级服务 xinetd

Linux 因特网服务 inetd 是超级服务。它同时管理着多个子服务，即监听多个端口。现在 Linux 系统上使用的 inetd 服务程序通常是其升级版本 xinetd。xinetd 程序的原理与 inetd 相同，但增加了一些控制选项，并提高了安全性。下面我们从配置文件和工作流程两个方面对 xinetd 进行介绍。

9.8.1 xinetd 配置文件

xinetd 采用 /etc/xinetd.conf 主配置文件和 /etc/xinetd.d 目录下的子配置文件来管理所有服务。主配置文件包含的是通用选项，这些选项将被所有子配置文件继承。不过子配置文件可以覆盖这些选项。每一个子配置文件用于设置一个子服务的参数。比如，telnet 子服务的配置文件 /etc/xinetd.d/telnet 的典型内容如下：

```
 1 # default: on
 2 # description: The telnet server serves telnet sessions; it uses \
 3 # unencrypted username/password pairs for authentication.
 4 service telnet
 5 {
 6         flags               = REUSE
 7         socket_type         = stream
 8         wait                = no
 9         user                = root
10         server              = /usr/sbin/in.telnetd
11         log_on_failure      += USERID
12         disable             = no
13 }
```

/etc/xinetd.d/telnet 文件中的每一项的含义如表 9-3 所示。

表 9-3 /etc/xinetd.d/telnet 文件的项目及其含义

项 目	含 义
service	服务名
flags	设置连接的标志。REUSE 表示复用 telnet 连接的 socket。该标志已经过时，每个连接都默认启用 REUSE 标志
socket_type	服务类型
wait	服务采用单线程方式（wait=yes）还是多线程方式（wait=no）。单线程方式表示 xinetd 只 accept 第一次连接，此后将由子服务进程来 accept 新连接。多线程方式表示 xinetd 一直负责 accept 连接，而子服务进程仅处理连接 socket 上的数据读写
user	子服务进程将以 user 指定的用户身份运行
server	子服务程序的完整路径
log_on_failure	定义当服务不能启动时输出日志的参数
disable	是否启动该子服务

xinetd 配置文件的内容相当丰富，远不止上面这些。读者可参考其 man 文档来获得更多

信息。

9.8.2 xinetd 工作流程

xinetd 管理的子服务中有的是标准服务，比如时间日期服务 daytime、回射服务 echo 和丢弃服务 discard。xinetd 服务器在内部直接处理这些服务。还有的子服务则需要调用外部的服务器程序来处理。xinetd 通过调用 fork 和 exec 函数来加载运行这些服务器程序。比如 telnet、ftp 服务都是这种类型的子服务。我们仍以 telnet 服务为例来探讨 xinetd 的工作流程。

首先，查看 xinetd 守护进程的 PID（下面的操作都在测试机器 Kongming20 上执行）：

```
$ cat /var/run/xinetd.pid
9543
```

然后开启两个终端并分别使用如下命令 telnet 到本机：

```
$ telnet 192.168.1.109
```

接下来使用 ps 命令查看与进程 9543 相关的进程：

```
$ ps -eo pid,ppid,pgid,sid,comm | grep 9543
  PID  PPID  PGID  SESS  COMMAND
 9543     1  9543  9543  xinetd
 9810  9543  9810  9810  in.telnetd
10355  9543 10355 10355  in.telnetd
```

由此可见，我们每次使用 telnet 登录到 xinetd 服务，它都创建一个子进程来为该 telnet 客户服务。子进程运行 in.telnetd 程序，这是在 /etc/xinetd.d/telnet 配置文件中定义的。每个子进程都处于自己独立的进程组和会话中。我们可以使用 lsof 命令（见第 17 章）进一步查看子进程都打开了哪些文件描述符：

```
$ sudo lsof -p 9810    # 以子进程 9810 为例
in.telnet 9810 root 0u IPv4 48189 0t0 TCP Kongming20:telnet->Kongming20:38763 (ESTABLISHED)
in.telnet 9810 root 1u IPv4 48189 0t0 TCP Kongming20:telnet->Kongming20.:38763 (ESTABLISHED)
in.telnet 9810 root 2u IPv4 48189 0t0 TCP Kongming20:telnet->Kongming20:38763 (ESTABLISHED)
```

这里省略了一些无关的输出。通过 lsof 的输出我们知道，子进程 9810 关闭了其标准输入、标准输出和标准错误，而将 socket 文件描述符 dup 到它们上面。因此，telnet 服务器程序将网络连接上的输入当作标准输入，并把标准输出定向到同一个网络连接上。

再进一步，对 xinetd 进程使用 lsof 命令：

```
$ sudo lsof -p 9543
xinetd 9543 root 5u IPv6 47265 0t0 TCP *:telnet (LISTEN)
```

这一条输出说明 xinetd 将一直监听 telnet 连接请求，因此 in.telnetd 子进程只处理连接 socket，而不处理监听 socket。这是子配置文件中的 wait 参数所定义的行为。

对于内部标准服务，xinetd 的处理流程也可以用上述方法来分析，这里不再赘述。

综合上面讨论的，我们将 xinetd 的工作流程（wait 选项的值是 no 的情况）绘制为图 9-1 所示的形式。

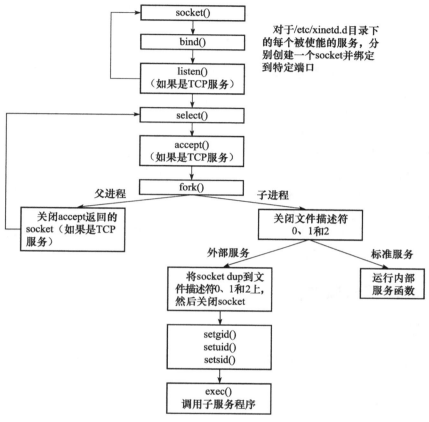

图 9-1　xinetd 的工作流程

第 10 章　信　　号

信号是由用户、系统或者进程发送给目标进程的信息，以通知目标进程某个状态的改变或系统异常。Linux 信号可由如下条件产生：

- 对于前台进程，用户可以通过输入特殊的终端字符来给它发送信号。比如输入 Ctrl+C 通常会给进程发送一个中断信号。
- 系统异常。比如浮点异常和非法内存段访问。
- 系统状态变化。比如 alarm 定时器到期将引起 SIGALRM 信号。
- 运行 kill 命令或调用 kill 函数。

服务器程序必须处理（或至少忽略）一些常见的信号，以免异常终止。

本章先讨论如何在程序中发送信号和处理信号，然后讨论 Linux 支持的信号种类，并详细探讨其中和网络编程密切相关的几个。

10.1　Linux 信号概述

10.1.1　发送信号

Linux 下，一个进程给其他进程发送信号的 API 是 kill 函数。其定义如下：

```
#include <sys/types.h>
#include <signal.h>
int kill( pid_t pid, int sig );
```

该函数把信号 sig 发送给目标进程；目标进程由 pid 参数指定，其可能的取值及含义如表 10-1 所示。

表 10-1　kill 函数的 pid 参数及其含义

pid 参数	含　　义
pid > 0	信号发送给 PID 为 pid 的进程
pid = 0	信号发送给本进程组内的其他进程
pid = -1	信号发送给除 init 进程外的所有进程，但发送者需要拥有对目标进程发送信号的权限
pid < -1	信号发送给组 ID 为 -pid 的进程组中的所有成员

Linux 定义的信号值都大于 0，如果 sig 取值为 0，则 kill 函数不发送任何信号。但将 sig 设置为 0 可以用来检测目标进程或进程组是否存在，因为检查工作总是在信号发送之前就执行。不过这种检测方式是不可靠的。一方面由于进程 PID 的回绕，可能导致被检测的 PID 不是我们期望的进程的 PID；另一方面，这种检测方法不是原子操作。

该函数成功时返回 0，失败则返回 -1 并设置 errno。几种可能的 errno 如表 10-2 所示。

表 10-2　kill 出错的情况

errno	含　义
EINVAL	无效的信号
EPERM	该进程没有权限发送信号给任何一个目标进程
ESRCH	目标进程或进程组不存在

10.1.2　信号处理方式

目标进程在收到信号时，需要定义一个接收函数来处理之。信号处理函数的原型如下：

```
#include <signal.h>
typedef void (*__sighandler_t) ( int );
```

信号处理函数只带有一个整型参数，该参数用来指示信号类型。信号处理函数应该是可重入的，否则很容易引发一些竞态条件。所以在信号处理函数中严禁调用一些不安全的函数。

除了用户自定义信号处理函数外，bits/signum.h 头文件中还定义了信号的两种其他处理方式——SIG_IGN 和 SIG_DEL：

```
#include <bits/signum.h>
#define SIG_DFL ((__sighandler_t) 0)
#define SIG_IGN ((__sighandler_t) 1)
```

SIG_IGN 表示忽略目标信号，SIG_DFL 表示使用信号的默认处理方式。信号的默认处理方式有如下几种：结束进程（Term）、忽略信号（Ign）、结束进程并生成核心转储文件（Core）、暂停进程（Stop），以及继续进程（Cont）。

10.1.3　Linux 信号

Linux 的可用信号都定义在 bits/signum.h 头文件中，其中包括标准信号和 POSIX 实时信号。本书仅讨论标准信号，如表 10-3 所示。

表 10-3　Linux 标准信号

信　号	起　源	默认行为	含　义
SIGHUP	POSIX	Term	控制终端挂起
SIGINT	ANSI	Term	键盘输入以中断进程（Ctrl+C）
SIGQUIT	POSIX	Core	键盘输入使进程退出（Ctrl+\）
SIGILL	ANSI	Core	非法指令
SIGTRAP	POSIX	Core	断点陷阱，用于调试
SIGABRT	ANSI	Core	进程调用 abort 函数时生成该信号
SIGIOT	4.2 BSD	Core	和 SIGABRT 相同
SIGBUS	4.2 BSD	Core	总线错误，错误内存访问

（续）

信号	起源	默认行为	含义
SIGFPE	ANSI	Core	浮点异常
SIGKILL	POSIX	Term	终止一个进程。该信号不可被捕获或者忽略
SIGUSR1	POSIX	Term	用户自定义信号之一
SIGSEGV	ANSI	Core	非法内存段引用
SIGUSR2	POSIX	Term	用户自定义信号之二
SIGPIPE	POSIX	Term	往读端被关闭的管道或者 socket 连接中写数据
SIGALRM	POSIX	Term	由 alarm 或 setitimer 设置的实时闹钟超时引起
SIGTERM	ANSI	Term	终止进程。kill 命令默认发送的信号就是 SIGTERM
SIGSTKFLT	Linux	Term	早期的 Linux 使用该信号来报告数学协处理器栈错误
SIGCLD	System V	Ign	和 SIGCHLD 相同
SIGCHLD	POSIX	Ign	子进程状态发生变化（退出或者暂停）
SIGCONT	POSIX	Cont	启动被暂停的进程（Ctrl+Q）。如果目标进程未处于暂停状态，则信号被忽略
SIGSTOP	POSIX	Stop	暂停进程（Ctrl+S）。该信号不可被捕获或者忽略
SIGTSTP	POSIX	Stop	挂起进程（Ctrl+Z）
SIGTTIN	POSIX	Stop	后台进程试图从终端读取输入
SIGTTOU	POSIX	Stop	后台进程试图往终端输出内容
SIGURG	4.2 BSD	Ign	socket 连接上接收到紧急数据
SIGXCPU	4.2 BSD	Core	进程的 CPU 使用时间超过其软限制
SIGXFSZ	4.2 BSD	Core	文件尺寸超过其软限制
SIGVTALRM	4.2 BSD	Term	与 SIGALRM 类似，不过它只统计本进程用户空间代码的运行时间
SIGPROF	4.2 BSD	Term	与 SIGALRM 类似，它同时统计用户代码和内核的运行时间
SIGWINCH	4.3 BSD	Ign	终端窗口大小发生变化
SIGPOLL	System V	Term	与 SIGIO 类似
SIGIO	4.2 BSD	Term	IO 就绪，比如 socket 上发生可读、可写事件。因为 TCP 服务器可触发 SIGIO 的条件很多，故而 SIGIO 无法在 TCP 服务器中使用。SIGIO 信号可用在 UDP 服务器中，不过也非常少见
SIGPWR	System V	Term	对于使用 UPS（Uninterruptable Power Supply）的系统，当电池电量过低时，SIGPWR 信号将被触发
SIGSYS	POSIX	Core	非法系统调用
SIGUNUSED		Core	保留，通常和 SIGSYS 效果相同

我们并不需要在代码中处理所有这些信号。本章后面将重点介绍与网络编程关系紧密的几个信号：SIGHUP、SIGPIPE 和 SIGURG。后续章节还将介绍 SIGALRM、SIGCHLD 等信号的使用。

10.1.4 中断系统调用

如果程序在执行处于阻塞状态的系统调用时接收到信号,并且我们为该信号设置了信号处理函数,则默认情况下系统调用将被中断,并且 errno 被设置为 EINTR。我们可以使用 sigaction 函数(见后文)为信号设置 SA_RESTART 标志以自动重启被该信号中断的系统调用。

对于默认行为是暂停进程的信号(比如 SIGSTOP、SIGTTIN),如果我们没有为它们设置信号处理函数,则它们也可以中断某些系统调用(比如 connect、epoll_wait)。POSIX 没有规定这种行为,这是 Linux 独有的。

10.2 信号函数

10.2.1 signal 系统调用

要为一个信号设置处理函数,可以使用下面的 signal 系统调用:

```
#include <signal.h>
_sighandler_t signal ( int sig, _sighandler_t _handler )
```

sig 参数指出要捕获的信号类型。_handler 参数是 _sighandler_t 类型的函数指针,用于指定信号 sig 的处理函数。

signal 函数成功时返回一个函数指针,该函数指针的类型也是 _sighandler_t。这个返回值是前一次调用 signal 函数时传入的函数指针,或者是信号 sig 对应的默认处理函数指针 SIG_DEF(如果是第一次调用 signal 的话)。

signal 系统调用出错时返回 SIG_ERR,并设置 errno。

10.2.2 sigaction 系统调用

设置信号处理函数的更健壮的接口是如下的系统调用:

```
#include <signal.h>
int sigaction( int sig, const struct sigaction* act, struct sigaction* oact );
```

sig 参数指出要捕获的信号类型,act 参数指定新的信号处理方式,oact 参数则输出信号先前的处理方式(如果不为 NULL 的话)。act 和 oact 都是 sigaction 结构体类型的指针,sigaction 结构体描述了信号处理的细节,其定义如下:

```
struct sigaction
{
#ifdef __USE_POSIX199309
    union
    {
        _sighandler_t sa_handler;
        void (*sa_sigaction) ( int, siginfo_t*, void* );
    }
```

```
        __sigaction_handler;
# define sa_handler     __sigaction_handler.sa_handler
# define sa_sigaction   __sigaction_handler.sa_sigaction
#else
        __sighandler_t sa_handler;
#endif

        __sigset_t sa_mask;
        int sa_flags;
        void (*sa_restorer) (void);
};
```

该结构体中的 sa_hander 成员指定信号处理函数。sa_mask 成员设置进程的信号掩码（确切地说是在进程原有信号掩码的基础上增加信号掩码），以指定哪些信号不能发送给本进程。sa_mask 是信号集 sigset_t（__sigset_t 的同义词）类型，该类型指定一组信号。关于信号集，我们将在后面介绍。sa_flags 成员用于设置程序收到信号时的行为，其可选值如表 10-4 所示。

表 10-4 sa_flags 选项

选 项	含 义
SA_NOCLDSTOP	如果 sigaction 的 sig 参数是 SIGCHLD，则设置该标志表示子进程暂停时不生成 SIGCHLD 信号
SA_NOCLDWAIT	如果 sigaction 的 sig 参数是 SIGCHLD，则设置该标志表示子进程结束时不产生僵尸进程
SA_SIGINFO	使用 sa_sigaction 作为信号处理函数（而不是默认的 sa_handler），它给进程提供更多相关的信息
SA_ONSTACK	调用由 sigaltstack 函数设置的可选信号栈上的信号处理函数
SA_RESTART	重新调用被该信号终止的系统调用
SA_NODEFER	当接收到信号并进入其信号处理函数时，不屏蔽该信号。默认情况下，我们期望进程在处理一个信号时不再接收到同种信号，否则将引起一些竞态条件
SA_RESETHAND	信号处理函数执行完以后，恢复信号的默认处理方式
SA_INTERRUPT	中断系统调用
SA_NOMASK	同 SA_NODEFER
SA_ONESHOT	同 SA_RESETHAND
SA_STACK	同 SA_ONSTACK

sa_restorer 成员已经过时，最好不要使用。sigaction 成功时返回 0，失败则返回 -1 并设置 errno。

10.3 信号集

10.3.1 信号集函数

前文提到，Linux 使用数据结构 sigset_t 来表示一组信号。其定义如下：

```
#include <bits/sigset.h>
```

```
# define _SIGSET_NWORDS (1024 / (8 * sizeof (unsigned long int)))
typedef struct
{
    unsigned long int __val[_SIGSET_NWORDS];
} __sigset_t;
```

由该定义可见，sigset_t 实际上是一个长整型数组，数组的每个元素的每个位表示一个信号。这种定义方式和文件描述符集 fd_set 类似。Linux 提供了如下一组函数来设置、修改、删除和查询信号集：

```
#include <signal.h>
int sigemptyset (sigset_t* _set)                          /* 清空信号集 */
int sigfillset (sigset_t* _set)                           /* 在信号集中设置所有信号 */
int sigaddset (sigset_t* _set, int _signo)                /* 将信号 _signo 添加至信号集中 */
int sigdelset (sigset_t* _set, int _signo)                /* 将信号 _signo 从信号集中删除 */
int sigismember (_const sigset_t* _set, int _signo)       /* 测试 _signo 是否在信号集中 */
```

10.3.2 进程信号掩码

前文提到，我们可以利用 sigaction 结构体的 sa_mask 成员来设置进程的信号掩码。此外，如下函数也可以用于设置或查看进程的信号掩码：

```
#include <signal.h>
int sigprocmask( int _how, _const sigset_t* _set, sigset_t* _oset );
```

_set 参数指定新的信号掩码，_oset 参数则输出原来的信号掩码（如果不为 NULL 的话）。如果 _set 参数不为 NULL，则 _how 参数指定设置进程信号掩码的方式，其可选值如表 10-5 所示。

表 10-5　_how 参数

_how 参数	含　　义
SIG_BLOCK	新的进程信号掩码是其当前值和 _set 指定信号集的并集
SIG_UNBLOCK	新的进程信号掩码是其当前值和～_set 信号集的交集，因此 _set 指定的信号集将不被屏蔽
SIG_SETMASK	直接将进程信号掩码设置为 _set

如果 _set 为 NULL，则进程信号掩码不变，此时我们仍然可以利用 _oset 参数来获得进程当前的信号掩码。

sigprocmask 成功时返回 0，失败则返回 –1 并设置 errno。

10.3.3 被挂起的信号

设置进程信号掩码后，被屏蔽的信号将不能被进程接收。如果给进程发送一个被屏蔽的信号，则操作系统将该信号设置为进程的一个被挂起的信号。如果我们取消对被挂起信号的屏蔽，则它能立即被进程接收到。如下函数可以获得进程当前被挂起的信号集：

```
#include <signal.h>
int sigpending( sigset_t* set );
```

set 参数用于保存被挂起的信号集。显然，进程即使多次接收到同一个被挂起的信号，sigpending 函数也只能反映一次。并且，当我们再次使用 sigprocmask 使能该挂起的信号时，该信号的处理函数也只被触发一次。

sigpending 成功时返回 0，失败时返回 -1 并设置 errno。

关于信号和信号集，Linux 还提供了很多有用的 API，这里就不一一介绍了。需要提醒读者的是，要始终清楚地知道进程在每个运行时刻的信号掩码，以及如何适当地处理捕获到的信号。在多进程、多线程环境中，我们要以进程、线程为单位来处理信号和信号掩码。我们不能设想新创建的进程、线程具有和父进程、主线程完全相同的信号特征。比如，fork 调用产生的子进程将继承父进程的信号掩码，但具有一个空的挂起信号集。

10.4 统一事件源

信号是一种异步事件：信号处理函数和程序的主循环是两条不同的执行路线。很显然，信号处理函数需要尽可能快地执行完毕，以确保该信号不被屏蔽（前面提到过，为了避免一些竞态条件，信号在处理期间，系统不会再次触发它）太久。一种典型的解决方案是：把信号的主要处理逻辑放到程序的主循环中，当信号处理函数被触发时，它只是简单地通知主循环程序接收到信号，并把信号值传递给主循环，主循环再根据接收到的信号值执行目标信号对应的逻辑代码。信号处理函数通常使用管道来将信号"传递"给主循环：信号处理函数往管道的写端写入信号值，主循环则从管道的读端读出该信号值。那么主循环怎么知道管道上何时有数据可读呢？这很简单，我们只需要使用 I/O 复用系统调用来监听管道的读端文件描述符上的可读事件。如此一来，信号事件就能和其他 I/O 事件一样被处理，即统一事件源。

很多优秀的 I/O 框架库和后台服务器程序都统一处理信号和 I/O 事件，比如 Libevent I/O 框架库和 xinetd 超级服务。代码清单 10-1 给出了统一事件源的一个简单实现。

代码清单 10-1 统一事件源

```
#include <sys/types.h>
#include <sys/socket.h>
#include <netinet/in.h>
#include <arpa/inet.h>
#include <assert.h>
#include <stdio.h>
#include <signal.h>
#include <unistd.h>
#include <errno.h>
#include <string.h>
#include <fcntl.h>
#include <stdlib.h>
#include <sys/epoll.h>
#include <pthread.h>
```

```c
#define MAX_EVENT_NUMBER 1024
static int pipefd[2];

int setnonblocking( int fd )
{
    int old_option = fcntl( fd, F_GETFL );
    int new_option = old_option | O_NONBLOCK;
    fcntl( fd, F_SETFL, new_option );
    return old_option;
}

void addfd( int epollfd, int fd )
{
    epoll_event event;
    event.data.fd = fd;
    event.events = EPOLLIN | EPOLLET;
    epoll_ctl( epollfd, EPOLL_CTL_ADD, fd, &event );
    setnonblocking( fd );
}
/* 信号处理函数 */
void sig_handler( int sig )
{
    /* 保留原来的errno，在函数最后恢复，以保证函数的可重入性 */
    int save_errno = errno;
    int msg = sig;
    send( pipefd[1], ( char* )&msg, 1, 0 );  /* 将信号值写入管道，以通知主循环 */
    errno = save_errno;
}
/* 设置信号的处理函数 */
void addsig( int sig )
{
    struct sigaction sa;
    memset( &sa, '\0', sizeof( sa ) );
    sa.sa_handler = sig_handler;
    sa.sa_flags |= SA_RESTART;
    sigfillset( &sa.sa_mask );
    assert( sigaction( sig, &sa, NULL ) != -1 );
}

int main( int argc, char* argv[] )
{
    if( argc <= 2 )
    {
        printf( "usage: %s ip_address port_number\n", basename( argv[0] ) );
        return 1;
    }
    const char* ip = argv[1];
    int port = atoi( argv[2] );

    int ret = 0;
    struct sockaddr_in address;
    bzero( &address, sizeof( address ) );
    address.sin_family = AF_INET;
```

```
inet_pton( AF_INET, ip, &address.sin_addr );
address.sin_port = htons( port );

int listenfd = socket( PF_INET, SOCK_STREAM, 0 );
assert( listenfd >= 0 );

ret = bind( listenfd, ( struct sockaddr* )&address, sizeof( address ) );
if( ret == -1 )
{
    printf( "errno is %d\n", errno );
    return 1;
}
ret = listen( listenfd, 5 );
assert( ret != -1 );

epoll_event events[ MAX_EVENT_NUMBER ];
int epollfd = epoll_create( 5 );
assert( epollfd != -1 );
addfd( epollfd, listenfd );

/* 使用socketpair创建管道，注册pipefd[0]上的可读事件 */
ret = socketpair( PF_UNIX, SOCK_STREAM, 0, pipefd );
assert( ret != -1 );
setnonblocking( pipefd[1] );
addfd( epollfd, pipefd[0] );

/* 设置一些信号的处理函数 */
addsig( SIGHUP );
addsig( SIGCHLD );
addsig( SIGTERM );
addsig( SIGINT );
bool stop_server = false;

while( !stop_server )
{
    int number = epoll_wait( epollfd, events, MAX_EVENT_NUMBER, -1 );
    if ( ( number < 0 ) && ( errno != EINTR ) )
    {
        printf( "epoll failure\n" );
        break;
    }

    for ( int i = 0; i < number; i++ )
    {
        int sockfd = events[i].data.fd;
        /* 如果就绪的文件描述符是listenfd，则处理新的连接 */
        if( sockfd == listenfd )
        {
            struct sockaddr_in client_address;
            socklen_t client_addrlength = sizeof( client_address );
            int connfd = accept( listenfd, ( struct sockaddr* )
                        &client_address,&client_addrlength );
```

```c
                    addfd( epollfd, connfd );
                }
                /* 如果就绪的文件描述符是pipefd[0]，则处理信号 */
                else if( ( sockfd == pipefd[0] ) && ( events[i].events & EPOLLIN ) )
                {
                    int sig;
                    char signals[1024];
                    ret = recv( pipefd[0], signals, sizeof( signals ), 0 );
                    if( ret == -1 )
                    {
                        continue;
                    }
                    else if( ret == 0 )
                    {
                        continue;
                    }
                    else
                    {
                        /* 因为每个信号值占1字节，所以按字节来逐个接收信号。我们以SIGTERM
为例，来说明如何安全地终止服务器主循环 */
                        for( int i = 0; i < ret; ++i )
                        {
                            switch( signals[i] )
                            {
                                case SIGCHLD:
                                case SIGHUP:
                                {
                                    continue;
                                }
                                case SIGTERM:
                                case SIGINT:
                                {
                                    stop_server = true;
                                }
                            }
                        }
                    }
                }
                else
                {
                }
            }
        }

    printf( "close fds\n" );
    close( listenfd );
    close( pipefd[1] );
    close( pipefd[0] );
    return 0;
}
```

10.5 网络编程相关信号

本节中我们详细探讨三个和网络编程密切相关的信号。

10.5.1 SIGHUP

当挂起进程的控制终端时，SIGHUP 信号将被触发。对于没有控制终端的网络后台程序而言，它们通常利用 SIGHUP 信号来强制服务器重读配置文件。一个典型的例子是 xinetd 超级服务程序。

xinetd 程序在接收到 SIGHUP 信号之后将调用 hard_reconfig 函数（见 xinetd 源码），它循环读取 /etc/xinetd.d/ 目录下的每个子配置文件，并检测其变化。如果某个正在运行的子服务的配置文件被修改以停止服务，则 xinetd 主进程将给该子服务进程发送 SIGTERM 信号以结束它。如果某个子服务的配置文件被修改以开启服务，则 xinetd 将创建新的 socket 并将其绑定到该服务对应的端口上。下面我们简单地分析 xinetd 处理 SIGHUP 信号的流程。

测试机器 Kongming20 上具有如下环境：

```
$ ps -ef | grep xinetd
root 7438 1 0 11:32 ? 00:00:00 /usr/sbin/xinetd -stayalive -pidfile /var/run/xinetd.pid
root 7442 7438 0 11:32 ? 00:00:00 (xinetd service) echo-stream Kongming20
$ sudo lsof -p 7438
xinetd 7438 root 3r FIFO 0,8 0t0 37639 pipe
xinetd 7438 root 4w FIFO 0,8 0t0 37639 pipe
xinetd 7438 root 5u IPv6 37652 0t0 TCP *:echo (LISTEN)
```

从 ps 的输出来看，xinetd 创建了子进程 7442，它运行 echo-stream 内部服务。从 lsof 的输出来看，xinetd 打开了一个管道。该管道的读端文件描述符的值是 3，写端文件描述符的值是 4。后面我们将看到，它们的作用就是统一事件源。现在我们修改 /etc/xinetd.d/ 目录下的部分配置文件，并给 xinetd 发送一个 SIGHUP 信号。具体操作如下：

```
$ sudo sed -i 's/disable.*=.*no/disable = yes/' /etc/xinetd.d/echo-stream   # 停止 echo 服务
$ sudo sed -i 's/disable.*=.*yes/disable = no/' /etc/xinetd.d/telnet    # 开启 telnet 服务
$ sudo strace -p 7438 &> a.txt
$ sudo kill -HUP xinetd
```

strace 命令（见第 17 章）能跟踪程序执行时调用的系统调用和接收到的信号。这里我们利用 strace 命令跟踪进程 7438，即 xinetd 服务器程序，以观察 xinetd 是如何处理 SIGHUP 信号的。此次 strace 命令的部分输出如代码清单 10-2 所示。

代码清单 10-2　用 strace 命令查看 xinetd 处理 SIGHUP 的流程

```
--- {si_signo=SIGHUP, si_code=SI_USER, si_pid=7697, si_uid=0,
    si_value={int=1154706400, ptr=0x44d36be0}} (Hangup) ---
```

```
write(4, "\1", 1) = 1
sigreturn() = ? (mask now [])
poll([{fd=5, events=POLLIN}, {fd=3, events=POLLIN}], 2, -1) = 1 ([{fd=3,
    revents=POLLIN}])
ioctl(3, FIONREAD, [1]) = 0
read(3, "\1", 1) = 1

stat64("/etc/xinetd.d/echo-stream", {st_mode=S_IFREG|0644, st_size=1149, ...}) = 0
open("/etc/xinetd.d/echo-stream", O_RDONLY) = 8
time(NULL) = 1337053896
send(7, "<31>May 15 11:51:36 xinetd[7438]"..., 139, MSG_NOSIGNAL) = 139
fstat64(8, {st_mode=S_IFREG|0644, st_size=1149, ...}) = 0
lseek(8, 0, SEEK_CUR) = 0
fcntl64(8, F_GETFL) = 0 (flags O_RDONLY)
read(8, "# This is the configuration for "..., 8192) = 1149
read(8, "", 8192) = 0
close(8) = 0

kill(7442, SIGTERM) = 0
waitpid(7442, NULL, WNOHANG) = 0

socket(PF_INET6, SOCK_STREAM, IPPROTO_TCP) = 5
fcntl64(5, F_SETFD, FD_CLOEXEC) = 0
setsockopt(5, SOL_IPV6, IPV6_V6ONLY, [0], 4) = 0
setsockopt(5, SOL_SOCKET, SO_REUSEADDR, [1], 4) = 0
bind(5, {sa_family=AF_INET6, sin6_port=htons(23), inet_pton(AF_INET6, "::",
    &sin6_addr), sin6_flowinfo=0, sin6_scope_id=0}, 28) = 0
listen(5, 64) = 0
```

该输出分为 4 个部分，我们用空行将每个部分隔开。

第一部分描述程序接收到 SIGHUP 信号时，信号处理函数使用管道通知主程序该信号的到来。信号处理函数往文件描述符 4（管道的写端）写入信号值 1（SIGHUP 信号），而主程序使用 poll 检测到文件描述符 3（管道的读端）上有可读事件，就将管道上的数据读入。

第二部分描述了 xinetd 重新读取一个子配置文件的过程。

第三部分描述了 xinetd 给子进程 echo-stream（PID 为 7442）发送 SIGTERM 信号来终止该子进程，并调用 waitpid 来等待该子进程结束。

第四部分描述了 xinetd 启动 telnet 服务的过程：创建一个流服务 socket 并将其绑定到端口 23 上，然后监听该端口。

10.5.2 SIGPIPE

默认情况下，往一个读端关闭的管道或 socket 连接中写数据将引发 SIGPIPE 信号。我们需要在代码中捕获并处理该信号，或者至少忽略它，因为程序接收到 SIGPIPE 信号的默认行为是结束进程，而我们绝对不希望因为错误的写操作而导致程序退出。引起 SIGPIPE 信号的写操作将设置 errno 为 EPIPE。

第 5 章提到，我们可以使用 send 函数的 MSG_NOSIGNAL 标志来禁止写操作触发

SIGPIPE 信号。在这种情况下，我们应该使用 send 函数反馈的 errno 值来判断管道或者 socket 连接的读端是否已经关闭。

此外，我们也可以利用 I/O 复用系统调用来检测管道和 socket 连接的读端是否已经关闭。以 poll 为例，当管道的读端关闭时，写端文件描述符上的 POLLHUP 事件将被触发；当 socket 连接被对方关闭时，socket 上的 POLLRDHUP 事件将被触发。

10.5.3 SIGURG

在 Linux 环境下，内核通知应用程序带外数据到达主要有两种方法：一种是第 9 章介绍的 I/O 复用技术，select 等系统调用在接收到带外数据时将返回，并向应用程序报告 socket 上的异常事件，代码清单 9-1 给出了一个这方面的例子；另外一种方法就是使用 SIGURG 信号，如代码清单 10-3 所示。

代码清单 10-3　用 SIGURG 检测带外数据是否到达

```c
#include <sys/socket.h>
#include <netinet/in.h>
#include <arpa/inet.h>
#include <assert.h>
#include <stdio.h>
#include <unistd.h>
#include <stdlib.h>
#include <errno.h>
#include <string.h>
#include <signal.h>
#include <fcntl.h>

#define BUF_SIZE 1024

static int connfd;
/* SIGURG 信号的处理函数 */
void sig_urg( int sig )
{
    int save_errno = errno;
    char buffer[ BUF_SIZE ];
    memset( buffer, '\0', BUF_SIZE );
    int ret = recv( connfd, buffer, BUF_SIZE-1, MSG_OOB );   /* 接收带外数据 */
    printf( "got %d bytes of oob data '%s'\n", ret, buffer );
    errno = save_errno;
}

void addsig( int sig, void ( *sig_handler )( int ) )
{
    struct sigaction sa;
    memset( &sa, '\0', sizeof( sa ) );
    sa.sa_handler = sig_handler;
    sa.sa_flags |= SA_RESTART;
    sigfillset( &sa.sa_mask );
    assert( sigaction( sig, &sa, NULL ) != -1 );
```

```
}
int main( int argc, char* argv[] )
{
    if( argc <= 2 )
    {
        printf( "usage: %s ip_address port_number\n", basename( argv[0] ) );
        return 1;
    }
    const char* ip = argv[1];
    int port = atoi( argv[2] );

    struct sockaddr_in address;
    bzero( &address, sizeof( address ) );
    address.sin_family = AF_INET;
    inet_pton( AF_INET, ip, &address.sin_addr );
    address.sin_port = htons( port );

    int sock = socket( PF_INET, SOCK_STREAM, 0 );
    assert( sock >= 0 );

    int ret = bind( sock, ( struct sockaddr* )&address, sizeof( address ) );
    assert( ret != -1 );

    ret = listen( sock, 5 );
    assert( ret != -1 );

    struct sockaddr_in client;
    socklen_t client_addrlength = sizeof( client );
    connfd = accept( sock, ( struct sockaddr* )&client, &client_addrlength );
    if ( connfd < 0 )
    {
        printf( "errno is: %d\n", errno );
    }
    else
    {
        addsig( SIGURG, sig_urg );
        /* 使用SIGURG信号之前，我们必须设置socket的宿主进程或进程组 */
        fcntl( connfd, F_SETOWN, getpid() );

        char buffer[ BUF_SIZE ];
        while( 1 )   /* 循环接收普通数据 */
        {
            memset( buffer, '\0', BUF_SIZE );
            ret = recv( connfd, buffer, BUF_SIZE-1, 0 );
            if( ret <= 0 )
            {
                break;
            }
            printf( "got %d bytes of normal data '%s'\n", ret, buffer );
        }

        close( connfd );
```

```
        }
        close( sock );
        return 0;
}
```

读者不妨编译并运行该服务器程序,然后使用代码清单 5-6 所描述的客户端程序来往该服务器程序发送数据,以观察服务器是如何同时处理普通数据和带外数据的。

至此,我们讨论完了 TCP 带外数据相关的所有知识。下面帮助读者重新梳理一下。3.8 节中我们介绍了 TCP 带外数据的基本知识,其中探讨了 TCP 模块是如何发送和接收带外数据的。5.8.1 小节描述了如何在应用程序中使用带 MSG_OOB 标志的 send/recv 系统调用来发送/接收带外数据,并给出了相关代码。9.1.3 小节和 10.5.3 小节分别介绍了检测带外数据是否到达的两种方法:I/O 复用系统调用报告的异常事件和 SIGURG 信号。但应用程序检测到带外数据到达后,我们还需要进一步判断带外数据在数据流中的具体位置,才能够准确无误地读取带外数据。5.9 节介绍的 sockatmark 系统调用就是专门用于解决这个问题的。它判断一个 socket 是否处于带外标记,即该 socket 上下一个将被读取到的数据是否是带外数据。

第 11 章 定 时 器

网络程序需要处理的第三类事件是定时事件，比如定期检测一个客户连接的活动状态。服务器程序通常管理着众多定时事件，因此有效地组织这些定时事件，使之能在预期的时间点被触发且不影响服务器的主要逻辑，对于服务器的性能有着至关重要的影响。为此，我们要将每个定时事件分别封装成定时器，并使用某种容器类数据结构，比如链表、排序链表和时间轮，将所有定时器串联起来，以实现对定时事件的统一管理。本章主要讨论的就是两种高效的管理定时器的容器：时间轮和时间堆。

不过，在讨论如何组织定时器之前，我们先要介绍定时的方法。定时是指在一段时间之后触发某段代码的机制，我们可以在这段代码中依次处理所有到期的定时器。换言之，定时机制是定时器得以被处理的原动力。Linux 提供了三种定时方法，它们是：
- socket 选项 SO_RCVTIMEO 和 SO_SNDTIMEO。
- SIGALRM 信号。
- I/O 复用系统调用的超时参数。

11.1 socket 选项 SO_RCVTIMEO 和 SO_SNDTIMEO

第 5 章中我们介绍过 socket 选项 SO_RCVTIMEO 和 SO_SNDTIMEO，它们分别用来设置 socket 接收数据超时时间和发送数据超时时间。因此，这两个选项仅对与数据接收和发送相关的 socket 专用系统调用（socket 专用的系统调用指的是 5.2 ～ 5.11 节介绍的那些 socket API）有效，这些系统调用包括 send、sendmsg、recv、recvmsg、accept 和 connect。我们将选项 SO_RCVTIMEO 和 SO_SNDTIMEO 对这些系统调用的影响总结于表 11-1 中。

表 11-1　SO_RCVTIMEO 和 SO_SNDTIMEO 选项的作用

系统调用	有效选项	系统调用超时后的行为
send	SO_SNDTIMEO	返回 -1，设置 errno 为 EAGAIN 或 EWOULDBLOCK
sendmsg	SO_SNDTIMEO	返回 -1，设置 errno 为 EAGAIN 或 EWOULDBLOCK
recv	SO_RCVTIMEO	返回 -1，设置 errno 为 EAGAIN 或 EWOULDBLOCK
recvmsg	SO_RCVTIMEO	返回 -1，设置 errno 为 EAGAIN 或 EWOULDBLOCK
accept	SO_RCVTIMEO	返回 -1，设置 errno 为 EAGAIN 或 EWOULDBLOCK
connect	SO_SNDTIMEO	返回 -1，设置 errno 为 EINPROGRESS

⊖ 本章的标题叫定时器，这是行业内常用的叫法。实际上，其确切的叫法是定时器容器。二者常混谈，本书也没有刻意区分。不过，从本章的第一段话还是能看出二者的区别：定时器容器是容器类数据结构，比如时间轮；定时器则是容器内容纳的一个个对象，它是对定时事件的封装。

由表 11-1 可见，在程序中，我们可以根据系统调用（send、sendmsg、recv、recvmsg、accept 和 connect）的返回值以及 errno 来判断超时时间是否已到，进而决定是否开始处理定时任务。代码清单 11-1 以 connect 为例，说明程序中如何使用 SO_SNDTIMEO 选项来定时。

代码清单 11-1　设置 connect 超时时间

```c
#include <sys/types.h>
#include <sys/socket.h>
#include <netinet/in.h>
#include <arpa/inet.h>
#include <stdlib.h>
#include <assert.h>
#include <stdio.h>
#include <errno.h>
#include <fcntl.h>
#include <unistd.h>
#include <string.h>
/* 超时连接函数 */
int timeout_connect( const char* ip, int port, int time )
{
    int ret = 0;
    struct sockaddr_in address;
    bzero( &address, sizeof( address ) );
    address.sin_family = AF_INET;
    inet_pton( AF_INET, ip, &address.sin_addr );
    address.sin_port = htons( port );

    int sockfd = socket( PF_INET, SOCK_STREAM, 0 );
    assert( sockfd >= 0 );
    /* 通过选项 SO_RCVTIMEO 和 SO_SNDTIMEO 所设置的超时时间的类型是 timeval，这和 select
    系统调用的超时参数类型相同 */
    struct timeval timeout;
    timeout.tv_sec = time;
    timeout.tv_usec = 0;
    socklen_t len = sizeof( timeout );
    ret = setsockopt( sockfd, SOL_SOCKET, SO_SNDTIMEO, &timeout, len );
    assert( ret != -1 );

    ret = connect( sockfd, ( struct sockaddr* )&address, sizeof( address ) );
    if ( ret == -1 )
    {
        /* 超时对应的错误号是 EINPROGRESS。下面这个条件如果成立，我们就可以处理定时任务了 */
        if( errno == EINPROGRESS )
        {
            printf( "connecting timeout, process timeout logic \n" );
            return -1;
        }
        printf( "error occur when connecting to server\n" );
        return -1;
    }
```

```
        return sockfd;
}
int main( int argc, char* argv[] )
{
        if( argc <= 2 )
        {
                printf( "usage: %s ip_address port_number\n", basename( argv[0] ) );
                return 1;
        }
        const char* ip = argv[1];
        int port = atoi( argv[2] );

        int sockfd = timeout_connect( ip, port, 10 );
        if ( sockfd < 0 )
        {
                return 1;
        }
        return 0;
}
```

11.2 SIGALRM 信号

第 10 章提到，由 alarm 和 setitimer 函数设置的实时闹钟一旦超时，将触发 SIGALRM 信号。因此，我们可以利用该信号的信号处理函数来处理定时任务。但是，如果要处理多个定时任务，我们就需要不断地触发 SIGALRM 信号，并在其信号处理函数中执行到期的任务。一般而言，SIGALRM 信号按照固定的频率生成，即由 alarm 或 setitimer 函数设置的定时周期 T 保持不变。如果某个定时任务的超时时间不是 T 的整数倍，那么它实际被执行的时间和预期的时间将略有偏差。因此定时周期 T 反映了定时的精度。

本节中我们通过一个实例——处理非活动连接，来介绍如何使用 SIGALRM 信号定时。不过，我们需要先给出一种简单的定时器实现——基于升序链表的定时器，并把它应用到处理非活动连接这个实例中。这样，我们才能观察到 SIGALRM 信号处理函数是如何处理定时器并执行定时任务的。此外，我们介绍这种定时器也是为了和后面要讨论的高效定时器——时间轮和时间堆做对比。

11.2.1 基于升序链表的定时器

定时器通常至少要包含两个成员：一个超时时间（相对时间或者绝对时间）和一个任务回调函数。有的时候还可能包含回调函数被执行时需要传入的参数，以及是否重启定时器等信息。如果使用链表作为容器来串联所有的定时器，则每个定时器还要包含指向下一个定时器的指针成员。进一步，如果链表是双向的，则每个定时器还需要包含指向前一个定时器的指针成员。

代码清单 11-2 实现了一个简单的升序定时器链表。升序定时器链表将其中的定时器按照超时时间做升序排序。

代码清单 11-2　升序定时器链表

```
#ifndef LST_TIMER
#define LST_TIMER

#include <time.h>
#define BUFFER_SIZE 64
class util_timer;   /* 前向声明 */

/* 用户数据结构：客户端socket地址、socket文件描述符、读缓存和定时器 */
struct client_data
{
    sockaddr_in address;
    int sockfd;
    char buf[ BUFFER_SIZE ];
    util_timer* timer;
};

/* 定时器类 */
class util_timer
{
public:
    util_timer() : prev( NULL ), next( NULL ){}

public:
    time_t expire;   /* 任务的超时时间，这里使用绝对时间 */
    void (*cb_func)( client_data* );   /* 任务回调函数 */
    /* 回调函数处理的客户数据，由定时器的执行者传递给回调函数 */
    client_data* user_data;
    util_timer* prev;   /* 指向前一个定时器 */
    util_timer* next;   /* 指向下一个定时器 */
};

/* 定时器链表。它是一个升序、双向链表，且带有头结点和尾节点 */
class sort_timer_lst
{
public:
    sort_timer_lst() : head( NULL ), tail( NULL ) {}
    /* 链表被销毁时，删除其中所有的定时器 */
    ~sort_timer_lst()
    {
        util_timer* tmp = head;
        while( tmp )
        {
            head = tmp->next;
            delete tmp;
            tmp = head;
        }
    }
```

```
        /* 将目标定时器 timer 添加到链表中 */
        void add_timer( util_timer* timer )
        {
            if( !timer )
            {
                return;
            }
            if( !head )
            {
                head = tail = timer;
                return;
            }
            /* 如果目标定时器的超时时间小于当前链表中所有定时器的超时时间,则把该定时器插入链表头部,
作为链表新的头节点。否则就需要调用重载函数 add_timer( util_timer* timer, util_timer* lst_head ),
把它插入链表中合适的位置,以保证链表的升序特性 */
            if( timer->expire < head->expire )
            {
                timer->next = head;
                head->prev = timer;
                head = timer;
                return;
            }
            add_timer( timer, head );
        }
        /* 当某个定时任务发生变化时,调整对应的定时器在链表中的位置。这个函数只考虑被调整的定时器
的超时时间延长的情况,即该定时器需要往链表的尾部移动 */
        void adjust_timer( util_timer* timer )
        {
            if( !timer )
            {
                return;
            }
            util_timer* tmp = timer->next;
            /* 如果被调整的目标定时器处在链表尾部,或者该定时器新的超时值仍然小于其下一个定时器的
超时值,则不用调整 */
            if( !tmp || ( timer->expire < tmp->expire ) )
            {
                return;
            }
            /* 如果目标定时器是链表的头节点,则将该定时器从链表中取出并重新插入链表 */
            if( timer == head )
            {
                head = head->next;
                head->prev = NULL;
                timer->next = NULL;
                add_timer( timer, head );
            }
            /* 如果目标定时器不是链表的头节点,则将该定时器从链表中取出,然后插入其原来所在位置之
后的部分链表中 */
            else
            {
                timer->prev->next = timer->next;
                timer->next->prev = timer->prev;
```

```cpp
            add_timer( timer, timer->next );
        }
    }
    /* 将目标定时器 timer 从链表中删除 */
    void del_timer( util_timer* timer )
    {
        if( !timer )
        {
            return;
        }
        /* 下面这个条件成立表示链表中只有一个定时器，即目标定时器 */
        if( ( timer == head ) && ( timer == tail ) )
        {
            delete timer;
            head = NULL;
            tail = NULL;
            return;
        }
        /* 如果链表中至少有两个定时器，且目标定时器是链表的头结点，则将链表的头结点重置为原头
节点的下一个节点，然后删除目标定时器 */
        if( timer == head )
        {
            head = head->next;
            head->prev = NULL;
            delete timer;
            return;
        }
        /* 如果链表中至少有两个定时器，且目标定时器是链表的尾结点，则将链表的尾结点重置为原尾
节点的前一个节点，然后删除目标定时器 */
        if( timer == tail )
        {
            tail = tail->prev;
            tail->next = NULL;
            delete timer;
            return;
        }
        /* 如果目标定时器位于链表的中间，则把它前后的定时器串联起来，然后删除目标定时器 */
        timer->prev->next = timer->next;
        timer->next->prev = timer->prev;
        delete timer;
    }
    /* SIGALRM 信号每次被触发就在其信号处理函数（如果使用统一事件源，则是主函数）中执行一次
tick 函数，以处理链表上到期的任务 */
    void tick()
    {
        if( !head )
        {
            return;
        }
        printf( "timer tick\n" );
        time_t cur = time( NULL );    /* 获得系统当前的时间 */
        util_timer* tmp = head;
        /* 从头结点开始依次处理每个定时器，直到遇到一个尚未到期的定时器，这就是定时器的核心逻辑 */
```

```
            while( tmp )
            {
                /* 因为每个定时器都使用绝对时间作为超时值,所以我们可以把定时器的超时值和系统当
前时间,比较以判断定时器是否到期 */
                if( cur < tmp->expire )
                {
                    break;
                }
                /* 调用定时器的回调函数,以执行定时任务 */
                tmp->cb_func( tmp->user_data );
                /* 执行完定时器中的定时任务之后,就将它从链表中删除,并重置链表头结点 */
                head = tmp->next;
                if( head )
                {
                    head->prev = NULL;
                }
                delete tmp;
                tmp = head;
            }
        }

    private:
        /* 一个重载的辅助函数,它被公有的 add_timer 函数和 adjust_timer 函数调用。该函数表示将
目标定时器 timer 添加到节点 lst_head 之后的部分链表中 */
        void add_timer( util_timer* timer, util_timer* lst_head )
        {
            util_timer* prev = lst_head;
            util_timer* tmp = prev->next;
            /* 遍历 lst_head 节点之后的部分链表,直到找到一个超时时间大于目标定时器的超时时间的
节点,并将目标定时器插入该节点之前 */
            while( tmp )
            {
                if( timer->expire < tmp->expire )
                {
                    prev->next = timer;
                    timer->next = tmp;
                    tmp->prev = timer;
                    timer->prev = prev;
                    break;
                }
                prev = tmp;
                tmp = tmp->next;
            }
            /* 如果遍历完 lst_head 节点之后的部分链表,仍未找到超时时间大于目标定时器的超时时间的节
点,则将目标定时器插入链表尾部,并把它设置为链表新的尾节点 */
            if( !tmp )
            {
                prev->next = timer;
                timer->prev = prev;
                timer->next = NULL;
                tail = timer;
            }
```

```
    }
private:
    util_timer* head;
    util_timer* tail;
};

#endif
```

为了便于阅读，我们将实现包含在头文件中。sort_timer_lst 是一个升序链表。其核心函数 tick 相当于一个心搏函数，它每隔一段固定的时间就执行一次，以检测并处理到期的任务。判断定时任务到期的依据是定时器的 expire 值小于当前的系统时间。从执行效率来看，添加定时器的时间复杂度是 O(n)，删除定时器的时间复杂度是 O(1)，执行定时任务的时间复杂度是 O(1)。

11.2.2 处理非活动连接

现在我们考虑上述升序定时器链表的实际应用——处理非活动连接。服务器程序通常要定期处理非活动连接：给客户端发一个重连请求，或者关闭该连接，或者其他。Linux 在内核中提供了对连接是否处于活动状态的定期检查机制，我们可以通过 socket 选项 KEEPALIVE 来激活它。不过使用这种方式将使得应用程序对连接的管理变得复杂。因此，我们可以考虑在应用层实现类似于 KEEPALIVE 的机制，以管理所有长时间处于非活动状态的连接。比如，代码清单 11-3 利用 alarm 函数周期性地触发 SIGALRM 信号，该信号的信号处理函数利用管道通知主循环执行定时器链表上的定时任务——关闭非活动的连接。

代码清单 11-3　关闭非活动连接

```
#include <sys/types.h>
#include <sys/socket.h>
#include <netinet/in.h>
#include <arpa/inet.h>
#include <assert.h>
#include <stdio.h>
#include <signal.h>
#include <unistd.h>
#include <errno.h>
#include <string.h>
#include <fcntl.h>
#include <stdlib.h>
#include <sys/epoll.h>
#include <pthread.h>
#include "lst_timer.h"

#define FD_LIMIT 65535
#define MAX_EVENT_NUMBER 1024
#define TIMESLOT 5
```

```
static int pipefd[2];
/* 利用代码清单 11-2 中的升序链表来管理定时器 */
static sort_timer_lst timer_lst;
static int epollfd = 0;

int setnonblocking( int fd )
{
    int old_option = fcntl( fd, F_GETFL );
    int new_option = old_option | O_NONBLOCK;
    fcntl( fd, F_SETFL, new_option );
    return old_option;
}

void addfd( int epollfd, int fd )
{
    epoll_event event;
    event.data.fd = fd;
    event.events = EPOLLIN | EPOLLET;
    epoll_ctl( epollfd, EPOLL_CTL_ADD, fd, &event );
    setnonblocking( fd );
}

void sig_handler( int sig )
{
    int save_errno = errno;
    int msg = sig;
    send( pipefd[1], ( char* )&msg, 1, 0 );
    errno = save_errno;
}

void addsig( int sig )
{
    struct sigaction sa;
    memset( &sa, '\0', sizeof( sa ) );
    sa.sa_handler = sig_handler;
    sa.sa_flags |= SA_RESTART;
    sigfillset( &sa.sa_mask );
    assert( sigaction( sig, &sa, NULL ) != -1 );
}

void timer_handler()
{
    /* 定时处理任务，实际上就是调用 tick 函数 */
    timer_lst.tick();
    /* 因为一次 alarm 调用只会引起一次 SIGALRM 信号，所以我们要重新定时，以不断触发 SIGALRM
信号 */
    alarm( TIMESLOT );
}

/* 定时器回调函数，它删除非活动连接 socket 上的注册事件，并关闭之 */
void cb_func( client_data* user_data )
{
    epoll_ctl( epollfd, EPOLL_CTL_DEL, user_data->sockfd, 0 );
```

```cpp
        assert( user_data );
        close( user_data->sockfd );
        printf( "close fd %d\n", user_data->sockfd );
}

int main( int argc, char* argv[] )
{
    if( argc <= 2 )
    {
        printf( "usage: %s ip_address port_number\n", basename( argv[0] ) );
        return 1;
    }
    const char* ip = argv[1];
    int port = atoi( argv[2] );

    int ret = 0;
    struct sockaddr_in address;
    bzero( &address, sizeof( address ) );
    address.sin_family = AF_INET;
    inet_pton( AF_INET, ip, &address.sin_addr );
    address.sin_port = htons( port );

    int listenfd = socket( PF_INET, SOCK_STREAM, 0 );
    assert( listenfd >= 0 );

    ret = bind( listenfd, ( struct sockaddr* )&address, sizeof( address ) );
    assert( ret != -1 );

    ret = listen( listenfd, 5 );
    assert( ret != -1 );

    epoll_event events[ MAX_EVENT_NUMBER ];
    int epollfd = epoll_create( 5 );
    assert( epollfd != -1 );
    addfd( epollfd, listenfd );

    ret = socketpair( PF_UNIX, SOCK_STREAM, 0, pipefd );
    assert( ret != -1 );
    setnonblocking( pipefd[1] );
    addfd( epollfd, pipefd[0] );

    /* 设置信号处理函数 */
    addsig( SIGALRM );
    addsig( SIGTERM );
    bool stop_server = false;

    client_data* users = new client_data[FD_LIMIT];
    bool timeout = false;
    alarm( TIMESLOT );  /* 定时 */

    while( !stop_server )
    {
        int number = epoll_wait( epollfd, events, MAX_EVENT_NUMBER, -1 );
```

```
            if ( ( number < 0 ) && ( errno != EINTR ) )
            {
                    printf( "epoll failure\n" );
                    break;
            }

            for ( int i = 0; i < number; i++ )
            {
                    int sockfd = events[i].data.fd;
                    /* 处理新到的客户连接 */
                    if( sockfd == listenfd )                    {
                            struct sockaddr_in client_address;
                            socklen_t client_addrlength = sizeof( client_address );
                            int connfd = accept( listenfd, ( struct sockaddr* )&client_address,
                                                &client_addrlength );
                            addfd( epollfd, connfd );
                            users[connfd].address = client_address;
                            users[connfd].sockfd = connfd;
                            /* 创建定时器,设置其回调函数与超时时间,然后绑定定时器与用户数据,最
后将定时器添加到链表timer_lst中 */
                            util_timer* timer = new util_timer;
                            timer->user_data = &users[connfd];
                            timer->cb_func = cb_func;
                            time_t cur = time( NULL );
                            timer->expire = cur + 3 * TIMESLOT;
                            users[connfd].timer = timer;
                            timer_lst.add_timer( timer );
                    }
                    /* 处理信号 */
                    else if( ( sockfd == pipefd[0] ) && ( events[i].events & EPOLLIN ) )
                    {
                            int sig;
                            char signals[1024];
                            ret = recv( pipefd[0], signals, sizeof( signals ), 0 );
                            if( ret == -1 )
                            {
                                    // handle the error
                                    continue;
                            }
                            else if( ret == 0 )
                            {
                                    continue;
                            }
                            else
                            {
                                    for( int i = 0; i < ret; ++i )
                                    {
                                      switch( signals[i] )
                                      {
                                      case SIGALRM:
                                      {
```

```
                                    /* 用 timeout 变量标记有定时任务需要处理，但不立即处理定
时任务。这是因为定时任务的优先级不是很高，我们优先处理其他更重要的任务 */
                                    timeout = true;
                                    break;
                                }
                                case SIGTERM:
                                {
                                    stop_server = true;
                                }
                            }
                        }
                    }
                }
                /* 处理客户连接上接收到的数据 */
                else if( events[i].events & EPOLLIN )
                {
                    memset( users[sockfd].buf, '\0', BUFFER_SIZE );
                    ret = recv( sockfd, users[sockfd].buf, BUFFER_SIZE-1, 0 );
                    printf( "get %d bytes of client data %s from %d\n", ret,
                            users[sockfd].buf, sockfd );

                    util_timer* timer = users[sockfd].timer;
                    if( ret < 0 )
                    {
                        /* 如果发生读错误，则关闭连接，并移除其对应的定时器 */
                        if( errno != EAGAIN )
                        {
                            cb_func( &users[sockfd] );
                            if( timer )
                            {
                                timer_lst.del_timer( timer );
                            }
                        }
                    }
                    else if( ret == 0 )
                    {
                        /* 如果对方已经关闭连接，则我们也关闭连接，并移除对应的定时器 */
                        cb_func( &users[sockfd] );
                        if( timer )
                        {
                            timer_lst.del_timer( timer );
                        }
                    }
                    else
                    {
                        /* 如果某个客户连接上有数据可读，则我们要调整该连接对应的定时器，以
延迟该连接被关闭的时间 */
                        if( timer )
                        {
                            time_t cur = time( NULL );
                            timer->expire = cur + 3 * TIMESLOT;
                            printf( "adjust timer once\n" );
                            timer_lst.adjust_timer( timer );
```

```
                    }
                }
            }
            else
            {
                // others
            }
        }
        /* 最后处理定时事件, 因为 I/O 事件有更高的优先级。当然, 这样做将导致定时任务不能精确
地按照预期的时间执行 */
        if( timeout )
        {
            timer_handler();
            timeout = false;
        }
    }

    close( listenfd );
    close( pipefd[1] );
    close( pipefd[0] );
    delete [] users;
    return 0;
}
```

11.3　I/O 复用系统调用的超时参数

　　Linux 下的 3 组 I/O 复用系统调用都带有超时参数，因此它们不仅能统一处理信号和 I/O 事件，也能统一处理定时事件。但是由于 I/O 复用系统调用可能在超时时间到期之前就返回（有 I/O 事件发生），所以如果我们要利用它们来定时，就需要不断更新定时参数以反映剩余的时间，如代码清单 11-4 所示。

代码清单 11-4　利用 I/O 复用系统调用定时

```
#define TIMEOUT 5000

int timeout = TIMEOUT;
time_t start = time( NULL );
time_t end = time( NULL );
while( 1 )
{
    printf( "the timeout is now %d mil-seconds\n", timeout );
    start = time( NULL );
    int number = epoll_wait( epollfd, events, MAX_EVENT_NUMBER, timeout );
    if( ( number < 0 ) && ( errno != EINTR ) )
    {
        printf( "epoll failure\n" );
        break;
    }
```

```
        /* 如果epoll_wait成功返回0,则说明超时时间到,此时便可处理定时任务,并重置定时时间 */
        if( number == 0 )
        {
            timeout = TIMEOUT;
            continue;
        }

        end = time( NULL );
        /* 如果epoll_wait的返回值大于0,则本次epoll_wait调用持续的时间是( end - start )*
1000 ms,我们需要将定时时间timeout减去这段时间,以获得下次epoll_wait调用的超时参数 */
        timeout -= ( end - start ) * 1000;
        /* 重新计算之后的timeout值有可能等于0,说明本次epoll_wait调用返回时,不仅有文件描述符就
绪,而且其超时时间也刚好到达,此时我们也要处理定时任务,并重置定时时间 */
        if( timeout <= 0 )
        {
            timeout = TIMEOUT;
        }

        // handle connections
    }
```

11.4 高性能定时器

11.4.1 时间轮

前文提到,基于排序链表的定时器存在一个问题:添加定时器的效率偏低。下面我们要讨论的时间轮解决了这个问题。一种简单的时间轮如图 11-1 所示。

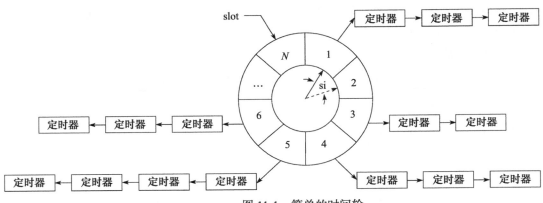

图 11-1 简单的时间轮

图 11-1 所示的时间轮内,(实线)指针指向轮子上的一个槽(slot)。它以恒定的速度顺时针转动,每转动一步就指向下一个槽(虚线指针指向的槽),每次转动称为一个滴答(tick)。一个滴答的时间称为时间轮的槽间隔 si(slot interval),它实际上就是心搏时间。该时间轮共有 N 个槽,因此它运转一周的时间是 $N*si$。每个槽指向一条定时器链表,每条链表

上的定时器具有相同的特征：它们的定时时间相差 $N*si$ 的整数倍。时间轮正是利用这个关系将定时器散列到不同的链表中。假如现在指针指向槽 cs，我们要添加一个定时时间为 ti 的定时器，则该定时器将被插入槽 ts（timer slot）对应的链表中：

$$ts=（cs+（ti/si））\%N \tag{11-1}$$

基于排序链表的定时器使用唯一的一条链表来管理所有定时器，所以插入操作的效率随着定时器数目的增多而降低。而时间轮使用哈希表的思想，将定时器散列到不同的链表上。这样每条链表上的定时器数目都将明显少于原来的排序链表上的定时器数目，插入操作的效率基本不受定时器数目的影响。

很显然，对时间轮而言，要提高定时精度，就要使 si 值足够小；要提高执行效率，则要求 N 值足够大。

图 11-1 描述的是一种简单的时间轮，因为它只有一个轮子。而复杂的时间轮可能有多个轮子，不同的轮子拥有不同的粒度。相邻的两个轮子，精度高的转一圈，精度低的仅往前移动一槽，就像水表一样。下面将按照图 11-1 来编写一个较为简单的时间轮实现代码，如代码清单 11-5 所示。

代码清单 11-5　时间轮

```
#ifndef TIME_WHEEL_TIMER
#define TIME_WHEEL_TIMER

#include <time.h>
#include <netinet/in.h>
#include <stdio.h>

#define BUFFER_SIZE 64
class tw_timer;
/* 绑定 socket 和定时器 */
struct client_data
{
    sockaddr_in address;
    int sockfd;
    char buf[ BUFFER_SIZE ];
    tw_timer* timer;
};

/* 定时器类 */
class tw_timer
{
public:
    tw_timer( int rot, int ts )
    : next( NULL ), prev( NULL ), rotation( rot ), time_slot( ts ){}

public:
    int rotation;    /* 记录定时器在时间轮转多少圈后生效 */
    int time_slot;   /* 记录定时器属于时间轮上哪个槽（对应的链表，下同） */
    void (*cb_func)( client_data* );  /* 定时器回调函数 */
    client_data* user_data;  /* 客户数据 */
```

```cpp
    tw_timer* next;  /* 指向下一个定时器 */
    tw_timer* prev;  /* 指向前一个定时器 */
};

class time_wheel
{
public:
    time_wheel() : cur_slot( 0 )
    {
        for( int i = 0; i < N; ++i )
        {
            slots[i] = NULL;  /* 初始化每个槽的头结点 */
        }
    }
    ~time_wheel()
    {
        /* 遍历每个槽，并销毁其中的定时器 */
        for( int i = 0; i < N; ++i )
        {
            tw_timer* tmp = slots[i];
            while( tmp )
            {
                slots[i] = tmp->next;
                delete tmp;
                tmp = slots[i];
            }
        }
    }
    /* 根据定时值 timeout 创建一个定时器，并把它插入合适的槽中 */
    tw_timer* add_timer( int timeout )
    {
        if( timeout < 0 )
        {
            return NULL;
        }
        int ticks = 0;
        /* 下面根据待插入定时器的超时值计算它将在时间轮转动多少个滴答后被触发，并将该滴答数存
储于变量 ticks 中。如果待插入定时器的超时值小于时间轮的槽间隔 SI，则将 ticks 向上折合为 1，否则就将
ticks 向下折合为 timeout/SI */
        if( timeout < SI )
        {
            ticks = 1;
        }
        else
        {
            ticks = timeout / SI;
        }
        /* 计算待插入的定时器在时间轮转动多少圈后被触发 */
        int rotation = ticks / N;
        /* 计算待插入的定时器应该被插入哪个槽中 */
        int ts = ( cur_slot + ( ticks % N ) ) % N;
        /* 创建新的定时器，它在时间轮转动 rotation 圈之后被触发，且位于第 ts 个槽上 */
        tw_timer* timer = new tw_timer( rotation, ts );
```

```
              /* 如果第ts个槽中尚无任何定时器，则把新建的定时器插入其中，并将该定时器设置为该槽的
头结点 */
              if( !slots[ts] )
              {
                    printf( "add timer, rotation is %d, ts is %d, cur_slot is %d\n",
                            rotation, ts, cur_slot );
                    slots[ts] = timer;
              }
              /* 否则，将定时器插入第ts个槽中 */
              else
              {
                    timer->next = slots[ts];
                    slots[ts]->prev = timer;
                    slots[ts] = timer;
              }
              return timer;
       }
       /* 删除目标定时器timer */
       void del_timer( tw_timer* timer )
       {
              if( !timer )
              {
                    return;
              }
              int ts = timer->time_slot;
              /* slots[ts]是目标定时器所在槽的头结点。如果目标定时器就是该头结点，则需要重置第ts
个槽的头结点 */
              if( timer == slots[ts] )
              {
                    slots[ts] = slots[ts]->next;
                    if( slots[ts] )
                    {
                           slots[ts]->prev = NULL;
                    }
                    delete timer;
              }
              else
              {
                    timer->prev->next = timer->next;
                    if( timer->next )
                    {
                           timer->next->prev = timer->prev;
                    }
                    delete timer;
              }
       }
       /* SI时间到后，调用该函数，时间轮向前滚动一个槽的间隔 */
       void tick()
       {
              tw_timer* tmp = slots[cur_slot];   /* 取得时间轮上当前槽的头结点 */
              printf( "current slot is %d\n", cur_slot );
              while( tmp )
```

```cpp
        {
            printf( "tick the timer once\n" );
            /* 如果定时器的 rotation 值大于 0,则它在这一轮不起作用 */
            if( tmp->rotation > 0 )
            {
                tmp->rotation--;
                tmp = tmp->next;
            }
            /* 否则,说明定时器已经到期,于是执行定时任务,然后删除该定时器 */
            else
            {
                tmp->cb_func( tmp->user_data );
                if( tmp == slots[cur_slot] )
                {
                    printf( "delete header in cur_slot\n" );
                    slots[cur_slot] = tmp->next;
                    delete tmp;
                    if( slots[cur_slot] )
                    {
                        slots[cur_slot]->prev = NULL;
                    }
                    tmp = slots[cur_slot];
                }
                else
                {
                    tmp->prev->next = tmp->next;
                    if( tmp->next )
                    {
                        tmp->next->prev = tmp->prev;
                    }
                    tw_timer* tmp2 = tmp->next;
                    delete tmp;
                    tmp = tmp2;
                }
            }
        }
        cur_slot = ++cur_slot % N;   /* 更新时间轮的当前槽,以反映时间轮的转动 */
    }

private:
    /* 时间轮上槽的数目 */
    static const int N = 60;
    /* 每 1 s 时间轮转动一次,即槽间隔为 1 s */
    static const int SI = 1;
    /* 时间轮的槽,其中每个元素指向一个定时器链表,链表无序 */
    tw_timer* slots[N];
    int cur_slot;   /* 时间轮的当前槽 */
};

#endif
```

可见,对时间轮而言,添加一个定时器的时间复杂度是 O(1),删除一个定时器的时间复杂度也是 O（1），执行一个定时器的时间复杂度是 O（n）。但实际上执行一个定时器任务的效率要比 O（n）好得多，因为时间轮将所有的定时器散列到了不同的链表上。时间轮的槽越多，等价于散列表的入口（entry）越多，从而每条链表上的定时器数量越少。此外，我们的代码仅使用了一个时间轮。当使用多个轮子来实现时间轮时，执行一个定时器任务的时间复杂度将接近 O（1）。读者不妨把代码清单 11-3 稍做修改，用时间轮来代替排序链表，以查看时间轮的工作方式和效率。

11.4.2 时间堆

前面讨论的定时方案都是以固定的频率调用心搏函数 tick，并在其中依次检测到期的定时器，然后执行到期定时器上的回调函数。设计定时器的另外一种思路是：将所有定时器中超时时间最小的一个定时器的超时值作为心搏间隔。这样，一旦心搏函数 tick 被调用，超时时间最小的定时器必然到期，我们就可以在 tick 函数中处理该定时器。然后，再次从剩余的定时器中找出超时时间最小的一个，并将这段最小时间设置为下一次心搏间隔。如此反复，就实现了较为精确的定时。

最小堆很适合处理这种定时方案。最小堆是指每个节点的值都小于或等于其子节点的值的完全二叉树。图 11-2 给出了一个具有 6 个元素的最小堆。

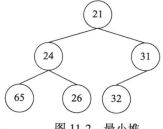

图 11-2 最小堆

树的基本操作是插入节点和删除节点。对最小堆而言，它们都很简单。为了将一个元素 X 插入最小堆，我们可以在树的下一个空闲位置创建一个空穴。如果 X 可以放在空穴中而不破坏堆序，则插入完成。否则就执行上虑操作，即交换空穴和它的父节点上的元素。不断执行上述过程，直到 X 可以被放入空穴，则插入操作完成。比如，我们要往图 11-2 所示的最小堆中插入值为 14 的元素，则可以按照图 11-3 所示的步骤来操作。

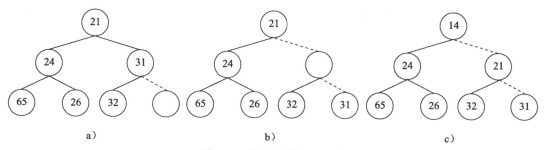

图 11-3 最小堆的插入操作
a）创建空穴 b）上虑一次 c）上虑二次

最小堆的删除操作指的是删除其根节点上的元素，并且不破坏堆序性质。执行删除操作时，我们需要先在根节点处创建一个空穴。由于堆现在少了一个元素，因此我们可以把堆的最后一个元素 X 移动到该堆的某个地方。如果 X 可以被放入空穴，则删除操作完成。否则就执行下虑操作，即交换空穴和它的两个儿子节点中的较小者。不断进行上述过程，直到 X 可以被放入空穴，则删除操作完成。比如，我们要对图 11-2 所示的最小堆执行删除操作，则可以按照图 11-4 所示的步骤来执行。

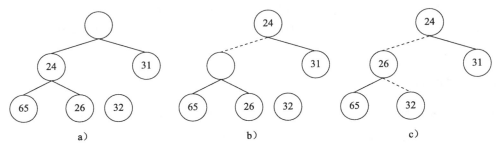

图 11-4 最小堆的删除操作

a）在根节点处创建空穴 b）下虑一次 c）下虑二次

由于最小堆是一种完全二叉树，所以我们可以用数组来组织其中的元素。比如，图 11-2 所示的最小堆可以用图 11-5 所示的数组来表示。对于数组中的任意一个位置 i 上的元素，其左儿子节点在位置 $2i+1$ 上，其右儿子节点在位置 $2i+2$ 上，其父节点则在位置 $[(i-1)/2]$（$i>0$）上。与用链表来表示堆相比，用数组表示堆不仅节省空间，而且更容易实现堆的插入、删除等操作[5]。

21	24	31	65	26	32			
0	1	2	3	4	5	6	7	8

图 11-5 最小堆的数组表示

假设我们已经有一个包含 N 个元素的数组，现在要把它初始化为一个最小堆。那么最简单的方法是：初始化一个空堆，然后将数组中的每个元素插入该堆中。不过这样做的效率偏低。实际上，我们只需要对数组中的第 $[(N-1)/2]$~0 个元素执行下虑操作，即可确保该数组构成一个最小堆。这是因为对包含 N 个元素的完全二叉树而言，它具有 $[(N-1)/2]$ 个非叶子节点，这些非叶子节点正是该完全二叉树的第 0~$[(N-1)/2]$ 个节点。我们只要确保这些非叶子节点构成的子树都具有堆序性质，整个树就具有堆序性质。

我们称用最小堆实现的定时器为时间堆。代码清单 11-6 给出了一种时间堆的实现，其中，最小堆使用数组来表示。

代码清单 11-6 时间堆

```
#ifndef MIN_HEAP
#define MIN_HEAP

#include <iostream>
#include <netinet/in.h>
#include <time.h>
using std::exception;

#define BUFFER_SIZE 64
```

```cpp
class heap_timer;    /* 前向声明 */
/* 绑定 socket 和定时器 */
struct client_data
{
    sockaddr_in address;
    int sockfd;
    char buf[ BUFFER_SIZE ];
    heap_timer* timer;
};

/* 定时器类 */
class heap_timer
{
public:
    heap_timer( int delay )
    {
        expire = time( NULL ) + delay;
    }

public:
    time_t expire;    /* 定时器生效的绝对时间 */
    void (*cb_func)( client_data* );    /* 定时器的回调函数 */
    client_data* user_data;    /* 用户数据 */
};

/* 时间堆类 */
class time_heap
{
public:
    /* 构造函数之一，初始化一个大小为 cap 的空堆 */
    time_heap( int cap ) throw ( std::exception ) : capacity( cap ), cur_size( 0 )
    {
        array = new heap_timer* [capacity];    /* 创建堆数组 */
        if ( ! array )
        {
            throw std::exception();
        }
        for( int i = 0; i < capacity; ++i )
        {
            array[i] = NULL;
        }
    }
    /* 构造函数之二，用已有数组来初始化堆 */
    time_heap( heap_timer** init_array, int size, int capacity ) throw
        ( std::exception ): cur_size( size ), capacity( capacity )
    {
        if ( capacity < size )
        {
            throw std::exception();
        }
        array = new heap_timer* [capacity];    /* 创建堆数组 */
```

```cpp
            if ( ! array )
            {
                    throw std::exception();
            }
            for( int i = 0; i < capacity; ++i )
            {
                    array[i] = NULL;
            }
            if ( size != 0 )
            {
                /* 初始化堆数组 */
                for ( int i = 0; i < size; ++i )
                {
                    array[ i ] = init_array[ i ];
                }
                for ( int i = (cur_size-1)/2; i >=0; --i )
                {   /* 对数组中的第 [(cur_size-1)/2]~0 个元素执行下虑操作 */
                    percolate_down( i );
                }
            }
        }
        /* 销毁时间堆 */
        ~time_heap()
        {
            for ( int i = 0; i < cur_size; ++i )
            {
                delete array[i];
            }
            delete [] array;
        }

public:
        /* 添加目标定时器 timer */
        void add_timer( heap_timer* timer ) throw ( std::exception )
        {
            if( !timer )
            {
                return;
            }
            if( cur_size >= capacity )  /* 如果当前堆数组容量不够，则将其扩大 1 倍 */
            {
                resize();
            }
            /* 新插入了一个元素，当前堆大小加 1，hole 是新建空穴的位置 */
            int hole = cur_size++;
            int parent = 0;
            /* 对从空穴到根节点的路径上的所有节点执行上虑操作 */
            for( ; hole > 0; hole=parent )
            {
                    parent = (hole-1)/2;
                    if ( array[parent]->expire <= timer->expire )
                    {
                            break;
                    }
```

```cpp
                array[hole] = array[parent];
        }
        array[hole] = timer;
}
/* 删除目标定时器 timer */
void del_timer( heap_timer* timer )
{
    if( !timer )
    {
        return;
    }
    /* 仅仅将目标定时器的回调函数设置为空,即所谓的延迟销毁。这将节省真正删除该定时器造
成的开销,但这样做容易使堆数组膨胀 */
    timer->cb_func = NULL;
}
/* 获得堆顶部的定时器 */
heap_timer* top() const
{
    if ( empty() )
    {
        return NULL;
    }
    return array[0];
}
/* 删除堆顶部的定时器 */
void pop_timer()
{
    if( empty() )
    {
        return;
    }
    if( array[0] )
    {
        delete array[0];
        /* 将原来的堆顶元素替换为堆数组中最后一个元素 */
        array[0] = array[--cur_size];
        percolate_down( 0 );  /* 对新的堆顶元素执行下虑操作 */
    }
}
/* 心搏函数 */
void tick()
{
    heap_timer* tmp = array[0];
    time_t cur = time( NULL );  /* 循环处理堆中到期的定时器 */
    while( !empty() )
    {
        if( !tmp )
        {
            break;
        }
        /* 如果堆顶定时器没到期,则退出循环 */
        if( tmp->expire > cur )
        {
```

```cpp
                    break;
                }
                /* 否则就执行堆顶定时器中的任务 */
                if( array[0]->cb_func )
                {
                    array[0]->cb_func( array[0]->user_data );
                }
                /* 将堆顶元素删除,同时生成新的堆顶定时器(array[0]) */
                pop_timer();
                tmp = array[0];
            }
        }
        bool empty() const { return cur_size == 0; }

    private:
        /* 最小堆的下虑操作,它确保堆数组中以第hole个节点作为根的子树拥有最小堆性质 */
        void percolate_down( int hole )
        {
            heap_timer* temp = array[hole];
            int child = 0;
            for ( ; ((hole*2+1) <= (cur_size-1)); hole=child )
            {
                child = hole*2+1;
                if ( (child < (cur_size-1)) && (array[child+1]->expire <
                    array[child]->expire ) )
                {
                    ++child;
                }
                if ( array[child]->expire < temp->expire )
                {
                    array[hole] = array[child];
                }
                else
                {
                    break;
                }
            }
            array[hole] = temp;
        }
        /* 将堆数组容量扩大1倍 */
        void resize() throw ( std::exception )
        {
            heap_timer** temp = new heap_timer* [2*capacity];
            for( int i = 0; i < 2*capacity; ++i )
            {
                temp[i] = NULL;
            }
            if ( ! temp )
            {
                throw std::exception();
            }
            capacity = 2*capacity;
            for ( int i = 0; i < cur_size; ++i )
            {
```

```
                temp[i] = array[i];
            }
            delete [] array;
            array = temp;
        }
private:
    heap_timer** array;    /* 堆数组 */
    int capacity;          /* 堆数组的容量 */
    int cur_size;          /* 堆数组当前包含元素的个数 */
};

#endif
```

由代码清单 11-6 可见，对时间堆而言，添加一个定时器的时间复杂度是 O（lgn），删除一个定时器的时间复杂度是 O（1），执行一个定时器的时间复杂度是 O（1）。因此，时间堆的效率是很高的。

第 12 章 高性能 I/O 框架库 Libevent

前面我们利用三章的篇幅较为细致地讨论了 Linux 服务器程序必须处理的三类事件：I/O 事件、信号和定时事件。在处理这三类事件时我们通常需要考虑如下三个问题：

❏ 统一事件源。很明显，统一处理这三类事件既能使代码简单易懂，又能避免一些潜在的逻辑错误。前面我们已经讨论了实现统一事件源的一般方法——利用 I/O 复用系统调用来管理所有事件。

❏ 可移植性。不同的操作系统具有不同的 I/O 复用方式，比如 Solaris 的 dev/poll 文件，FreeBSD 的 kqueue 机制，Linux 的 epoll 系列系统调用。

❏ 对并发编程的支持。在多进程和多线程环境下，我们需要考虑各执行实体如何协同处理客户连接、信号和定时器，以避免竞态条件。

所幸的是，开源社区提供了诸多优秀的 I/O 框架库。它们不仅解决了上述问题，让开发者可以将精力完全放在程序的逻辑上，而且稳定性、性能等各方面都相当出色。比如 ACE、ASIO 和 Libevent。本章将介绍其中相对轻量级的 Libevent 框架库。

12.1 I/O 框架库概述

I/O 框架库以库函数的形式，封装了较为底层的系统调用，给应用程序提供了一组更便于使用的接口。这些库函数往往比程序员自己实现的同样功能的函数更合理、更高效，且更健壮。因为它们经受住了真实网络环境下的高压测试，以及时间的考验。

各种 I/O 框架库的实现原理基本相似，要么以 Reactor 模式实现，要么以 Proactor 模式实现，要么同时以这两种模式实现。举例来说，基于 Reactor 模式的 I/O 框架库包含如下几个组件：句柄（Handle）、事件多路分发器（EventDemultiplexer）、事件处理器（EventHandler）和具体的事件处理器（ConcreteEventHandler）、Reactor。这些组件的关系如图 12-1 所示[6]。

1. 句柄

I/O 框架库要处理的对象，即 I/O 事件、信号和定时事件，统一称为事件源。一个事件源通常和一个句柄绑定在一起。句柄的作用是，当内核检测到就绪事件时，它将通过句柄来通知应用程序这一事件。在 Linux 环境下，I/O 事件对应的句柄是文件描述符，信号事件对应的句柄就是信号值。

2. 事件多路分发器

事件的到来是随机的、异步的。我们无法预知程序何时收到一个客户连接请求，又亦或收到一个暂停信号。所以程序需要循环地等待并处理事件，这就是事件循环。在事件循环中，等待事件一般使用 I/O 复用技术来实现。I/O 框架库一般将系统支持的各种 I/O 复用系统调用封装成统一的接口，称为事件多路分发器。事件多路分发器的 demultiplex 方法是等待事件的核心函数，其内部调用的是 select、poll、epoll_wait 等函数。

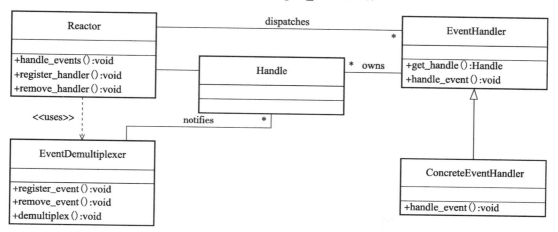

图 12-1　I/O 框架库组件

此外，事件多路分发器还需要实现 register_event 和 remove_event 方法，以供调用者往事件多路分发器中添加事件和从事件多路分发器中删除事件。

3. 事件处理器和具体事件处理器

事件处理器执行事件对应的业务逻辑。它通常包含一个或多个 handle_event 回调函数，这些回调函数在事件循环中被执行。I/O 框架库提供的事件处理器通常是一个接口，用户需要继承它来实现自己的事件处理器，即具体事件处理器。因此，事件处理器中的回调函数一般被声明为虚函数，以支持用户的扩展。

此外，事件处理器一般还提供一个 get_handle 方法，它返回与该事件处理器关联的句柄。那么，事件处理器和句柄有什么关系？当事件多路分发器检测到有事件发生时，它是通过句柄来通知应用程序的。因此，我们必须将事件处理器和句柄绑定，才能在事件发生时获取到正确的事件处理器。

4. Reactor

Reactor 是 I/O 框架库的核心。它提供的几个主要方法是：

- handle_events。该方法执行事件循环。它重复如下过程：等待事件，然后依次处理所有就绪事件对应的事件处理器。
- register_handler。该方法调用事件多路分发器的 register_event 方法来往事件多路分发器中注册一个事件。
- remove_handler。该方法调用事件多路分发器的 remove_event 方法来删除事件多路分发器中的一个事件。

图 12-2 总结了 I/O 框架库的工作时序。

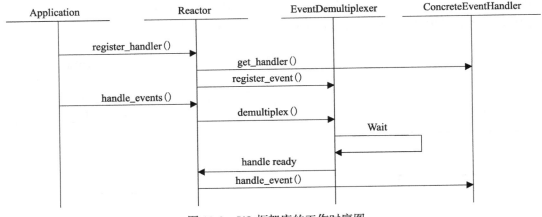

图 12-2　I/O 框架库的工作时序图

12.2　Libevent 源码分析

Libevent 是开源社区的一款高性能的 I/O 框架库，其学习者和使用者众多。使用 Libevent 的著名案例有：高性能的分布式内存对象缓存软件 memcached，Google 浏览器 Chromium 的 Linux 版本。作为一个 I/O 框架库，Libevent 具有如下特点：

- ❑ 跨平台支持。Libevent 支持 Linux、UNIX 和 Windows。
- ❑ 统一事件源。Libevent 对 I/O 事件、信号和定时事件提供统一的处理。
- ❑ 线程安全。Libevent 使用 libevent_pthreads 库来提供线程安全支持。
- ❑ 基于 Reactor 模式的实现。

这一节中我们将简单地研究一下 Libevent 源代码的主要部分。分析它除了可以更好地学习网络编程外，还有如下好处：

- ❑ 学习编写一个产品级的函数库要考虑哪些细节。
- ❑ 提高 C 语言功底。Libevent 源码中使用了大量的函数指针，用 C 语言实现了多态机制，并提供了一些基础数据结构的高效实现，比如双向链表、最小堆等。

Libevent 的官方网站是 http://libevent.org/，其中提供 Libevent 源代码的下载，以及学习 Libevent 框架库的第一手文档，并且源码和文档的更新也较为频繁。笔者写作此书时使用的 Libevent 版本是该网站于 2012 年 5 月 3 日发布的 2.0.19。

12.2.1　一个实例

分析一款软件的源代码，最简单有效的方式是从使用入手，这样才能从整体上把握该软件的逻辑结构。代码清单 12-1 是使用 Libevent 库实现的一个"Hello World"程序。

代码清单 12-1　Libevent 实例

```
#include <sys/signal.h>
#include <event.h>
```

```c
void signal_cb( int fd, short event, void* argc )
{
    struct event_base* base = ( event_base* )argc;
    struct timeval delay = { 2, 0 };
    printf( "Caught an interrupt signal; exiting cleanly in two seconds...\n" );
    event_base_loopexit( base, &delay );
}
void timeout_cb( int fd, short event, void* argc )
{
    printf( "timeout\n" );
}

int main()
{
    struct event_base* base = event_init();

    struct event* signal_event = evsignal_new( base, SIGINT, signal_cb, base );
    event_add( signal_event, NULL );

    timeval tv = { 1, 0 };
    struct event* timeout_event = evtimer_new( base, timeout_cb, NULL );
    event_add( timeout_event, &tv );

    event_base_dispatch( base );

    event_free( timeout_event );
    event_free( signal_event );
    event_base_free( base );
}
```

代码清单 12-1 虽然简单，但却基本上描述了 Libevent 库的主要逻辑：

1）调用 event_init 函数创建 event_base 对象。一个 event_base 相当于一个 Reactor 实例。

2）创建具体的事件处理器，并设置它们所从属的 Reactor 实例。evsignal_new 和 evtimer_new 分别用于创建信号事件处理器和定时事件处理器，它们是定义在 include/event2/event.h 文件中的宏：

```c
#define evsignal_new(b, x, cb, arg)    \
    event_new((b), (x), EV_SIGNAL|EV_PERSIST, (cb), (arg))
#define evtimer_new(b, cb, arg)    event_new((b), -1, 0, (cb), (arg))
```

可见，它们的统一入口是 event_new 函数，即用于创建通用事件处理器（图 12-1 中的 EventHandler）的函数。其定义是：

```c
struct event* event_new(struct event_base* base, evutil_socket_t fd, short events,
                       void (*cb)(evutil_socket_t, short, void* ), void* arg)
```

其中，base 参数指定新创建的事件处理器从属的 Reactor。fd 参数指定与该事件处理器关联的句柄。创建 I/O 事件处理器时，应该给 fd 参数传递文件描述符值；创建信号事件处理器时，应该给 fd 参数传递信号值，比如代码清单 12-1 中的 SIGINT；创建定时事件处理器时，则应该给 fd 参数传递 -1。events 参数指定事件类型，其可选值都定义在 include/event2/event.h 文件中，如代码清单 12-2 所示。

代码清单 12-2　Libevent 支持的事件类型

```
#define EV_TIMEOUT      0x01    /* 定时事件 */
#define EV_READ         0x02    /* 可读事件 */
#define EV_WRITE        0x04    /* 可写事件 */
#define EV_SIGNAL       0x08    /* 信号事件 */
#define EV_PERSIST      0x10    /* 永久事件 */
/* 边沿触发事件，需要 I/O 复用系统调用支持，比如 epoll */
#define EV_ET           0x20
```

代码清单 12-2 中，EV_PERSIST 的作用是：事件被触发后，自动重新对这个 event 调用 event_add 函数（见后文）。

cb 参数指定目标事件对应的回调函数，相当于图 12-1 中事件处理器的 handle_event 方法。arg 参数则是 Reactor 传递给回调函数的参数。

event_new 函数成功时返回一个 event 类型的对象，也就是 Libevent 的事件处理器。Libevent 用单词 "event" 来描述事件处理器，而不是事件，会使读者觉得有些混乱，故而我们约定如下：

❏ 事件指的是一个句柄上绑定的事件，比如文件描述符 0 上的可读事件。
❏ 事件处理器，也就是 event 结构体类型的对象，除了包含事件必须具备的两个要素（句柄和事件类型）外，还有很多其他成员，比如回调函数。
❏ 事件由事件多路分发器管理，事件处理器则由事件队列管理。事件队列包括多种，比如 event_base 中的注册事件队列、活动事件队列和通用定时器队列，以及 evmap 中的 I/O 事件队列、信号事件队列。关于这些事件队列，我们将在后文依次讨论。
❏ 事件循环对一个被激活事件（就绪事件）的处理，指的是执行该事件对应的事件处理器中的回调函数。

3）调用 event_add 函数，将事件处理器添加到注册事件队列中，并将该事件处理器对应的事件添加到事件多路分发器中。event_add 函数相当于 Reactor 中的 register_handler 方法。

4）调用 event_base_dispatch 函数来执行事件循环。

5）事件循环结束后，使用 *_free 系列函数来释放系统资源。

由此可见，代码清单 12-1 给我们提供了一条分析 Libevent 源代码的主线。不过在此之前，我们先简单介绍一下 Libevent 源代码的组织结构。

12.2.2　源代码组织结构

Libevent 源代码中的目录和文件按照功能可划分为如下部分：

❏ 头文件目录 include/event2。该目录是自 Libevent 主版本升级到 2.0 之后引入的，在 1.4 及更老的版本中并无此目录。该目录中的头文件是 Libevent 提供给应用程序使用的，比如，event.h 头文件提供核心函数，http.h 头文件提供 HTTP 协议相关服务，rpc.h 头文件提供远程过程调用支持。
- 源码根目录下的头文件。这些头文件分为两类：一类是对 include/event2 目录下的部分头文件的包装，另外一类是供 Libevent 内部使用的辅助性头文件，它们的文件名都具有 *-internal.h 的形式。
- 通用数据结构目录 compat/sys。该目录下仅有一个文件——queue.h。它封装了跨平台的基础数据结构，包括单向链表、双向链表、队列、尾队列和循环队列。
- sample 目录。它提供一些示例程序。
- test 目录。它提供一些测试代码。
- WIN32-Code 目录。它提供 Windows 平台上的一些专用代码。
- event.c 文件。该文件实现 Libevent 的整体框架，主要是 event 和 event_base 两个结构体的相关操作。
- devpoll.c、kqueue.c、evport.c、select.c、win32select.c、poll.c 和 epoll.c 文件。它们分别封装了如下 I/O 复用机制：/dev/poll、kqueue、event ports、POSIX select、Windows select、poll 和 epoll。这些文件的主要内容相似，都是针对结构体 eventop（见后文）所定义的接口函数的具体实现。
- minheap-internal.h 文件。该文件实现了一个时间堆，以提供对定时事件的支持。
- signal.c 文件。它提供对信号的支持。其内容也是针对结构体 eventop 所定义的接口函数的具体实现。
- evmap.c 文件。它维护句柄（文件描述符或信号）与事件处理器的映射关系。
- event_tagging.c 文件。它提供往缓冲区中添加标记数据（比如一个整数），以及从缓冲区中读取标记数据的函数。
- event_iocp.c 文件。它提供对 Windows IOCP（Input/Output Completion Port，输入输出完成端口）的支持。
- buffer*.c 文件。它提供对网络 I/O 缓冲的控制，包括：输入输出数据过滤，传输速率限制，使用 SSL（Secure Sockets Layer）协议对应用数据进行保护，以及零拷贝文件传输等。
- evthread*.c 文件。它提供对多线程的支持。
- listener.c 文件。它封装了对监听 socket 的操作，包括监听连接和接受连接。
- logs.c 文件。它是 Libevent 的日志系统。
- evutil.c、evutil_rand.c、strlcpy.c 和 arc4random.c 文件。它们提供一些基本操作，比如生成随机数、获取 socket 地址信息、读取文件、设置 socket 属性等。
- evdns.c、http.c 和 evrpc.c 文件。它们分别提供了对 DNS 协议、HTTP 协议和 RPC（Remote Procedure Call，远程过程调用）协议的支持。
- epoll_sub.c 文件。该文件未见使用。

在整个源码中，event-internal.h、include/event2/event_struct.h、event.c 和 evmap.c 等 4 个

文件最为重要。它们定义了 event 和 event_base 结构体，并实现了这两个结构体的相关操作。下面的讨论也主要是围绕这几个文件展开的。

12.2.3 event 结构体

前文提到，Libevent 中的事件处理器是 event 结构类型。event 结构体封装了句柄、事件类型、回调函数，以及其他必要的标志和数据。该结构体在 include/event2/event_struct.h 文件中定义：

```
struct event
{
    TAILQ_ENTRY(event) ev_active_next;
    TAILQ_ENTRY(event) ev_next;
    union {
        TAILQ_ENTRY(event) ev_next_with_common_timeout;
        int min_heap_idx;
    } ev_timeout_pos;
    evutil_socket_t ev_fd;

    struct event_base* ev_base;

    union {
        struct {
            TAILQ_ENTRY(event) ev_io_next;
            struct timeval ev_timeout;
        } ev_io;

        struct {
            TAILQ_ENTRY(event) ev_signal_next;
            short ev_ncalls;
            short *ev_pncalls;
        } ev_signal;
    } _ev;

    short ev_events;
    short ev_res;
    short ev_flags;
    ev_uint8_t ev_pri;
    ev_uint8_t ev_closure;
    struct timeval ev_timeout;

    void (*ev_callback)(evutil_socket_t, short, void *arg);
    void *ev_arg;
};
```

下面我们详细介绍 event 结构体中的每个成员：

- ev_events。它代表事件类型。其取值可以是代码清单 12-2 所示的标志的按位或（互斥的事件类型除外，比如读写事件和信号事件就不能同时被设置）。
- ev_next。所有已经注册的事件处理器（包括 I/O 事件处理器和信号事件处理器）通过该成员串联成一个尾队列，我们称之为注册事件队列。宏 TAILQ_ENTRY 是尾队列中的节点类型，它定义在 compat/sys/queue.h 文件中：

```
#define TAILQ_ENTRY(type)     \
struct {  \
    struct type* tqe_next;  \    /* 下一个元素 */
    struct type** tqe_prev; \    /* 前一个元素的地址 */
}
```

- ev_active_next。所有被激活的事件处理器通过该成员串联成一个尾队列，我们称之为活动事件队列。活动事件队列不止一个，不同优先级的事件处理器被激活后将被插入不同的活动事件队列中。在事件循环中，Reactor 将按优先级从高到低遍历所有活动事件队列，并依次处理其中的事件处理器。
- ev_timeout_pos。这是一个联合体，它仅用于定时事件处理器。为了讨论的方便，后面我们称定时事件处理器为定时器。老版本的 Libevent 中，定时器都是由时间堆来管理的。但开发者认为有时候使用简单的链表来管理定时器将具有更高的效率。因此，新版本的 Libevent 就引入了所谓"通用定时器"的概念。这些定时器不是存储在时间堆中，而是存储在尾队列中，我们称之为通用定时器队列。对于通用定时器而言，ev_timeout_pos 联合体的 ev_next_with_common_timeout 成员指出了该定时器在通用定时器队列中的位置。对于其他定时器而言，ev_timeout_pos 联合体的 min_heap_idx 成员指出了该定时器在时间堆中的位置。一个定时器是否是通用定时器取决于其超时值大小，具体判断原则请读者自己参考 event.c 文件中的 is_common_timeout 函数。
- _ev。这是一个联合体。所有具有相同文件描述符值的 I/O 事件处理器通过 ev.ev_io.ev_io_next 成员串联成一个尾队列，我们称之为 I/O 事件队列；所有具有相同信号值的信号事件处理器通过 ev.ev_signal.ev_signal_next 成员串联成一个尾队列，我们称之为信号事件队列。ev.ev_signal.ev_ncalls 成员指定信号事件发生时，Reactor 需要执行多少次该事件对应的事件处理器中的回调函数。ev.ev_signal.ev_pncalls 指针成员要么是 NULL，要么指向 ev.ev_signal.ev_ncalls。

在程序中，我们可能针对同一个 socket 文件描述符上的可读/可写事件创建多个事件处理器（它们拥有不同的回调函数）。当该文件描述符上有可读/可写事件发生时，所有这些事件处理器都应该被处理。所以，Libevent 使用 I/O 事件队列将具有相同文件描述符值的事件处理器组织在一起。这样，当一个文件描述符上有事件发生时，事件多路分发器就能很快地把所有相关的事件处理器添加到活动事件队列中。信号事件队列的存在也是由于相同的原因。可见，I/O 事件队列和信号事件队列并不是注册事件队列的细致分类，而是另有用处。

- ev_fd。对于 I/O 事件处理器，它是文件描述符值；对于信号事件处理器，它是信号值。
- ev_base。该事件处理器从属的 event_base 实例。
- ev_res。它记录当前激活事件的类型。
- ev_flags。它是一些事件标志。其可选值定义在 include/event2/event_struct.h 文件中：

```
#define EVLIST_TIMEOUT  0x01   /* 事件处理器从属于通用定时器队列或时间堆 */
```

```
#define EVLIST_INSERTED  0x02   /* 事件处理器从属于注册事件队列 */
#define EVLIST_SIGNAL    0x04   /* 没有使用 */
#define EVLIST_ACTIVE    0x08   /* 事件处理器从属于活动事件队列 */
#define EVLIST_INTERNAL  0x10   /* 内部使用 */
#define EVLIST_INIT      0x80   /* 事件处理器已经被初始化 */
#define EVLIST_ALL       (0xf000 | 0x9f)  /* 定义所有标志 */
```

- ev_pri。它指定事件处理器优先级，值越小则优先级越高。
- ev_closure。它指定 event_base 执行事件处理器的回调函数时的行为。其可选值定义于 event-internal.h 文件中：

```
/* 默认行为 */
#define EV_CLOSURE_NONE 0
/* 执行信号事件处理器的回调函数时，调用 ev.ev_signal.ev_ncalls 次该回调函数 */
#define EV_CLOSURE_SIGNAL 1
/* 执行完回调函数后，再次将事件处理器加入注册事件队列中 */
#define EV_CLOSURE_PERSIST 2
```

- ev_timeout。它仅对定时器有效，指定定时器的超时值。
- ev_callback。它是事件处理器的回调函数，由 event_base 调用。回调函数被调用时，它的 3 个参数分别被传入事件处理器的如下 3 个成员：ev_fd、ev_res 和 ev_arg。
- ev_arg。回调函数的参数。

12.2.4 往注册事件队列中添加事件处理器

前面提到，创建一个 event 对象的函数是 event_new（及其变体），它在 event.c 文件中实现。该函数的实现相当简单，主要是给 event 对象分配内存并初始化它的部分成员，因此我们不讨论它。event 对象创建好之后，应用程序需要调用 event_add 函数将其添加到注册事件队列中，并将对应的事件注册到事件多路分发器上。event_add 函数在 event.c 文件中实现，主要是调用另外一个内部函数 event_add_internal，如代码清单 12-3 所示。

代码清单 12-3　event_add_internal 函数

```
static inline int event_add_internal(struct event *ev, const struct timeval *tv,
                        int tv_is_absolute)
{
    struct event_base *base = ev->ev_base;
    int res = 0;
    int notify = 0;

    EVENT_BASE_ASSERT_LOCKED(base);
    _event_debug_assert_is_setup(ev);

    event_debug((
        "event_add: event: %p (fd %d), %s%s%scall %p",
        ev,
        (int)ev->ev_fd,
        ev->ev_events & EV_READ ? "EV_READ " : " ",
```

```c
            ev->ev_events & EV_WRITE ? "EV_WRITE " : " ",
            tv ? "EV_TIMEOUT " : " ",
            ev->ev_callback));

    EVUTIL_ASSERT(!(ev->ev_flags & ~EVLIST_ALL));

    /* 如果新添加的事件处理器是定时器，且它尚未被添加到通用定时器队列或时间堆中，则为该定时器
在时间堆上预留一个位置 */
    if (tv != NULL && !(ev->ev_flags & EVLIST_TIMEOUT)) {
        if (min_heap_reserve(&base->timeheap,
            1 + min_heap_size(&base->timeheap)) == -1)
            return (-1);
    }

    /* 如果当前调用者不是主线程（执行事件循环的线程），并且被添加的事件处理器是信号事件处理器，
而且主线程正在执行该信号事件处理器的回调函数，则当前调用者必须等待主线程完成调用，否则将引起竞态条件
（考虑 event 结构体的 ev_ncalls 和 ev_pncalls 成员）*/
#ifndef _EVENT_DISABLE_THREAD_SUPPORT
    if (base->current_event == ev && (ev->ev_events & EV_SIGNAL)
        && !EVBASE_IN_THREAD(base)) {
        ++base->current_event_waiters;
        EVTHREAD_COND_WAIT(base->current_event_cond, base->th_base_lock);
    }
#endif

    if ((ev->ev_events & (EV_READ|EV_WRITE|EV_SIGNAL)) &&
        !(ev->ev_flags & (EVLIST_INSERTED|EVLIST_ACTIVE))) {
        if (ev->ev_events & (EV_READ|EV_WRITE))
            /* 添加 I/O 事件和 I/O 事件处理器的映射关系 */
            res = evmap_io_add(base, ev->ev_fd, ev);
        else if (ev->ev_events & EV_SIGNAL)
            /* 添加信号事件和信号事件处理器的映射关系 */
            res = evmap_signal_add(base, (int)ev->ev_fd, ev);
        if (res != -1)
            /* 将事件处理器插入注册事件队列 */
            event_queue_insert(base, ev, EVLIST_INSERTED);
        if (res == 1) {
            /* 事件多路分发器中添加了新的事件，所以要通知主线程 */
            notify = 1;
            res = 0;
        }
    }

    /* 下面将事件处理器添加至通用定时器队列或时间堆中。对于信号事件处理器和 I/O 事件处理器，根
据 evmap_*_add 函数的结果决定是否添加（这是为了给事件设置超时）；而对于定时器，则始终应该添加之 */
    if (res != -1 && tv != NULL) {
        struct timeval now;
        int common_timeout;

        /* 对于永久性事件处理器，如果其超时时间不是绝对时间，则将该事件处理器的超时时间记录
在变量 ev->ev_io_timeout 中。ev_io_timeout 是定义在 event-internal.h 文件中的宏：#define ev_
io_timeout    _ev.ev_io.ev_timeout */
        if (ev->ev_closure == EV_CLOSURE_PERSIST && !tv_is_absolute)
```

```c
        ev->ev_io_timeout = *tv;

    /* 如果该事件处理器已经被插入通用定时器队列或时间堆中,则先删除它 */
    if (ev->ev_flags & EVLIST_TIMEOUT) {
        if (min_heap_elt_is_top(ev))
            notify = 1;
        event_queue_remove(base, ev, EVLIST_TIMEOUT);
    }

    /* 如果待添加的事件处理器已经被激活,且原因是超时,则从活动事件队列中删除它,以避免
其回调函数被执行。对于信号事件处理器,必要时还需将其ncalls成员设置为0(注意,ev_pncalls如果不为
NULL,它指向ncalls)。前面提到,信号事件被触发时,ncalls指定其回调函数被执行的次数。将ncalls设
置为0,可以干净地终止信号事件的处理 */
    if ((ev->ev_flags & EVLIST_ACTIVE) &&
        (ev->ev_res & EV_TIMEOUT)) {
        if (ev->ev_events & EV_SIGNAL) {
            if (ev->ev_ncalls && ev->ev_pncalls) {
                *ev->ev_pncalls = 0;
            }
        }

        event_queue_remove(base, ev, EVLIST_ACTIVE);
    }

    gettime(base, &now);

    common_timeout = is_common_timeout(tv, base);
    if (tv_is_absolute) {
        ev->ev_timeout = *tv;
    /* 判断应该将定时器插入通用定时器队列,还是插入时间堆 */
    } else if (common_timeout) {
        struct timeval tmp = *tv;
        tmp.tv_usec &= MICROSECONDS_MASK;
        evutil_timeradd(&now, &tmp, &ev->ev_timeout);
        ev->ev_timeout.tv_usec |=
            (tv->tv_usec & ~MICROSECONDS_MASK);
    } else {
        /* 加上当前系统时间,以取得定时器超时的绝对时间 */
        evutil_timeradd(&now, tv, &ev->ev_timeout);
    }

    event_debug((
        "event_add: timeout in %d seconds, call %p",
        (int)tv->tv_sec, ev->ev_callback));

    event_queue_insert(base, ev, EVLIST_TIMEOUT);   /* 最后,插入定时器 */
    /* 如果被插入的事件处理器是通用定时器队列中的第一个元素,则通过调用common_timeout_
schedule函数将其转移到时间堆中。这样,通用定时器链表和时间堆中的定时器就得到了统一的处理 */
    if (common_timeout) {
        struct common_timeout_list *ctl =
            get_common_timeout_list(base, &ev->ev_timeout);
        if (ev == TAILQ_FIRST(&ctl->events)) {
            common_timeout_schedule(ctl, &now, ev);
```

```
            }
        } else {
            if (min_heap_elt_is_top(ev))
                notify = 1;
        }
    }

    /* 如果必要，唤醒主线程 */
    if (res != -1 && notify && EVBASE_NEED_NOTIFY(base))
        evthread_notify_base(base);

    _event_debug_note_add(ev);

    return (res);
}
```

从代码清单 12-3 可见，event_add_internal 函数内部调用了几个重要的函数：
- evmap_io_add。该函数将 I/O 事件添加到事件多路分发器中，并将对应的事件处理器添加到 I/O 事件队列中，同时建立 I/O 事件和 I/O 事件处理器之间的映射关系。我们将在下一节详细讨论该函数。
- evmap_signal_add。该函数将信号事件添加到事件多路分发器中，并将对应的事件处理器添加到信号事件队列中，同时建立信号事件和信号事件处理器之间的映射关系。
- event_queue_insert。该函数将事件处理器添加到各种事件队列中：将 I/O 事件处理器和信号事件处理器插入注册事件队列；将定时器插入通用定时器队列或时间堆；将被激活的事件处理器添加到活动事件队列中。其实现如代码清单 12-4 所示。

代码清单 12-4　event_queue_insert 函数

```
static void event_queue_insert(struct event_base *base, struct event *ev,
                 int queue)
{
    EVENT_BASE_ASSERT_LOCKED(base);
    /* 避免重复插入 */
    if (ev->ev_flags & queue) {
        /* Double insertion is possible for active events */
        if (queue & EVLIST_ACTIVE)
            return;

        event_errx(1, "%s: %p(fd %d) already on queue %x", __func__,
                   ev, ev->ev_fd, queue);
        return;
    }

    if (~ev->ev_flags & EVLIST_INTERNAL)
        base->event_count++;  /* 将 event_base 拥有的事件处理器总数加 1 */

    ev->ev_flags |= queue;  /* 标记此事件已被添加过 */
```

```c
        switch (queue) {
        /* 将 I/O 事件处理器或信号事件处理器插入注册事件队列 */
        case EVLIST_INSERTED:
                TAILQ_INSERT_TAIL(&base->eventqueue, ev, ev_next);
                break;
        /* 将就绪事件处理器插入活动事件队列 */
        case EVLIST_ACTIVE:
                base->event_count_active++;
                TAILQ_INSERT_TAIL(&base->activequeues[ev->ev_pri],
                    ev,ev_active_next);
                break;
        /* 将定时器插入通用定时器队列或时间堆 */
        case EVLIST_TIMEOUT: {
                if (is_common_timeout(&ev->ev_timeout, base)) {
                        struct common_timeout_list *ctl =
                            get_common_timeout_list(base, &ev->ev_timeout);
                        insert_common_timeout_inorder(ctl, ev);
                } else
                        min_heap_push(&base->timeheap, ev);
                break;
        }
        default:
                event_errx(1, "%s: unknown queue %x", __func__, queue);
        }
}
```

12.2.5 往事件多路分发器中注册事件

event_queue_insert 函数所做的仅仅是将一个事件处理器加入 event_base 的某个事件队列中。对于新添加的 I/O 事件处理器和信号事件处理器，我们还需要让事件多路分发器来监听其对应的事件，同时建立文件描述符、信号值与事件处理器之间的映射关系。这就要通过调用 evmap_io_add 和 evmap_signal_add 两个函数来完成。这两个函数相当于事件多路分发器中的 register_event 方法，它们由 evmap.c 文件实现。不过在讨论它们之前，我们先介绍一下它们将用到的一些重要数据结构，如代码清单 12-5 所示。

代码清单 12-5 evmap_io、event_io_map 和 evmap_signal、evmap_signal_map

```c
#ifdef EVMAP_USE_HT
#include "ht-internal.h"
struct event_map_entry;
/* 如果定义了 EVMAP_USE_HT，则将 event_io_map 定义为哈希表。该哈希表存储 event_map_entry
对象和 I/O 事件队列（见前文，具有同样文件描述符值的 I/O 事件处理器构成 I/O 事件队列）之间的映射关系，
实际上也就是存储了文件描述符和 I/O 事件处理器之间的映射关系 */
HT_HEAD(event_io_map, event_map_entry);
#else   /* 否则 event_io_map 和下面的 event_signal_map 一样 */
#define event_io_map event_signal_map
#endif

/* 下面这个结构体中的 entries 数组成员存储信号值和信号事件处理器之间的映射关系（用信号值索引数
组 entries 即得到对应的信号事件处理器）*/
```

```c
struct event_signal_map {
        void **entries;  /* 用于存放 evmap_io 或 evmap_signal 的数组 */
        int nentries;    /* entries 数组的大小 */
};

/* 如果定义了 EVMAP_USE_HT,则哈希表 event_io_map 中的成员具有如下类型 */
struct event_map_entry {
        HT_ENTRY(event_map_entry) map_node;
        evutil_socket_t fd;
        union {
                struct evmap_io evmap_io;
        } ent;
};

/* event_list 是由 event 组成的尾队列,前面讨论的所有事件队列都是这种类型 */
TAILQ_HEAD (event_list, event);

/* I/O 事件队列(确切地说,evmap_io.events 才是 I/O 事件队列) */
struct evmap_io {
        struct event_list events;
        ev_uint16_t nread;
        ev_uint16_t nwrite;
};

/* 信号事件队列(确切地说,evmap_signal.events 才是信号事件队列) */
struct evmap_signal {
        struct event_list events;
};
```

由于 evmap_io_add 和 evmap_signal_add 两个函数的逻辑基本相同,因此我们仅讨论 evmap_io_add 函数,如代码清单 12-6 所示。

代码清单 12-6　evmap_io_add 函数

```c
int evmap_io_add(struct event_base *base, evutil_socket_t fd, struct event *ev)
{
        /* 获得 event_base 的后端 I/O 复用机制实例 */
        const struct eventop *evsel = base->evsel;
        /* 获得 event_base 中文件描述符与 I/O 事件队列的映射表(哈希表或数组) */
        struct event_io_map *io = &base->io;
        /* fd 参数对应的 I/O 事件队列 */
        struct evmap_io *ctx = NULL;
        int nread, nwrite, retval = 0;
        short res = 0, old = 0;
        struct event *old_ev;

        EVUTIL_ASSERT(fd == ev->ev_fd);

        if (fd < 0)
                return 0;

#ifndef EVMAP_USE_HT
```

```c
            /* I/O事件队列数组io.entries中，每个文件描述符占用一项。如果fd大于当前数组的大
小，则增加数组的大小（扩大后的数组的容量要大于fd）*/
            if (fd >= io->nentries) {
                    if (evmap_make_space(io, fd, sizeof(struct evmap_io *)) == -1)
                            return (-1);
            }
#endif
            /* 下面这个宏根据EVMAP_USE_HT是否被定义而有不同的实现，但目的都是创建ctx，在映
射表io中为fd和ctx添加映射关系 */
            GET_IO_SLOT_AND_CTOR(ctx, io, fd, evmap_io, evmap_io_init, evsel->fdinfo_len);

            nread = ctx->nread;
            nwrite = ctx->nwrite;

            if (nread)
                    old |= EV_READ;
            if (nwrite)
                    old |= EV_WRITE;

            if (ev->ev_events & EV_READ) {
                    if (++nread == 1)
                            res |= EV_READ;
            }
            if (ev->ev_events & EV_WRITE) {
                    if (++nwrite == 1)
                            res |= EV_WRITE;
            }
            if (EVUTIL_UNLIKELY(nread > 0xffff || nwrite > 0xffff)) {
                    event_warnx("Too many events reading or writing on fd %d",
                        (int)fd);
                    return -1;
            }
            if (EVENT_DEBUG_MODE_IS_ON() &&
               (old_ev = TAILQ_FIRST(&ctx->events)) &&
               (old_ev->ev_events&EV_ET) != (ev->ev_events&EV_ET)) {
                    event_warnx("Tried to mix edge-triggered and non-edge-triggered"
                        " events on fd %d", (int)fd);
                    return -1;
            }

            if (res) {
                    void *extra = ((char*)ctx) + sizeof(struct evmap_io);
                    /* 往事件多路分发器中注册事件。add是事件多路分发器的接口函数之一。对不同
的后端I/O复用机制，这些接口函数有不同的实现。我们将在后面讨论事件多路分发器的接口函数 */
                    if (evsel->add(base, ev->ev_fd,
                            old, (ev->ev_events & EV_ET) | res, extra) == -1)
                            return (-1);
                    retval = 1;
            }

            ctx->nread = (ev_uint16_t) nread;
            ctx->nwrite = (ev_uint16_t) nwrite;
```

```
        /* 将 ev 插到 I/O 事件队列 ctx 的尾部。ev_io_next 是定义在 event-internal.h 文件中
的宏：#define ev_io_next _ev.ev_io.ev_io_next */
            TAILQ_INSERT_TAIL(&ctx->events, ev, ev_io_next);

            return (retval);
    }
```

12.2.6 eventop 结构体

eventop 结构体封装了 I/O 复用机制必要的一些操作，比如注册事件、等待事件等。它为 event_base 支持的所有后端 I/O 复用机制提供了一个统一的接口。该结构体定义在 event-internal.h 文件中，如代码清单 12-7 所示。

代码清单 12-7   eventop 结构体

```
struct eventop {
        /* 后端 I/O 复用技术的名称 */
        const char *name;
        /* 初始化函数 */
        void *(*init)(struct event_base *);
        /* 注册事件 */
        int (*add)(struct event_base *, evutil_socket_t fd, short old,
                   short events, void *fdinfo);
        /* 删除事件 */
        int (*del)(struct event_base *, evutil_socket_t fd, short old,
                   short events, void *fdinfo);
        /* 等待事件 */
        int (*dispatch)(struct event_base *, struct timeval *);
        /* 释放 I/O 复用机制使用的资源 */
        void (*dealloc)(struct event_base *);
        /* 程序调用 fork 之后是否需要重新初始化 event_base */
        int need_reinit;
        /* I/O 复用技术支持的一些特性，可选如下 3 个值的按位或：EV_FEATURE_ET（支持边沿触发
事件 EV_ET）、EV_FEATURE_O1（事件检测算法的复杂度是 O(1)）和 EV_FEATURE_FDS（不仅能监听 socket
上的事件，还能监听其他类型的文件描述符上的事件）*/
        enum event_method_feature features;
        /* 有的 I/O 复用机制需要为每个 I/O 事件队列和信号事件队列分配额外的内存，以避免同一个文
件描述符被重复插入 I/O 复用机制的事件表中。evmap_io_add（或 evmap_io_del）函数在调用 eventop 的 add（或
del）方法时，将这段内存的起始地址作为第 5 个参数传递给 add（或 del）方法。下面这个成员则指定了这段内存的
长度 */
        size_t fdinfo_len;
};
```

前文提到，devpoll.c、kqueue.c、evport.c、select.c、win32select.c、poll.c 和 epoll.c 文件分别针对不同的 I/O 复用技术实现了 eventop 定义的这套接口。那么，在支持多种 I/O 复用技术的系统上，Libevent 将选择使用哪个呢？这取决于这些 I/O 复用技术的优先级。Libevent 支持的后端 I/O 复用技术及它们的优先级在 event.c 文件中定义，如代码清单 12-8 所示。

代码清单 12-8　Libevent 支持的后端 I/O 复用技术及它们的优先级

```
#ifdef _EVENT_HAVE_EVENT_PORTS
extern const struct eventop evportops;
#endif
#ifdef _EVENT_HAVE_SELECT
extern const struct eventop selectops;
#endif
#ifdef _EVENT_HAVE_POLL
extern const struct eventop pollops;
#endif
#ifdef _EVENT_HAVE_EPOLL
extern const struct eventop epollops;
#endif
#ifdef _EVENT_HAVE_WORKING_KQUEUE
extern const struct eventop kqops;
#endif
#ifdef _EVENT_HAVE_DEVPOLL
extern const struct eventop devpollops;
#endif
#ifdef WIN32
extern const struct eventop win32ops;
#endif

static const struct eventop *eventops[] = {
#ifdef _EVENT_HAVE_EVENT_PORTS
        &evportops,
#endif
#ifdef _EVENT_HAVE_WORKING_KQUEUE
        &kqops,
#endif
#ifdef _EVENT_HAVE_EPOLL
        &epollops,
#endif
#ifdef _EVENT_HAVE_DEVPOLL
        &devpollops,
#endif
#ifdef _EVENT_HAVE_POLL
        &pollops,
#endif
#ifdef _EVENT_HAVE_SELECT
        &selectops,
#endif
#ifdef WIN32
        &win32ops,
#endif
        NULL
};
```

Libevent 通过遍历 eventops 数组来选择其后端 I/O 复用技术。遍历的顺序是从数组的第一个元素开始，到最后一个元素结束。所以，在 Linux 下，Libevent 默认选择的后端 I/O 复用技术是 epoll。但很显然，用户可以修改代码清单 12-8 中定义的一系列宏来选择使用不同的后端 I/O 复用技术。

12.2.7　event_base 结构体

结构体 event_base 是 Libevent 的 Reactor。它定义在 event-internal.h 文件中，如代码清单 12-9 所示。

代码清单 12-9　event_base 结构体

```
struct event_base {
    /* 初始化 Reactor 的时候选择一种后端 I/O 复用机制，并记录在如下字段中 */
    const struct eventop *evsel;
    /* 指向 I/O 复用机制真正存储的数据，它通过 evsel 成员的 init 函数来初始化 */
    void *evbase;
    /* 事件变化队列。其用途是：如果一个文件描述符上注册的事件被多次修改，则可以使用缓冲
    来避免重复的系统调用（比如 epoll_ctl）。它仅能用于时间复杂度为 O(1) 的 I/O 复用技术 */
    struct event_changelist changelist;
    /* 指向信号的后端处理机制，目前仅在 singal.h 文件中定义了一种处理方法 */
    const struct eventop *evsigsel;
    /* 信号事件处理器使用的数据结构，其中封装了一个由 socketpair 创建的管道。它用于信号
    处理函数和事件多路分发器之间的通信，这和我们在 10.4 节讨论的统一事件源的思路是一样的 */
    struct evsig_info sig;
    /* 添加到该 event_base 的虚拟事件、所有事件和激活事件的数量 */
    int virtual_event_count;
    int event_count;
    int event_count_active;
    /* 是否执行完活动事件队列上剩余的任务之后就退出事件循环 */
    int event_gotterm;
    /* 是否立即退出事件循环，而不管是否还有任务需要处理 */
    int event_break;
    /* 是否应该启动一个新的事件循环 */
    int event_continue;
    /* 目前正在处理的活动事件队列的优先级 */
    int event_running_priority;
    /* 事件循环是否已经启动 */
    int running_loop;
    /* 活动事件队列数组。索引值越小的队列，优先级越高。高优先级的活动事件队列中的事件处理
    器将被优先处理 */
    struct event_list *activequeues;
    /* 活动事件队列数组的大小，即该 event_base 一共有 nactivequeues 个不同优先级的活
    动事件队列 */
    int nactivequeues;
    /* 下面 3 个成员用于管理通用定时器队列 */
    struct common_timeout_list **common_timeout_queues;
    int n_common_timeouts;
    int n_common_timeouts_allocated;
    /* 存放延迟回调函数的链表。事件循环每次成功处理完一个活动事件队列中的所有事件之后，就
    调用一次延迟回调函数 */
    struct deferred_cb_queue defer_queue;
    /* 文件描述符和 I/O 事件之间的映射关系表 */
```

```c
            struct event_io_map io;
            /* 信号值和信号事件之间的映射关系表 */
            struct event_signal_map sigmap;
            /* 注册事件队列，存放 I/O 事件处理器和信号事件处理器 */
            struct event_list eventqueue;
            /* 时间堆 */
            struct min_heap timeheap;
            /* 管理系统时间的一些成员 */
            struct timeval event_tv;
            struct timeval tv_cache;
#if defined(_EVENT_HAVE_CLOCK_GETTIME) && defined(CLOCK_MONOTONIC)
            struct timeval tv_clock_diff;
            time_t last_updated_clock_diff;
#endif

/* 多线程支持 */
#ifndef _EVENT_DISABLE_THREAD_SUPPORT
            unsigned long th_owner_id; /* 当前运行该 event_base 的事件循环的线程 */
            void *th_base_lock;  /* 对 event_base 的独占锁 */
            /* 当前事件循环正在执行哪个事件处理器的回调函数 */
            struct event *current_event;
            /* 条件变量（见第 14 章），用于唤醒正在等待某个事件处理完毕的线程 */
            void *current_event_cond;
            int current_event_waiters;   /* 等待 current_event_cond 的线程数 */
#endif

#ifdef WIN32
            struct event_iocp_port *iocp;
#endif

            /* 该 event_base 的一些配置参数 */
            enum event_base_config_flag flags;
            /* 下面这组成员变量给工作线程唤醒主线程提供了方法（使用 socketpair 创建的管道）*/
            int is_notify_pending;
            evutil_socket_t th_notify_fd[2];
            struct event th_notify;
            int (*th_notify_fn)(struct event_base *base);
};
```

12.2.8 事件循环

最后，我们讨论一下 Libevent 的"动力"，即事件循环。Libevent 中实现事件循环的函数是 event_base_loop。该函数首先调用 I/O 事件多路分发器的事件监听函数，以等待事件；当有事件发生时，就依次处理之。event_base_loop 函数的实现如代码清单 12-10 所示。

代码清单 12-10　event_base_loop 函数

```c
int event_base_loop(struct event_base *base, int flags)
{
            const struct eventop *evsel = base->evsel;
```

```c
            struct timeval tv;
            struct timeval *tv_p;
            int res, done, retval = 0;

            EVBASE_ACQUIRE_LOCK(base, th_base_lock);

            /* 一个 event_base 仅允许运行一个事件循环 */
            if (base->running_loop) {
                    event_warnx("%s: reentrant invocation.  Only one event_base_loop"
                        " can run on each event_base at once.", __func__);
                    EVBASE_RELEASE_LOCK(base, th_base_lock);
                    return -1;
            }

            base->running_loop = 1;  /* 标记该 event_base 已经开始运行 */

            clear_time_cache(base);  /* 清除 event_base 的系统时间缓存 */

            /* 设置信号事件的 event_base 实例 */
            if (base->sig.ev_signal_added && base->sig.ev_n_signals_added)
                    evsig_set_base(base);

            done = 0;

#ifndef _EVENT_DISABLE_THREAD_SUPPORT
            base->th_owner_id = EVTHREAD_GET_ID();
#endif

            base->event_gotterm = base->event_break = 0;
            while (!done) {
                    base->event_continue = 0;

                    if (base->event_gotterm) {
                            break;
                    }

                    if (base->event_break) {
                            break;
                    }

                    timeout_correct(base, &tv);  /* 校准系统时间 */

                    tv_p = &tv;
                    if (!N_ACTIVE_CALLBACKS(base)
                        && !(flags & EVLOOP_NONBLOCK)) {
                            /* 获取时间堆上堆顶元素的超时值，即 I/O 复用系统调用本次应该设置的超
时值 */
                            timeout_next(base, &tv_p);
                    } else {
                            /* 如果有就绪事件尚未处理，则将 I/O 复用系统调用的超时时间 "置 0"。
这样 I/O 复用系统调用直接返回，程序也就可以立即处理就绪事件了 */
                            evutil_timerclear(&tv);
```

```c
        }

        /* 如果 event_base 中没有注册任何事件，则直接退出事件循环 */
        if (!event_haveevents(base) && !N_ACTIVE_CALLBACKS(base)) {
                event_debug(("%s: no events registered.", __func__));
                retval = 1;
                goto done;
        }

        /* 更新系统时间，并清空时间缓存 */
        gettime(base, &base->event_tv);
        clear_time_cache(base);

        /* 调用事件多路分发器的 dispatch 方法等待事件，将就绪事件插入活动事件队列 */
        res = evsel->dispatch(base, tv_p);

        if (res == -1) {
                event_debug(("%s: dispatch returned unsuccessfully.",
                        __func__));
                retval = -1;
                goto done;
        }

        update_time_cache(base);  /* 将时间缓存更新为当前系统时间 */
        /* 检查时间堆上的到期事件并依次执行之 */
        timeout_process(base);
        if (N_ACTIVE_CALLBACKS(base)) {
                /* 调用 event_process_active 函数依次处理就绪的信号事件和 I/O 事件 */
                int n = event_process_active(base);
                if ((flags & EVLOOP_ONCE)
                    && N_ACTIVE_CALLBACKS(base) == 0
                    && n != 0)
                        done = 1;
        } else if (flags & EVLOOP_NONBLOCK)
                done = 1;
    }
    event_debug(("%s: asked to terminate loop.", __func__));

done:
    /* 事件循环结束，清空时间缓存，并设置停止循环标志 */
    clear_time_cache(base);
    base->running_loop = 0;

    EVBASE_RELEASE_LOCK(base, th_base_lock);

    return (retval);
}
```

至此，我们简要介绍了 Libevent 库的核心代码，但这些还远远不够。要理解 Libevent 的设计理念以及实现上的细节考虑，读者最好自己深入分析其每一行代码。

第 13 章 多进程编程

进程是 Linux 操作系统环境的基础，它控制着系统上几乎所有的活动。本章从系统程序员的角度来讨论 Linux 多进程编程，包括如下内容：
- 复制进程映像的 fork 系统调用和替换进程映像的 exec 系列系统调用。
- 僵尸进程以及如何避免僵尸进程。
- 进程间通信（Inter-Process Communication，IPC）最简单的方式：管道。
- 3 种 System V 进程间通信方式：信号量、消息队列和共享内存。它们都是由 AT&T System V2 版本的 UNIX 引入的，所以统称为 System V IPC。
- 在进程间传递文件描述符的通用方法：通过 UNIX 本地域 socket 传递特殊的辅助数据（关于辅助数据，参考 5.8.3 小节）。

13.1 fork 系统调用

Linux 下创建新进程的系统调用是 fork。其定义如下：

```
#include <sys/types.h>
#include <unistd.h>
pid_t fork( void );
```

该函数的每次调用都返回两次，在父进程中返回的是子进程的 PID，在子进程中则返回 0。该返回值是后续代码判断当前进程是父进程还是子进程的依据。fork 调用失败时返回 -1，并设置 errno。

fork 函数复制当前进程，在内核进程表中创建一个新的进程表项。新的进程表项有很多属性和原进程相同，比如堆指针、栈指针和标志寄存器的值。但也有许多属性被赋予了新的值，比如该进程的 PPID 被设置成原进程的 PID，信号位图被清除（原进程设置的信号处理函数不再对新进程起作用）。

子进程的代码与父进程完全相同，同时它还会复制父进程的数据（堆数据、栈数据和静态数据）。数据的复制采用的是所谓的写时复制（copy on writte），即只有在任一进程（父进程或子进程）对数据执行了写操作时，复制才会发生（先是缺页中断，然后操作系统给子进程分配内存并复制父进程的数据）。即便如此，如果我们在程序中分配了大量内存，那么使用 fork 时也应当十分谨慎，尽量避免没必要的内存分配和数据复制。

此外，创建子进程后，父进程中打开的文件描述符默认在子进程中也是打开的，且文件描述符的引用计数加 1。不仅如此，父进程的用户根目录、当前工作目录等变量的引用计数均会加 1。

13.2 exec 系列系统调用

有时我们需要在子进程中执行其他程序，即替换当前进程映像，这就需要使用如下 exec 系列函数之一：

```
#include <unistd.h>
extern char** environ;

int execl( const char* path, const char* arg, ... );
int execlp( const char* file, const char* arg, ... );
int execle( const char* path, const char* arg, ..., char* const envp[] );
int execv( const char* path, char* const argv[] );
int execvp( const char* file, char* const argv[] );
int execve( const char* path, char* const argv[], char* const envp[] );
```

path 参数指定可执行文件的完整路径，file 参数可以接受文件名，该文件的具体位置则在环境变量 PATH 中搜寻。arg 接受可变参数，argv 则接受参数数组，它们都会被传递给新程序（path 或 file 指定的程序）的 main 函数。envp 参数用于设置新程序的环境变量。如果未设置它，则新程序将使用由全局变量 environ 指定的环境变量。

一般情况下，exec 函数是不返回的，除非出错。它出错时返回 –1，并设置 errno。如果没出错，则原程序中 exec 调用之后的代码都不会执行，因为此时原程序已经被 exec 的参数指定的程序完全替换（包括代码和数据）。

exec 函数不会关闭原程序打开的文件描述符，除非该文件描述符被设置了类似 SOCK_CLOEXEC 的属性（见 5.2 节）。

13.3 处理僵尸进程

对于多进程程序而言，父进程一般需要跟踪子进程的退出状态。因此，当子进程结束运行时，内核不会立即释放该进程的进程表表项，以满足父进程后续对该子进程退出信息的查询（如果父进程还在运行）。在子进程结束运行之后，父进程读取其退出状态之前，我们称该子进程处于僵尸态。另外一种使子进程进入僵尸态的情况是：父进程结束或者异常终止，而子进程继续运行。此时子进程的 PPID 将被操作系统设置为 1，即 init 进程。init 进程接管了该子进程，并等待它结束。在父进程退出之后，子进程退出之前，该子进程处于僵尸态。

由此可见，无论哪种情况，如果父进程没有正确地处理子进程的返回信息，子进程都将停留在僵尸态，并占据着内核资源。这是绝对不能容许的，毕竟内核资源有限。下面这对函数在父进程中调用，以等待子进程的结束，并获取子进程的返回信息，从而避免了僵尸进程的产生，或者使子进程的僵尸态立即结束：

```
#include <sys/types.h>
#include <sys/wait.h>
pid_t wait( int* stat_loc );
pid_t waitpid( pid_t pid, int* stat_loc, int options );
```

wait 函数将阻塞进程，直到该进程的某个子进程结束运行为止。它返回结束运行的子进程的 PID，并将该子进程的退出状态信息存储于 stat_loc 参数指向的内存中。sys/wait.h 头文件中定义了几个宏来帮助解释子进程的退出状态信息，如表 13-1 所示。

表 13-1 子进程状态信息

宏	含 义
WIFEXITED(stat_val)	如果子进程正常结束，它就返回一个非 0 值
WEXITSTATUS(stat_val)	如果 WIFEXITED 非 0，它返回子进程的退出码
WIFSIGNALED(stat_val)	如果子进程是因为一个未捕获的信号而终止，它就返回一个非 0 值
WTERMSIG(stat_val)	如果 WIFSIGNALED 非 0，它返回一个信号值
WIFSTOPPED(stat_val)	如果子进程意外终止，它就返回一个非 0 值
WSTOPSIG(stat_val)	如果 WIFSTOPPED 非 0，它返回一个信号值

wait 函数的阻塞特性显然不是服务器程序期望的，而 waitpid 函数解决了这个问题。waitpid 只等待由 pid 参数指定的子进程。如果 pid 取值为 -1，那么它就和 wait 函数相同，即等待任意一个子进程结束。stat_loc 参数的含义和 wait 函数的 stat_loc 参数相同。options 参数可以控制 waitpid 函数的行为。该参数最常用的取值是 WNOHANG。当 options 的取值是 WNOHANG 时，waitpid 调用将是非阻塞的：如果 pid 指定的目标子进程还没有结束或意外终止，则 waitpid 立即返回 0；如果目标子进程确实正常退出了，则 waitpid 返回该子进程的 PID。waitpid 调用失败时返回 -1 并设置 errno。

8.3 节曾提到，要在事件已经发生的情况下执行非阻塞调用才能提高程序的效率。对 waitpid 函数而言，我们最好在某个子进程退出之后再调用它。那么父进程从何得知某个子进程已经退出了呢？这正是 SIGCHLD 信号的用途。当一个进程结束时，它将给其父进程发送一个 SIGCHLD 信号。因此，我们可以在父进程中捕获 SIGCHLD 信号，并在信号处理函数中调用 waitpid 函数以"彻底结束"一个子进程，如代码清单 13-1 所示。

代码清单 13-1　SIGCHLD 信号的典型处理函数

```
static void handle_child( int sig )
{
    pid_t pid;
    int stat;
    while ( ( pid = waitpid( -1, &stat, WNOHANG ) ) > 0 )
    {
        /* 对结束的子进程进行善后处理 */
    }
}
```

13.4　管道

第 6 章中我们介绍过创建管道的系统调用 pipe，我们也多次在代码中利用它来实现进程内部的通信。实际上，管道也是父进程和子进程间通信的常用手段。

管道能在父、子进程间传递数据，利用的是 fork 调用之后两个管道文件描述符（fd[0] 和 fd[1]）都保持打开。一对这样的文件描述符只能保证父、子进程间一个方向的数据传输，父进程和子进程必须有一个关闭 fd[0]，另一个关闭 fd[1]。比如，我们要使用管道实现从父进程向子进程写数据，就应该按照图 13-1 所示来操作。

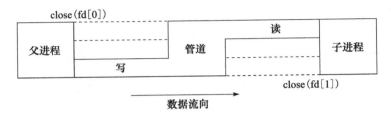

图 13-1　父进程通过管道向子进程写数据

显然，如果要实现父、子进程之间的双向数据传输，就必须使用两个管道。第 6 章中我们还介绍过，socket 编程接口提供了一个创建全双工管道的系统调用：socketpair。squid 服务器程序（见第 4 章）就是利用 socketpair 创建管道，以实现在父进程和日志服务子进程之间传递日志信息，下面我们简单地分析之。在测试机器 Kongming20 上有如下环境：

```
$ ps -ef | grep squid
root       12489     1  0 20:37 ?        00:00:00 squid
squid      12491 12489  0 20:37 ?        00:00:02 (squid-1)
squid      12492 12491  0 20:37 ?        00:00:00 (logfile-daemon) /var/log/squid/access.log
squid      12493 12491  0 20:37 ?        00:00:00 (unlinkd)
$ sudo lsof -p 12491
squid     12491 squid    9u  unix  0xeaf2b440      0t0     40603 socket
$ sudo lsof -p 12492
log_file_ 12492 squid    0u  unix  0xeaf2b680      0t0     40604 socket
log_file_ 12492 squid    1u  unix  0xeaf2b680      0t0     40604 socket
log_file_ 12492 squid    2u  CHR       1,3         0t0      4449 /dev/null
log_file_ 12492 squid    3w  REG       8,3         202    271412 /var/log/squid/access.log
```

这些输出说明 Kongming20 上开启了 squid 服务。该服务创建了几个子进程，其中子进程 12492 专门用于输出日志到 /var/log/squid/access.log 文件。父进程 12491 使用 socketpair 创建了一对 UNIX 域 socket，然后关闭了其中的一个，剩下的那个 socket 的值是 9。子进程 12492 则从父进程 12491 继承了这一对 UNIX 域 socket，并关闭了其中的另外一个，剩下的那个 socket 则被 dup 到标准输入和标准输出上。下面我们 telnet 到 squid 服务上，并向它发送部分数据。同时开启另外两个终端，分别运行 strace 命令以查看进程 12491 和 12492 在这个过程中交换的数据。具体操作如代码清单 13-2 所示。

代码清单 13-2　用 strace 命令查看管道通信

```
$ telnet 192.168.1.109 squid
Trying 192.168.1.109...
Connected to 192.168.1.109.
```

```
Escape character is '^]'.
a（回车）
$ sudo strace -p 12491
write(9, "L1338385956.213         40 192.168.1"..., 104) = 104
$ sudo strace -p 12492
read(0, "L1338385956.213          40 192.168.1"..., 4096) = 104
write(3, "1338385956.213          40 192.168.1."..., 101) = 101
```

由此可见，进程 12491 接收到客户数据后将日志信息输出至管道（写文件描述符 9）。日志服务子进程使用阻塞读操作等待管道上有数据可读（读文件描述符 0），然后将读取到的日志信息写入 /var/log/squid/access.log 文件（写文件描述符 3）。

不过，管道只能用于有关联的两个进程（比如父、子进程）间的通信。而下面要讨论的 3 种 System V IPC 能用于无关联的多个进程之间的通信，因为它们都使用一个全局唯一的键值来标识一条信道。不过，有一种特殊的管道称为 FIFO[⊖]（First In First Out，先进先出），也叫命名管道。它也能用于无关联进程之间的通信。因为 FIFO 管道在网络编程中使用不多，所以本书不讨论它。

13.5 信号量

13.5.1 信号量原语

当多个进程同时访问系统上的某个资源的时候，比如同时写一个数据库的某条记录，或者同时修改某个文件，就需要考虑进程的同步问题，以确保任一时刻只有一个进程可以拥有对资源的独占式访问。通常，程序对共享资源的访问的代码只是很短的一段，但就是这一段代码引发了进程之间的竞态条件。我们称这段代码为关键代码段，或者临界区。对进程同步，也就是确保任一时刻只有一个进程能进入关键代码段。

要编写具有通用目的的代码，以确保关键代码段的独占式访问是非常困难的。有两个名为 Dekker 算法和 Peterson 算法的解决方案，它们试图从语言本身（不需要内核支持）解决并发问题。但它们依赖于忙等待，即进程要持续不断地等待某个内存位置状态的改变。这种方式下 CPU 利用率太低，显然是不可取的。

Dijkstra 提出的信号量（Semaphore）概念是并发编程领域迈出的重要一步。信号量是一种特殊的变量，它只能取自然数值并且只支持两种操作：等待（wait）和信号（signal）。不过在 Linux/UNIX 中，"等待"和"信号"都已经具有特殊的含义，所以对信号量的这两种操作更常用的称呼是 P、V 操作。这两个字母来自于荷兰语单词 passeren（传递，就好像进入临界区）和 vrijgeven（释放，就好像退出临界区）。假设有信号量 SV，则对它的 P、V 操作

⊖ 这里要注意一下，虽然这种特殊的管道被专门命名为 FIFO，但并不是只有这种管道才遵循先进先出的原则，其实所有的管道都遵循先进先出的原则。

含义如下：
- P(SV)，如果 SV 的值大于 0，就将它减 1；如果 SV 的值为 0，则挂起进程的执行。
- V(SV)，如果有其他进程因为等待 SV 而挂起，则唤醒之；如果没有，则将 SV 加 1。

信号量的取值可以是任何自然数。但最常用的、最简单的信号量是二进制信号量，它只能取 0 和 1 这两个值。本书仅讨论二进制信号量。使用二进制信号量同步两个进程，以确保关键代码段的独占式访问的一个典型例子如图 13-2 所示。

在图 13-2 中，当关键代码段可用时，二进制信号量 SV 的值为 1，进程 A 和 B 都有机会进入关键代码段。如果此时进程 A 执行了 P(SV) 操作将 SV 减 1，则进程 B 若再执行 P(SV) 操作就会被挂起。直到进程 A 离开关键代码段，并执行 V(SV) 操作将 SV 加 1，关键代码段才重新变得可用。如果此时进程 B 因为等待 SV 而处于挂起状态，则它将被唤醒，并进入关键代码段。同样，这时进程 A 如果再执行 P(SV) 操作，则也只能被操作系统挂起以等待进程 B 退出关键代码段。

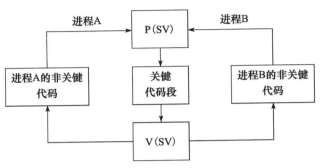

图 13-2　使用信号量保护关键代码段

> **注意**　使用一个普通变量来模拟二进制信号量是行不通的，因为所有高级语言都没有一个原子操作可以同时完成如下两步操作：检测变量是否为 true/false，如果是则再将它设置为 false/true。

Linux 信号量的 API 都定义在 sys/sem.h 头文件中，主要包含 3 个系统调用：semget、semop 和 semctl。它们都被设计为操作一组信号量，即信号量集，而不是单个信号量，因此这些接口看上去多少比我们期望的要复杂一点。我们将分 3 小节依次讨论之。

13.5.2　semget 系统调用

semget 系统调用创建一个新的信号量集，或者获取一个已经存在的信号量集。其定义如下：

```
#include <sys/sem.h>
int semget( key_t key, int num_sems, int sem_flags );
```

key 参数是一个键值，用来标识一个全局唯一的信号量集，就像文件名全局唯一地标识一个文件一样。要通过信号量通信的进程需要使用相同的键值来创建 / 获取该信号量。

num_sems 参数指定要创建 / 获取的信号量集中信号量的数目。如果是创建信号量，则该值必须被指定；如果是获取已经存在的信号量，则可以把它设置为 0。

sem_flags 参数指定一组标志。它低端的 9 个比特是该信号量的权限，其格式和含义都与系统调用 open 的 mode 参数相同。此外，它还可以和 IPC_CREAT 标志做按位"或"运算以创建新的信号量集。此时即使信号量已经存在，semget 也不会产生错误。我们还可以联合使用 IPC_CREAT 和 IPC_EXCL 标志来确保创建一组新的、唯一的信号量集。在这种情况下，如果信号量集已经存在，则 semget 返回错误并设置 errno 为 EEXIST。这种创建信号量的行为与用 O_CREAT 和 O_EXCL 标志调用 open 来排他式地打开一个文件相似。

semget 成功时返回一个正整数值，它是信号量集的标识符；semget 失败时返回 -1，并设置 errno。

如果 semget 用于创建信号量集，则与之关联的内核数据结构体 semid_ds 将被创建并初始化。semid_ds 结构体的定义如下：

```c
#include <sys/sem.h>
/* 该结构体用于描述 IPC 对象（信号量、共享内存和消息队列）的权限 */
struct ipc_perm
{
    key_t key;                          /* 键值 */
    uid_t uid;                          /* 所有者的有效用户 ID */
    gid_t gid;                          /* 所有者的有效组 ID */
    uid_t cuid;                         /* 创建者的有效用户 ID */
    gid_t cgid;                         /* 创建者的有效组 ID */
    mode_t mode;                        /* 访问权限 */
                                        /* 省略其他填充字段 */
}

struct semid_ds
{
    struct ipc_perm sem_perm;           /* 信号量的操作权限 */
    unsigned long int sem_nsems;        /* 该信号量集中的信号量数目 */
    time_t sem_otime;                   /* 最后一次调用 semop 的时间 */
    time_t sem_ctime;                   /* 最后一次调用 semctl 的时间 */
                                        /* 省略其他填充字段 */
};
```

semget 对 semid_ds 结构体的初始化包括：
- 将 sem_perm.cuid 和 sem_perm.uid 设置为调用进程的有效用户 ID。
- 将 sem_perm.cgid 和 sem_perm.gid 设置为调用进程的有效组 ID。
- 将 sem_perm.mode 的最低 9 位设置为 sem_flags 参数的最低 9 位。
- 将 sem_nsems 设置为 num_sems。
- 将 sem_otime 设置为 0。
- 将 sem_ctime 设置为当前的系统时间。

13.5.3 semop 系统调用

semop 系统调用改变信号量的值，即执行 P、V 操作。在讨论 semop 之前，我们需要先

介绍与每个信号量关联的一些重要的内核变量:

```
unsigned short semval;                          /* 信号量的值 */
unsigned short semzcnt;                         /* 等待信号量值变为 0 的进程数量 */
unsigned short semncnt;                         /* 等待信号量值增加的进程数量 */
pid_t sempid;                                   /* 最后一次执行 semop 操作的进程 ID */
```

semop 对信号量的操作实际上就是对这些内核变量的操作。semop 的定义如下:

```
#include <sys/sem.h>
int semop( int sem_id, struct sembuf* sem_ops, size_t num_sem_ops );
```

sem_id 参数是由 semget 调用返回的信号量集标识符,用以指定被操作的目标信号量集。sem_ops 参数指向一个 sembuf 结构体类型的数组,sembuf 结构体的定义如下:

```
struct sembuf
{
    unsigned short int sem_num;
    short int sem_op;
    short int sem_flg;
}
```

其中,sem_num 成员是信号量集中信号量的编号,0 表示信号量集中的第一个信号量。sem_op 成员指定操作类型,其可选值为正整数、0 和负整数。每种类型的操作的行为又受到 sem_flg 成员的影响。sem_flg 的可选值是 IPC_NOWAIT 和 SEM_UNDO。IPC_NOWAIT 的含义是,无论信号量操作是否成功,semop 调用都将立即返回,这类似于非阻塞 I/O 操作。SEM_UNDO 的含义是,当进程退出时取消正在进行的 semop 操作。具体来说,sem_op 和 sem_flg 将按照如下方式来影响 semop 的行为:

- ❏ 如果 sem_op 大于 0,则 semop 将被操作的信号量的值 semval 增加 sem_op。该操作要求调用进程对被操作信号量集拥有写权限。此时若设置了 SEM_UNDO 标志,则系统将更新进程的 semadj 变量(用以跟踪进程对信号量的修改情况)。

- ❏ 如果 sem_op 等于 0,则表示这是一个"等待 0"(wait-for-zero)操作。该操作要求调用进程对被操作信号量集拥有读权限。如果此时信号量的值是 0,则调用立即成功返回。如果信号量的值不是 0,则 semop 失败返回或者阻塞进程以等待信号量变为 0。在这种情况下,当 IPC_NOWAIT 标志被指定时,semop 立即返回一个错误,并设置 errno 为 EAGAIN。如果未指定 IPC_NOWAIT 标志,则信号量的 semzcnt 值加 1,进程被投入睡眠直到下列 3 个条件之一发生:信号量的值 semval 变为 0,此时系统将该信号量的 semzcnt 值减 1;被操作信号量所在的信号量集被进程移除,此时 semop 调用失败返回,errno 被设置为 EIDRM;调用被信号中断,此时 semop 调用失败返回,errno 被设置为 EINTR,同时系统将该信号量的 semzcnt 值减 1。

- ❏ 如果 sem_op 小于 0,则表示对信号量值进行减操作,即期望获得信号量。该操作要求调用进程对被操作信号量集拥有写权限。如果信号量的值 semval 大于或等于 sem_op 的绝对值,则 semop 操作成功,调用进程立即获得信号量,并且系统将该信号量的 semval 值减去 sem_op 的绝对值。此时如果设置了 SEM_UNDO 标志,则系统将更新进程的 semadj 变量。如果信号量的值 semval 小于 sem_op 的绝对值，则 semop 失败返回或者阻塞进程以等待信号量可用。在这种情况下，当 IPC_NOWAIT 标志被指定时，semop 立即返回一个错误，并设置 errno 为 EAGAIN。如果未指定 IPC_NOWAIT 标志，则信号量的 semncnt 值加 1，进程被投入睡眠直到下列 3 个条件之一发生：信号量的值 semval 变得大于或等于 sem_op 的绝对值，此时系统将该信号量的 semncnt 值减 1，并将 semval 减去 sem_op 的绝对值，同时，如果 SEM_UNDO 标志被设置，则系统更新 semadj 变量；被操作信号量所在的信号量集被进程移除，此时 semop 调用失败返回，errno 被设置为 EIDRM；调用被信号中断，此时 semop 调用失败返回，errno 被设置为 EINTR，同时系统将该信号量的 semncnt 值减 1。

semop 系统调用的第 3 个参数 num_sem_ops 指定要执行的操作个数，即 sem_ops 数组中元素的个数。semop 对数组 sem_ops 中的每个成员按照数组顺序依次执行操作，并且该过程是原子操作，以避免别的进程在同一时刻按照不同的顺序对该信号集中的信号量执行 semop 操作导致的竞态条件。

semop 成功时返回 0，失败则返回 -1 并设置 errno。失败的时候，sem_ops 数组中指定的所有操作都不被执行。

13.5.4 semctl 系统调用

semctl 系统调用允许调用者对信号量进行直接控制。其定义如下：

```
#include <sys/sem.h>
int semctl( int sem_id, int sem_num, int command, ... );
```

sem_id 参数是由 semget 调用返回的信号量集标识符，用以指定被操作的信号量集。sem_num 参数指定被操作的信号量在信号量集中的编号。command 参数指定要执行的命令。有的命令需要调用者传递第 4 个参数。第 4 个参数的类型由用户自己定义，但 sys/sem.h 头文件给出了它的推荐格式，具体如下：

```
union semun
{
    int val;                        /* 用于 SETVAL 命令 */
    struct semid_ds* buf;           /* 用于 IPC_STAT 和 IPC_SET 命令 */
    unsigned short* array;          /* 用于 GETALL 和 SETALL 命令 */
    struct seminfo* __buf;          /* 用于 IPC_INFO 命令 */
};

struct  seminfo
{
    int semmap;                     /* Linux 内核没有使用 */
    int semmni;                     /* 系统最多可以拥有的信号量集数目 */
    int semmns;                     /* 系统最多可以拥有的信号量数目 */
    int semmnu;                     /* Linux 内核没有使用 */
    int semmsl;                     /* 一个信号量集最多允许包含的信号量数目 */
```

```
    int semopm;           /* semop 一次最多能执行的 sem_op 操作数目 */
    int semume;           /* Linux 内核没有使用 */
    int semusz;           /* sem_undo 结构体的大小 */
    int semvmx;           /* 最大允许的信号量值 */
    /* 最多允许的 UNDO 次数（带 SEM_UNDO 标志的 semop 操作的次数）*/
    int semaem;
};
```

semctl 支持的所有命令如表 13-2 所示。

表 13-2　semctl 的 command 参数

命　令	含　义	semctl 成功时的返回值
IPC_STAT	将信号量集关联的内核数据结构复制到 semun.buf 中	0
IPC_SET	将 semun.buf 中的部分成员复制到信号量集关联的内核数据结构中，同时内核数据中的 semid_ds.sem_ctime 被更新	0
IPC_RMID	立即移除信号量集，唤醒所有等待该信号量集的进程（semop 返回错误，并设置 errno 为 EIDRM）	0
IPC_INFO	获取系统信号量资源配置信息，将结果存储在 semun.__buf 中。这些信息的含义见结构体 seminfo 的注释部分	内核信号量集数组中已经被使用的项的最大索引值
SEM_INFO	与 IPC_INFO 类似，不过 semun.__buf.semusz 被设置为系统目前拥有的信号量集数目，而 semnu.__buf.semaem 被设置为系统目前拥有的信号量数目	同 IPC_INFO
SEM_STAT	与 IPC_STAT 类似，不过此时 sem_id 参数不是用来表示信号量集标识符，而是内核中信号量集数组的索引（系统的所有信号量集都是该数组中的一项）	内核信号量集数组中索引值为 sem_id 的信号量集的标识符
GETALL	将由 sem_id 标识的信号量集中的所有信号量的 semval 值导出到 semun.array 中	0
GETNCNT	获取信号量的 semncnt 值	信号量的 semncnt 值
GETPID	获取信号量的 sempid 值	信号量的 sempid 值
GETVAL	获得信号量的 semval 值	信号量的 semval 值
GETZCNT	获得信号量的 semzcnt 值	信号量的 semzcnt 值
SETALL	用 semun.array 中的数据填充由 sem_id 标识的信号量集中的所有信号量的 semval 值，同时内核数据中的 semid_ds.sem_ctime 被更新	0
SETVAL	将信号量的 semval 值设置为 semun.val，同时内核数据中的 semid_ds.sem_ctime 被更新	0

注意　这些操作中，GETNCNT、GETPID、GETVAL、GETZCNT 和 SETVAL 操作的是单个信号量，它是由标识符 sem_id 指定的信号量集中的第 sem_num 个信号量；而其他操作针对的是整个信号量集，此时 semctl 的参数 sem_num 被忽略。

semctl 成功时的返回值取决于 command 参数，如表 13-2 所示。semctl 失败时返回 -1，并设置 errno。

13.5.5 特殊键值 IPC_PRIVATE

semget 的调用者可以给其 key 参数传递一个特殊的键值 IPC_PRIVATE（其值为 0），这样无论该信号量是否已经存在，semget 都将创建一个新的信号量。使用该键值创建的信号量并非像它的名字声称的那样是进程私有的。其他进程，尤其是子进程，也有方法来访问这个信号量。所以 semget 的 man 手册的 BUGS 部分上说，使用名字 IPC_PRIVATE 有些误导（历史原因），应该称为 IPC_NEW。比如下面的代码清单 13-3 就在父、子进程间使用一个 IPC_PRIVATE 信号量来同步。

代码清单 13-3　使用 IPC_PRIVATE 信号量

```c
#include <sys/sem.h>
#include <stdio.h>
#include <stdlib.h>
#include <unistd.h>
#include <sys/wait.h>

union semun
{
    int val;
    struct semid_ds* buf;
    unsigned short int* array;
    struct seminfo* __buf;
};
/* op 为 -1 时执行 P 操作, op 为 1 时执行 V 操作 */
void pv( int sem_id, int op )
{
    struct sembuf sem_b;
    sem_b.sem_num = 0;
    sem_b.sem_op = op;
    sem_b.sem_flg = SEM_UNDO;
    semop( sem_id, &sem_b, 1 );
}

int main( int argc, char* argv[] )
{
    int sem_id = semget( IPC_PRIVATE, 1, 0666 );

    union semun sem_un;
    sem_un.val = 1;
    semctl( sem_id, 0, SETVAL, sem_un );

    pid_t id = fork();
    if( id < 0 )
    {
        return 1;
    }
    else if( id == 0 )
    {
        printf( "child try to get binary sem\n" );
```

```
                /* 在父、子进程间共享 IPC_PRIVATE 信号量的关键就在于二者都可以操作该信号量的标识符
sem_id */
            pv( sem_id, -1 );
            printf( "child get the sem and would release it after 5 seconds\n" );
            sleep( 5 );
            pv( sem_id, 1 );
            exit( 0 );
        }
        else
        {
            printf( "parent try to get binary sem\n" );
            pv( sem_id, -1 );
            printf( "parent get the sem and would release it after 5 seconds\n" );
            sleep( 5 );
            pv( sem_id, 1 );
        }
        waitpid( id, NULL, 0 );
        semctl( sem_id, 0, IPC_RMID, sem_un );  /* 删除信号量 */
        return 0;
    }
```

另外一个例子是：工作在 prefork 模式下的 httpd 网页服务器程序使用 1 个 IPC_PRIVATE 信号量来同步各子进程对 epoll_wait 的调用权。下面我们简单分析一下这个例子。在测试机器 Kongming20 上，使用 strace 命令依次查看 httpd 的各子进程是如何协调工作的：

```
$ ps -ef | grep httpd
root       1701     1  0 09:17 ?        00:00:00 /usr/sbin/httpd -k start
apache     1703  1701  0 09:17 ?        00:00:00 /usr/sbin/httpd -k start
apache     1704  1701  0 09:17 ?        00:00:00 /usr/sbin/httpd -k start
apache     1705  1701  0 09:17 ?        00:00:00 /usr/sbin/httpd -k start
apache     1706  1701  0 09:17 ?        00:00:00 /usr/sbin/httpd -k start
apache     1707  1701  0 09:17 ?        00:00:00 /usr/sbin/httpd -k start
apache     1708  1701  0 09:17 ?        00:00:00 /usr/sbin/httpd -k start
apache     1709  1701  0 09:17 ?        00:00:00 /usr/sbin/httpd -k start
apache     1710  1701  0 09:17 ?        00:00:00 /usr/sbin/httpd -k start
$ sudo strace -p 1703
semop(393222, {{0, -1, SEM_UNDO}}, 1
$ sudo strace -p 1704
semop(393222, {{0, -1, SEM_UNDO}}, 1
......
$ sudo strace -p 1709
epoll_wait(14, {}, 2, 10000) = 0
$ sudo strace -p 1710
semop(393222, {{0, -1, SEM_UNDO}}, 1
```

由此可见，httpd 的子进程 1703~1708 和 1710 都在等待信号量 393222（这是一个标识符）可用；只有进程 1709 暂时拥有该信号量，因为进程 1709 调用 epoll_wait 以等待新的客户连接。当有新连接到来时，进程 1709 将接受之，并对信号量 393222 执行 V 操作，此时将有另外一个子进程获得该信号量并调用 epoll_wait 来等待新的客户连接。那么我们如何知道信号

量 393222 是使用键值 IPC_PRIVATE 创建的呢？答案将在 13.8 节揭晓。

下面要讨论另外两种 IPC——共享内存和消息队列。这两种 IPC 在创建资源的时候也支持 IPC_PRIVATE 键值，其含义与信号量的 IPC_PRIVATE 键值完全相同，不再赘述。

13.6 共享内存

共享内存是最高效的 IPC 机制，因为它不涉及进程之间的任何数据传输。这种高效率带来的问题是，我们必须用其他辅助手段来同步进程对共享内存的访问，否则会产生竞态条件。因此，共享内存通常和其他进程间通信方式一起使用。

Linux 共享内存的 API 都定义在 sys/shm.h 头文件中，包括 4 个系统调用：shmget、shmat、shmdt 和 shmctl。我们将依次讨论之。

13.6.1 shmget 系统调用

shmget 系统调用创建一段新的共享内存，或者获取一段已经存在的共享内存。其定义如下：

```
#include <sys/shm.h>
int shmget( key_t key, size_t size, int shmflg );
```

和 semget 系统调用一样，key 参数是一个键值，用来标识一段全局唯一的共享内存。size 参数指定共享内存的大小，单位是字节。如果是创建新的共享内存，则 size 值必须被指定。如果是获取已经存在的共享内存，则可以把 size 设置为 0。

shmflg 参数的使用和含义与 semget 系统调用的 sem_flags 参数相同。不过 shmget 支持两个额外的标志——SHM_HUGETLB 和 SHM_NORESERVE。它们的含义如下：

- SHM_HUGETLB，类似于 mmap 的 MAP_HUGETLB 标志，系统将使用"大页面"来为共享内存分配空间。
- SHM_NORESERVE，类似于 mmap 的 MAP_NORESERVE 标志，不为共享内存保留交换分区（swap 空间）。这样，当物理内存不足的时候，对该共享内存执行写操作将触发 SIGSEGV 信号。

shmget 成功时返回一个正整数值，它是共享内存的标识符。shmget 失败时返回 -1，并设置 errno。

如果 shmget 用于创建共享内存，则这段共享内存的所有字节都被初始化为 0，与之关联的内核数据结构 shmid_ds 将被创建并初始化。shmid_ds 结构体的定义如下：

```
struct shmid_ds
{
    struct ipc_perm shm_perm;       /* 共享内存的操作权限 */
    size_t shm_segsz;                /* 共享内存大小，单位是字节 */
    __time_t shm_atime;              /* 对这段内存最后一次调用 shmat 的时间 */
    __time_t shm_dtime;              /* 对这段内存最后一次调用 shmdt 的时间 */
    __time_t shm_ctime;              /* 对这段内存最后一次调用 shmctl 的时间 */
```

```
    __pid_t shm_cpid;           /* 创建者的 PID */
    __pid_t shm_lpid;           /* 最后一次执行 shmat 或 shmdt 操作的进程的 PID */
    shmatt_t shm_nattach;       /* 目前关联到此共享内存的进程数量 */
    /* 省略一些填充字段 */
};
```

shmget 对 shmid_ds 结构体的初始化包括：
- 将 shm_perm.cuid 和 shm_perm.uid 设置为调用进程的有效用户 ID。
- 将 shm_perm.cgid 和 shm_perm.gid 设置为调用进程的有效组 ID。
- 将 shm_perm.mode 的最低 9 位设置为 shmflg 参数的最低 9 位。
- 将 shm_segsz 设置为 size。
- 将 shm_lpid、shm_nattach、shm_atime、shm_dtime 设置为 0。
- 将 shm_ctime 设置为当前的时间。

13.6.2 shmat 和 shmdt 系统调用

共享内存被创建/获取之后，我们不能立即访问它，而是需要先将它关联到进程的地址空间中。使用完共享内存之后，我们也需要将它从进程地址空间中分离。这两项任务分别由如下两个系统调用实现：

```
#include <sys/shm.h>
void* shmat( int shm_id, const void* shm_addr, int shmflg );
int shmdt( const void* shm_addr );
```

其中，shm_id 参数是由 shmget 调用返回的共享内存标识符。shm_addr 参数指定将共享内存关联到进程的哪块地址空间，最终的效果还受到 shmflg 参数的可选标志 SHM_RND 的影响：
- 如果 shm_addr 为 NULL，则被关联的地址由操作系统选择。这是推荐的做法，以确保代码的可移植性。
- 如果 shm_addr 非空，并且 SHM_RND 标志未被设置，则共享内存被关联到 addr 指定的地址处。
- 如果 shm_addr 非空，并且设置了 SHM_RND 标志，则被关联的地址是 [shm_addr - (shm_addr % SHMLBA)]。SHMLBA 的含义是"段低端边界地址倍数"（Segment Low Boundary Address Multiple），它必须是内存页面大小（PAGE_SIZE）的整数倍。现在的 Linux 内核中，它等于一个内存页大小。SHM_RND 的含义是圆整（round），即将共享内存被关联的地址向下圆整到离 shm_addr 最近的 SHMLBA 的整数倍地址处。

除了 SHM_RND 标志外，shmflg 参数还支持如下标志：
- SHM_RDONLY。进程仅能读取共享内存中的内容。若没有指定该标志，则进程可同时对共享内存进行读写操作（当然，这需要在创建共享内存的时候指定其读写权限）。
- SHM_REMAP。如果地址 shmaddr 已经被关联到一段共享内存上，则重新关联。

❏ SHM_EXEC。它指定对共享内存段的执行权限。对共享内存而言,执行权限实际上和读权限是一样的。

shmat 成功时返回共享内存被关联到的地址,失败则返回 (void*)-1 并设置 errno。shmat 成功时,将修改内核数据结构 shmid_ds 的部分字段,如下:

❏ 将 shm_nattach 加 1。
❏ 将 shm_lpid 设置为调用进程的 PID。
❏ 将 shm_atime 设置为当前的时间。

shmdt 函数将关联到 shm_addr 处的共享内存从进程中分离。它成功时返回 0,失败则返回 -1 并设置 errno。shmdt 在成功调用时将修改内核数据结构 shmid_ds 的部分字段,如下:

❏ 将 shm_nattach 减 1。
❏ 将 shm_lpid 设置为调用进程的 PID。
❏ 将 shm_dtime 设置为当前的时间。

13.6.3 shmctl 系统调用

shmctl 系统调用控制共享内存的某些属性。其定义如下:

```
#include <sys/shm.h>
int shmctl( int shm_id, int command, struct shmid_ds* buf );
```

其中,shm_id 参数是由 shmget 调用返回的共享内存标识符。command 参数指定要执行的命令。shmctl 支持的所有命令如表 13-3 所示。

表 13-3 shmctl 支持的命令

命 令	含 义	shmctl 成功时的返回值
IPC_STAT	将共享内存相关的内核数据结构复制到 buf(第 3 个参数,下同)中	0
IPC_SET	将 buf 中的部分成员复制到共享内存相关的内核数据结构中,同时内核数据中的 shmid_ds.shm_ctime 被更新	0
IPC_RMID	将共享内存打上删除的标记。这样当最后一个使用它的进程调用 shmdt 将它从进程中分离时,该共享内存就被删除了	0
IPC_INFO	获取系统共享内存资源配置信息,将结果存储在 buf 中。应用程序需要将 buf 转换成 shminfo 结构体类型来读取这些系统信息。shminfo 结构体与 seminfo 类似,这里不再赘述	内核共享内存信息数组中已经被使用的项的最大索引值
SHM_INFO	与 IPC_INFO 类似,不过返回的是已经分配的共享内存占用的资源信息。应用程序需要将 buf 转换成 shm_info 结构体类型来读取这些信息。shn_info 结构体与 shminfo 类似,这里不再赘述	同 IPC_INFO
SHM_STAT	与 IPC_STAT 类似,不过此时 shm_id 参数不是用来表示共享内存标识符,而是内核中共享内存信息数组的索引(每个共享内存的信息都是该数组中的一项)	内核共享内存信息数组中索引值为 shm_id 的共享内存的标识符
SHM_LOCK	禁止共享内存被移动至交换分区	0
SHM_UNLOCK	允许共享内存被移动至交换分区	0

shmctl 成功时的返回值取决于 command 参数,如表 13-3 所示。shmctl 失败时返回 -1,

并设置 errno。

13.6.4 共享内存的 POSIX 方法

6.5 节中我们介绍过 mmap 函数。利用它的 MAP_ANONYMOUS 标志我们可以实现父、子进程之间的匿名内存共享。通过打开同一个文件，mmap 也可以实现无关进程之间的内存共享。Linux 提供了另外一种利用 mmap 在无关进程之间共享内存的方式。这种方式无须任何文件的支持，但它需要先使用如下函数来创建或打开一个 POSIX 共享内存对象：

```
#include <sys/mman.h>
#include <sys/stat.h>
#include <fcntl.h>
int shm_open( const char* name, int oflag, mode_t mode );
```

shm_open 的使用方法与 open 系统调用完全相同。

name 参数指定要创建 / 打开的共享内存对象。从可移植性的角度考虑，该参数应该使用 "/somename" 的格式：以 "/" 开始，后接多个字符，且这些字符都不是 "/"；以 "\0" 结尾，长度不超过 NAME_MAX（通常是 255）。

oflag 参数指定创建方式。它可以是下列标志中的一个或者多个的按位或：

- O_RDONLY。以只读方式打开共享内存对象。
- O_RDWR。以可读、可写方式打开共享内存对象。
- O_CREAT。如果共享内存对象不存在，则创建之。此时 mode 参数的最低 9 位将指定该共享内存对象的访问权限。共享内存对象被创建的时候，其初始长度为 0。
- O_EXCL。和 O_CREAT 一起使用，如果由 name 指定的共享内存对象已经存在，则 shm_open 调用返回错误，否则就创建一个新的共享内存对象。
- O_TRUNC。如果共享内存对象已经存在，则把它截断，使其长度为 0。

shm_open 调用成功时返回一个文件描述符。该文件描述符可用于后续的 mmap 调用，从而将共享内存关联到调用进程。shm_open 失败时返回 -1，并设置 errno。

和打开的文件最后需要关闭一样，由 shm_open 创建的共享内存对象使用完之后也需要被删除。这个过程是通过如下函数实现的：

```
#include <sys/mman.h>
#include <sys/stat.h>
#include <fcntl.h>
int shm_unlink( const char *name );
```

该函数将 name 参数指定的共享内存对象标记为等待删除。当所有使用该共享内存对象的进程都使用 ummap 将它从进程中分离之后，系统将销毁这个共享内存对象所占据的资源。

如果代码中使用了上述 POSIX 共享内存函数，则编译的时候需要指定链接选项 -lrt。

13.6.5 共享内存实例

在 9.6.2 小节中，我们介绍过一个聊天室服务器程序。下面我们将它修改为一个多进程服务器：一个子进程处理一个客户连接。同时，我们将所有客户 socket 连接的读缓冲设计为一块共享内存，如代码清单 13-4 所示。

代码清单 13-4　使用共享内存的聊天室服务器程序

```
#include <sys/socket.h>
#include <netinet/in.h>
#include <arpa/inet.h>
#include <assert.h>
#include <stdio.h>
#include <unistd.h>
#include <errno.h>
#include <string.h>
#include <fcntl.h>
#include <stdlib.h>
#include <sys/epoll.h>
#include <signal.h>
#include <sys/wait.h>
#include <sys/mman.h>
#include <sys/stat.h>
#include <fcntl.h>

#define USER_LIMIT 5
#define BUFFER_SIZE 1024
#define FD_LIMIT 65535
#define MAX_EVENT_NUMBER 1024
#define PROCESS_LIMIT 65536

/* 处理一个客户连接必要的数据 */
struct client_data
{
    sockaddr_in address;              /* 客户端的 socket 地址 */
    int connfd;                       /* socket 文件描述符 */
    pid_t pid;                        /* 处理这个连接的子进程的 PID */
    int pipefd[2];                    /* 和父进程通信用的管道 */
};

static const char* shm_name = "/my_shm";
int sig_pipefd[2];
int epollfd;
int listenfd;
int shmfd;
char* share_mem = 0;
/* 客户连接数组。进程用客户连接的编号来索引这个数组，即可取得相关的客户连接数据 */
client_data* users = 0;
/* 子进程和客户连接的映射关系表。用进程的 PID 来索引这个数组，即可取得该进程所处理的客户连接的编号 */
int* sub_process = 0;
/* 当前客户数量 */
int user_count = 0;
bool stop_child = false;

int setnonblocking( int fd )
```

```cpp
{
    int old_option = fcntl( fd, F_GETFL );
    int new_option = old_option | O_NONBLOCK;
    fcntl( fd, F_SETFL, new_option );
    return old_option;
}

void addfd( int epollfd, int fd )
{
    epoll_event event;
    event.data.fd = fd;
    event.events = EPOLLIN | EPOLLET;
    epoll_ctl( epollfd, EPOLL_CTL_ADD, fd, &event );
    setnonblocking( fd );
}

void sig_handler( int sig )
{
    int save_errno = errno;
    int msg = sig;
    send( sig_pipefd[1], ( char* )&msg, 1, 0 );
    errno = save_errno;
}

void addsig( int sig, void(*handler)(int), bool restart = true )
{
    struct sigaction sa;
    memset( &sa, '\0', sizeof( sa ) );
    sa.sa_handler = handler;
    if( restart )
    {
        sa.sa_flags |= SA_RESTART;
    }
    sigfillset( &sa.sa_mask );
    assert( sigaction( sig, &sa, NULL ) != -1 );
}

void del_resource()
{
    close( sig_pipefd[0] );
    close( sig_pipefd[1] );
    close( listenfd );
    close( epollfd );
    shm_unlink( shm_name );
    delete [] users;
    delete [] sub_process;
}

/* 停止一个子进程 */
void child_term_handler( int sig )
{
    stop_child = true;
}
```

```c
        /* 子进程运行的函数。参数 idx 指出该子进程处理的客户连接的编号，users 是保存所有客户连接数据的
数组，参数 share_mem 指出共享内存的起始地址 */
        int run_child( int idx, client_data* users, char* share_mem )
        {
            epoll_event events[ MAX_EVENT_NUMBER ];
             /* 子进程使用 I/O 复用技术来同时监听两个文件描述符：客户连接 socket、与父进程通信的管道文
件描述符 */
            int child_epollfd = epoll_create( 5 );
            assert( child_epollfd != -1 );
            int connfd = users[idx].connfd;
            addfd( child_epollfd, connfd );
            int pipefd = users[idx].pipefd[1];
            addfd( child_epollfd, pipefd );
            int ret;
            /* 子进程需要设置自己的信号处理函数 */
            addsig( SIGTERM, child_term_handler, false );

            while( !stop_child )
            {
                int number = epoll_wait( child_epollfd, events, MAX_EVENT_NUMBER, -1 );
                if ( ( number < 0 ) && ( errno != EINTR ) )
                {
                    printf( "epoll failure\n" );
                    break;
                }

                for ( int i = 0; i < number; i++ )
                {
                    int sockfd = events[i].data.fd;
                    /* 本子进程负责的客户连接有数据到达 */
                    if( ( sockfd == connfd ) && ( events[i].events & EPOLLIN ) )
                    {
                        memset( share_mem + idx*BUFFER_SIZE, '\0', BUFFER_SIZE );
                        /* 将客户数据读取到对应的读缓存中。该读缓存是共享内存的一段，它开始于
idx*BUFFER_SIZE 处，长度为 BUFFER_SIZE 字节。因此，各个客户连接的读缓存是共享的 */
                        ret = recv( connfd, share_mem + idx*BUFFER_SIZE, BUFFER_SIZE-1, 0 );
                        if( ret < 0 )
                        {
                            if( errno != EAGAIN )
                            {
                                stop_child = true;
                            }
                        }
                        else if( ret == 0 )
                        {
                            stop_child = true;
                        }
                        else
                        {
                            /* 成功读取客户数据后就通知主进程（通过管道）来处理 */
                            send( pipefd, ( char* )&idx, sizeof( idx ), 0 );
                        }
                    }
```

```c
                /* 主进程通知本进程（通过管道）将第 client 个客户的数据发送到本进程负责的客户端 */
                else if( ( sockfd == pipefd ) && ( events[i].events & EPOLLIN ) )
                {
                    int client = 0;
                    /* 接收主进程发送来的数据，即有客户数据到达的连接的编号 */
                    ret = recv( sockfd, ( char* )&client, sizeof( client ), 0 );
                    if( ret < 0 )
                    {
                        if( errno != EAGAIN )
                        {
                            stop_child = true;
                        }
                    }
                    else if( ret == 0 )
                    {
                        stop_child = true;
                    }
                    else
                    {
                        send( connfd, share_mem + client * BUFFER_SIZE,
                            BUFFER_SIZE, 0 );
                    }
                }
                else
                {
                    continue;
                }
            }
        }

        close( connfd );
        close( pipefd );
        close( child_epollfd );
        return 0;
    }

    int main( int argc, char* argv[] )
    {
        if( argc <= 2 )
        {
            printf( "usage: %s ip_address port_number\n", basename( argv[0] ) );
            return 1;
        }
        const char* ip = argv[1];
        int port = atoi( argv[2] );

        int ret = 0;
        struct sockaddr_in address;
        bzero( &address, sizeof( address ) );
        address.sin_family = AF_INET;
        inet_pton( AF_INET, ip, &address.sin_addr );
        address.sin_port = htons( port );

        listenfd = socket( PF_INET, SOCK_STREAM, 0 );
```

```
assert( listenfd >= 0 );

ret = bind( listenfd, ( struct sockaddr* )&address, sizeof( address ) );
assert( ret != -1 );

ret = listen( listenfd, 5 );
assert( ret != -1 );

user_count = 0;
users = new client_data [ USER_LIMIT+1 ];
sub_process = new int [ PROCESS_LIMIT ];
for( int i = 0; i < PROCESS_LIMIT; ++i )
{
    sub_process[i] = -1;
}

epoll_event events[ MAX_EVENT_NUMBER ];
epollfd = epoll_create( 5 );
assert( epollfd != -1 );
addfd( epollfd, listenfd );

ret = socketpair( PF_UNIX, SOCK_STREAM, 0, sig_pipefd );
assert( ret != -1 );
setnonblocking( sig_pipefd[1] );
addfd( epollfd, sig_pipefd[0] );

addsig( SIGCHLD, sig_handler );
addsig( SIGTERM, sig_handler );
addsig( SIGINT, sig_handler );
addsig( SIGPIPE, SIG_IGN );
bool stop_server = false;
bool terminate = false;

/* 创建共享内存，作为所有客户socket连接的读缓存 */
shmfd = shm_open( shm_name, O_CREAT | O_RDWR, 0666 );
assert( shmfd != -1 );
ret = ftruncate( shmfd, USER_LIMIT * BUFFER_SIZE );
assert( ret != -1 );

share_mem = (char*)mmap( NULL, USER_LIMIT * BUFFER_SIZE, PROT_READ |
                         PROT_WRITE, MAP_SHARED, shmfd, 0 );
assert( share_mem != MAP_FAILED );
close( shmfd );

while( !stop_server )
{
    int number = epoll_wait( epollfd, events, MAX_EVENT_NUMBER, -1 );
    if ( ( number < 0 ) && ( errno != EINTR ) )
    {
        printf( "epoll failure\n" );
        break;
    }
```

```c
for ( int i = 0; i < number; i++ )
{
    int sockfd = events[i].data.fd;
    /* 新的客户连接到来 */
    if( sockfd == listenfd )
    {
        struct sockaddr_in client_address;
        socklen_t client_addrlength = sizeof( client_address );
        int connfd = accept( listenfd, ( struct sockaddr* )
                            &client_address, &client_addrlength );
        if ( connfd < 0 )
        {
            printf( "errno is: %d\n", errno );
            continue;
        }
        if( user_count >= USER_LIMIT )
        {
            const char* info = "too many users\n";
            printf( "%s", info );
            send( connfd, info, strlen( info ), 0 );
            close( connfd );
            continue;
        }
        /* 保存第 user_count 个客户连接的相关数据 */
        users[user_count].address = client_address;
        users[user_count].connfd = connfd;
        /* 在主进程和子进程间建立管道, 以传递必要的数据 */
        ret = socketpair( PF_UNIX, SOCK_STREAM, 0, users[user_count].pipefd );
        assert( ret != -1 );
        pid_t pid = fork();
        if( pid < 0 )
        {
            close( connfd );
            continue;
        }
        else if( pid == 0 )
        {
            close( epollfd );
            close( listenfd );
            close( users[user_count].pipefd[0] );
            close( sig_pipefd[0] );
            close( sig_pipefd[1] );
            run_child( user_count, users, share_mem );
            munmap( (void*)share_mem,  USER_LIMIT * BUFFER_SIZE );
            exit( 0 );
        }
        else
        {
            close( connfd );
            close( users[user_count].pipefd[1] );
```

```c
                            addfd( epollfd, users[user_count].pipefd[0] );
                            users[user_count].pid = pid;
                            /* 记录新的客户连接在数组 users 中的索引值，建立进程 pid 和该索引值之间
的映射关系 */
                            sub_process[pid] = user_count;
                            user_count++;
                        }
                    }
                    /* 处理信号事件 */
                    else if( ( sockfd == sig_pipefd[0] ) && ( events[i].events & EPOLLIN ) )
                    {
                        int sig;
                        char signals[1024];
                        ret = recv( sig_pipefd[0], signals, sizeof( signals ), 0 );
                        if( ret == -1 )
                        {
                            continue;
                        }
                        else if( ret == 0 )
                        {
                            continue;
                        }
                        else
                        {
                            for( int i = 0; i < ret; ++i )
                            {
                                switch( signals[i] )
                                {
                                    /* 子进程退出，表示有某个客户端关闭了连接 */
                                    case SIGCHLD:
                                    {
                                        pid_t pid;
                                        int stat;
                                        while ( ( pid = waitpid( -1, &stat, WNOHANG ) ) > 0 )
                                        {
                                            /* 用子进程的 pid 取得被关闭的客户连接的编号 */
                                            int del_user = sub_process[pid];
                                            sub_process[pid] = -1;
                                            if( ( del_user < 0 ) || ( del_user > USER_LIMIT ) )
                                            {
                                                continue;
                                            }
                                            /* 清除第 del_user 个客户连接使用的相关数据 */
                                            epoll_ctl( epollfd, EPOLL_CTL_DEL,
                                                    users[del_user].pipefd[0], 0 );
                                            close( users[del_user].pipefd[0] );
                                            users[del_user] = users[--user_count];
                                            sub_process[users[del_user].pid] = del_user;
                                        }
                                        if( terminate && user_count == 0 )
                                        {
                                            stop_server = true;
                                        }
```

```c
                    break;
                }
                case SIGTERM:
                case SIGINT:
                {
                    /* 结束服务器程序 */
                    printf( "kill all the clild now\n" );
                    if( user_count == 0 )
                    {
                        stop_server = true;
                        break;
                    }
                    for( int i = 0; i < user_count; ++i )
                    {
                        int pid = users[i].pid;
                        kill( pid, SIGTERM );
                    }
                    terminate = true;
                    break;
                }
                default:
                {
                    break;
                }
            }
        }
    }
    /* 某个子进程向父进程写入了数据 */
    else if( events[i].events & EPOLLIN )
    {
        int child = 0;
        /* 读取管道数据，child 变量记录了是哪个客户连接有数据到达 */
        ret = recv( sockfd, ( char* )&child, sizeof( child ), 0 );
        printf( "read data from child accross pipe\n" );
        if( ret == -1 )
        {
            continue;
        }
        else if( ret == 0 )
        {
            continue;
        }
        else
        {
            /* 向除负责处理第 child 个客户连接的子进程之外的其他子进程发送消息，通
            知它们有客户数据要写 */
            for( int j = 0; j < user_count; ++j )
            {
                if( users[j].pipefd[0] != sockfd )
                {
```

```
                            printf( "send data to child accross pipe\n" );
                            send( users[j].pipefd[0], ( char* )&child,
                                sizeof( child ), 0 );
                        }
                    }
                }
            }
        }
        del_resource();
        return 0;
    }
```

上面的代码有两点需要注意：

❑ 虽然我们使用了共享内存，但每个子进程都只会往自己所处理的客户连接所对应的那一部分读缓存中写入数据，所以我们使用共享内存的目的只是为了"共享读"。因此，每个子进程在使用共享内存的时候都无须加锁。这样做符合"聊天室服务器"的应用场景，同时提高了程序性能。

❑ 我们的服务器程序在启动的时候给数组 users 分配了足够多的空间，使得它可以存储所有可能的客户连接的相关数据。同样，我们一次性给数组 sub_process 分配的空间也足以存储所有可能的子进程的相关数据。这是牺牲空间换取时间的又一例子。

13.7 消息队列

消息队列是在两个进程之间传递二进制块数据的一种简单有效的方式。每个数据块都有一个特定的类型，接收方可以根据类型来有选择地接收数据，而不一定像管道和命名管道那样必须以先进先出的方式接收数据。

Linux 消息队列的 API 都定义在 sys/msg.h 头文件中，包括 4 个系统调用：msgget、msgsnd、msgrcv 和 msgctl。我们将依次讨论之。

13.7.1 msgget 系统调用

msgget 系统调用创建一个消息队列，或者获取一个已有的消息队列。其定义如下：

```
#include <sys/msg.h>
int msgget( key_t key, int msgflg );
```

和 semget 系统调用一样，key 参数是一个键值，用来标识一个全局唯一的消息队列。

msgflg 参数的使用和含义与 semget 系统调用的 sem_flags 参数相同。

msgget 成功时返回一个正整数值，它是消息队列的标识符。msgget 失败时返回 -1，并设置 errno。

如果 msgget 用于创建消息队列，则与之关联的内核数据结构 msqid_ds 将被创建并初始化。msqid_ds 结构体的定义如下：

```c
struct msqid_ds
{
    struct ipc_perm msg_perm;        /* 消息队列的操作权限 */
    time_t msg_stime;                /* 最后一次调用 msgsnd 的时间 */
    time_t msg_rtime;                /* 最后一次调用 msgrcv 的时间 */
    time_t msg_ctime;                /* 最后一次被修改的时间 */
    unsigned long __msg_cbytes;      /* 消息队列中已有的字节数 */
    msgqnum_t msg_qnum;              /* 消息队列中已有的消息数 */
    msglen_t msg_qbytes;             /* 消息队列允许的最大字节数 */
    pid_t msg_lspid;                 /* 最后执行 msgsnd 的进程的 PID */
    pid_t msg_lrpid;                 /* 最后执行 msgrcv 的进程的 PID */
};
```

13.7.2 msgsnd 系统调用

msgsnd 系统调用把一条消息添加到消息队列中。其定义如下：

```c
#include <sys/msg.h>
int msgsnd( int msqid, const void* msg_ptr, size_t msg_sz, int msgflg );
```

msqid 参数是由 msgget 调用返回的消息队列标识符。

msg_ptr 参数指向一个准备发送的消息，消息必须被定义为如下类型：

```c
struct msgbuf
{
    long mtype;         /* 消息类型 */
    char mtext[512];    /* 消息数据 */
};
```

其中，mtype 成员指定消息的类型，它必须是一个正整数。mtext 是消息数据。msg_sz 参数是消息的数据部分（mtext）的长度。这个长度可以为 0，表示没有消息数据。

msgflg 参数控制 msgsnd 的行为。它通常仅支持 IPC_NOWAIT 标志，即以非阻塞的方式发送消息。默认情况下，发送消息时如果消息队列满了，则 msgsnd 将阻塞。若 IPC_NOWAIT 标志被指定，则 msgsnd 将立即返回并设置 errno 为 EAGAIN。

处于阻塞状态的 msgsnd 调用可能被如下两种异常情况所中断：

❏ 消息队列被移除。此时 msgsnd 调用将立即返回并设置 errno 为 EIDRM。
❏ 程序接收到信号。此时 msgsnd 调用将立即返回并设置 errno 为 EINTR。

msgsnd 成功时返回 0，失败则返回 -1 并设置 errno。msgsnd 成功时将修改内核数据结构 msqid_ds 的部分字段，如下所示：

❏ 将 msg_qnum 加 1。
❏ 将 msg_lspid 设置为调用进程的 PID。
❏ 将 msg_stime 设置为当前的时间。

13.7.3 msgrcv 系统调用

msgrcv 系统调用从消息队列中获取消息。其定义如下：

```
#include <sys/msg.h>
int msgrcv( int msqid, void* msg_ptr, size_t msg_sz, long int msgtype, int msgflg );
```

msqid 参数是由 msgget 调用返回的消息队列标识符。

msg_ptr 参数用于存储接收的消息，msg_sz 参数指的是消息数据部分的长度。

msgtype 参数指定接收何种类型的消息。我们可以使用如下几种方式来指定消息类型：

- msgtype 等于 0。读取消息队列中的第一个消息。
- msgtype 大于 0。读取消息队列中第一个类型为 msgtype 的消息（除非指定了标志 MSG_EXCEPT，见后文）。
- msgtype 小于 0。读取消息队列中第一个类型值比 msgtype 的绝对值小的消息。

参数 msgflg 控制 msgrcv 函数的行为。它可以是如下一些标志的按位或：

- IPC_NOWAIT。如果消息队列中没有消息，则 msgrcv 调用立即返回并设置 errno 为 ENOMSG。
- MSG_EXCEPT。如果 msgtype 大于 0，则接收消息队列中第一个非 msgtype 类型的消息。
- MSG_NOERROR。如果消息数据部分的长度超过了 msg_sz，就将它截断。

处于阻塞状态的 msgrcv 调用还可能被如下两种异常情况所中断：

- 消息队列被移除。此时 msgrcv 调用将立即返回并设置 errno 为 EIDRM。
- 程序接收到信号。此时 msgrcv 调用将立即返回并设置 errno 为 EINTR。

msgrcv 成功时返回 0，失败则返回 -1 并设置 errno。msgrcv 成功时将修改内核数据结构 msqid_ds 的部分字段，如下所示：

- 将 msg_qnum 减 1。
- 将 msg_lrpid 设置为调用进程的 PID。
- 将 msg_rtime 设置为当前的时间。

13.7.4　msgctl 系统调用

msgctl 系统调用控制消息队列的某些属性。其定义如下：

```
#include <sys/msg.h>
int msgctl( int msqid, int command, struct msqid_ds* buf );
```

msqid 参数是由 msgget 调用返回的共享内存标识符。command 参数指定要执行的命令。msgctl 支持的所有命令如表 13-4 所示。

表 13-4　msgctl 支持的命令

命　令	含　义	msgctl 成功时的返回值
IPC_STAT	将消息队列关联的内核数据结构复制到 buf（第 3 个参数，下同）中	0
IPC_SET	将 buf 中的部分成员复制到消息队列关联的内核数据结构中，同时内核数据中的 msqid_ds.msg_ctime 被更新	0

(续)

命令	含义	msgctl 成功时的返回值
IPC_RMID	立即移除消息队列，唤醒所有等待读消息和写消息的进程（这些调用立即返回并设置 errno 为 EIDRM）	0
IPC_INFO	获取系统消息队列资源配置信息，将结果存储在 buf 中。应用程序需要将 buf 转换成 msginfo 结构体类型来读取这些系统信息。msginfo 结构体与 seminfo 类似，这里不再赘述	内核消息队列信息数组中已经被使用的项的最大索引值
MSG_INFO	与 IPC_INFO 类似，不过返回的是已经分配的消息队列占用的资源信息	同 IPC_INFO
MSG_STAT	与 IPC_STAT 类似，不过此时 msqid 参数不是用来表示消息队列标识符，而是内核消息队列信息数组的索引（每个消息队列的信息都是该数组中的一项）	内核消息队列信息数组中索引值为 msqid 的消息队列的标识符

msgctl 成功时的返回值取决于 command 参数，如表 13-4 所示。msgctl 函数失败时返回 -1 并设置 errno。

13.8　IPC 命令

上述 3 种 System V IPC 进程间通信方式都使用一个全局唯一的键值（key）来描述一个共享资源。当程序调用 semget、shmget 或者 msgget 时，就创建了这些共享资源的一个实例。Linux 提供了 ipcs 命令，以观察当前系统上拥有哪些共享资源实例。比如在测试机器 Kongming20 上执行 ipcs 命令：

```
$ sudo ipcs
------ Shared Memory Segments --------
key        shmid      owner      perms      bytes      nattch     status

------ Semaphore Arrays --------
key        semid      owner      perms      nsems
0x00000000 196608     apache     600        1
0x00000000 229377     apache     600        1
0x00000000 262146     apache     600        1
0x00000000 294915     apache     600        1
0x00000000 327684     apache     600        1
0x00000000 360453     apache     600        1
0x00000000 393222     apache     600        1

------ Message Queues --------
key        msqid      owner      perms      used-bytes   messages
```

输出结果分段显示了系统拥有的共享内存、信号量和消息队列资源。可见，该系统目前尚未使用任何共享内存和消息队列，却分配了一组键值为 0（IPC_PRIVATE）的信号量。这些信号量的所有者是 apache，因此它们是由 httpd 服务器程序创建的。其中标识符为 393222 的信号量正是我们在 13.5.5 小节讨论的那个用于在 httpd 各个子进程之间同步 epoll_wait 使用权的信号量。

此外，我们可以使用 ipcrm 命令来删除遗留在系统中的共享资源。

13.9 在进程间传递文件描述符

由于 fork 调用之后，父进程中打开的文件描述符在子进程中仍然保持打开，所以文件描述符可以很方便地从父进程传递到子进程。需要注意的是，传递一个文件描述符并不是传递一个文件描述符的值，而是要在接收进程中创建一个新的文件描述符，并且该文件描述符和发送进程中被传递的文件描述符指向内核中相同的文件表项。

那么如何把子进程中打开的文件描述符传递给父进程呢？或者更通俗地说，如何在两个不相干的进程之间传递文件描述符呢？在 Linux 下，我们可以利用 UNIX 域 socket 在进程间传递特殊的辅助数据，以实现文件描述符的传递[2]。代码清单 13-5 给出了一个实例，它在子进程中打开一个文件描述符，然后将它传递给父进程，父进程则通过读取该文件描述符来获得文件的内容。

代码清单 13-5　在进程间传递文件描述符

```c
#include <sys/socket.h>
#include <fcntl.h>
#include <stdio.h>
#include <unistd.h>
#include <stdlib.h>
#include <assert.h>
#include <string.h>

static const int CONTROL_LEN = CMSG_LEN( sizeof(int) );
/* 发送文件描述符，fd参数是用来传递信息的 UNIX 域 socket，fd_to_send参数是待发送的文件描述符 */
void send_fd( int fd, int fd_to_send )
{
    struct iovec iov[1];
    struct msghdr msg;
    char buf[0];

    iov[0].iov_base = buf;
    iov[0].iov_len  = 1;
    msg.msg_name    = NULL;
    msg.msg_namelen = 0;
    msg.msg_iov     = iov;
    msg.msg_iovlen  = 1;

    cmsghdr cm;
    cm.cmsg_len = CONTROL_LEN;
    cm.cmsg_level = SOL_SOCKET;
    cm.cmsg_type = SCM_RIGHTS;
    *(int *)CMSG_DATA( &cm ) = fd_to_send;
    msg.msg_control = &cm;   /* 设置辅助数据 */
    msg.msg_controllen = CONTROL_LEN;

    sendmsg( fd, &msg, 0 );
}
```

```c
/* 接收目标文件描述符 */
int recv_fd( int fd )
{
    struct iovec iov[1];
    struct msghdr msg;
    char buf[0];

    iov[0].iov_base = buf;
    iov[0].iov_len  = 1;
    msg.msg_name    = NULL;
    msg.msg_namelen = 0;
    msg.msg_iov     = iov;
    msg.msg_iovlen  = 1;

    cmsghdr cm;
    msg.msg_control    = &cm;
    msg.msg_controllen = CONTROL_LEN;

    recvmsg( fd, &msg, 0 );

    int fd_to_read = *(int *)CMSG_DATA( &cm );
    return fd_to_read;
}

int main()
{
    int pipefd[2];
    int fd_to_pass = 0;
    /* 创建父、子进程间的管道，文件描述符pipefd[0]和pipefd[1]都是UNIX域socket */
    int ret = socketpair( PF_UNIX, SOCK_DGRAM, 0, pipefd );
    assert( ret != -1 );

    pid_t pid = fork();
    assert( pid >= 0 );

    if ( pid == 0 )
    {
        close( pipefd[0] );
        fd_to_pass = open( "test.txt", O_RDWR, 0666 );
        /* 子进程通过管道将文件描述符发送到父进程。如果文件test.txt打开失败，则子进程将标
准输入文件描述符发送到父进程 */
        send_fd( pipefd[1], ( fd_to_pass > 0 ) ? fd_to_pass : 0 );
        close( fd_to_pass );
        exit( 0 );
    }

    close( pipefd[1] );
    fd_to_pass = recv_fd( pipefd[0] );   /* 父进程从管道接收目标文件描述符 */
    char buf[1024];
    memset( buf, '\0', 1024 );
    read( fd_to_pass, buf, 1024 );   /* 读目标文件描述符，以验证其有效性 */
    printf( "I got fd %d and data %s\n", fd_to_pass, buf );
    close( fd_to_pass );
}
```

第 14 章 多线程编程

早期 Linux 不支持线程,直到 1996 年,Xavier Leroy 等人才开发出第一个基本符合 POSIX 标准的线程库 LinuxThreads。但 LinuxThreads 效率低而且问题很多。自内核 2.6 开始,Linux 才真正提供内核级的线程支持,并有两个组织致力于编写新的线程库:NGPT (Next Generation POSIX Threads)和 NPTL(Native POSIX Thread Library)。不过前者在 2003 年就放弃了,因此新的线程库就称为 NPTL。NPTL 比 LinuxThreads 效率高,且更符合 POSIX 规范,所以它已经成为 glibc 的一部分。本书所有线程相关的例程使用的线程库都是 NPTL。

本章要讨论的线程相关的内容都属于 POSIX 线程(简称 pthread)标准,而不局限于 NPTL 实现,具体包括:

❑ 创建线程和结束线程。
❑ 读取和设置线程属性。
❑ POSIX 线程同步方式:POSIX 信号量、互斥锁和条件变量。

在本章的最后,我们还将介绍在 Linux 环境下,库函数、进程、信号与多线程程序之间的相互影响。

14.1 Linux 线程概述

14.1.1 线程模型

线程是程序中完成一个独立任务的完整执行序列,即一个可调度的实体。根据运行环境和调度者的身份,线程可分为内核线程和用户线程。内核线程,在有的系统上也称为 LWP (Light Weight Process,轻量级进程),运行在内核空间,由内核来调度;用户线程运行在用户空间,由线程库来调度。当进程的一个内核线程获得 CPU 的使用权时,它就加载并运行一个用户线程。可见,内核线程相当于用户线程运行的"容器"。一个进程可以拥有 M 个内核线程和 N 个用户线程,其中 $M \leq N$。并且在一个系统的所有进程中,M 和 N 的比值都是固定的。按照 M:N 的取值,线程的实现方式可分为三种模式:完全在用户空间实现、完全由内核调度和双层调度(two level scheduler)。

完全在用户空间实现的线程无须内核的支持,内核甚至根本不知道这些线程的存在。线程库负责管理所有执行线程,比如线程的优先级、时间片等。线程库利用 longjmp 来切换线程的执行,使它们看起来像是"并发"执行的。但实际上内核仍然是把整个进程作为最小单位来调度的。换句话说,一个进程的所有执行线程共享该进程的时间片,它们对外表现出相同的优先级。因此，对这种实现方式而言，$N=1$，即 M 个用户空间线程对应 1 个内核线程，而该内核线程实际上就是进程本身。完全在用户空间实现的线程的优点是：创建和调度线程都无须内核的干预，因此速度相当快。并且由于它不占用额外的内核资源，所以即使一个进程创建了很多线程，也不会对系统性能造成明显的影响。其缺点是：对于多处理器系统，一个进程的多个线程无法运行在不同的 CPU 上，因为内核是按照其最小调度单位来分配 CPU 的。此外，线程的优先级只对同一个进程中的线程有效，比较不同进程中的线程的优先级没有意义。早期的伯克利 UNIX 线程就是采用这种方式实现的。

完全由内核调度的模式将创建、调度线程的任务都交给了内核，运行在用户空间的线程库无须执行管理任务，这与完全在用户空间实现的线程恰恰相反。二者的优缺点也正好互换。较早的 Linux 内核对内核线程的控制能力有限，线程库通常还要提供额外的控制能力，尤其是线程同步机制，不过现代 Linux 内核已经大大增强了对线程的支持。完全由内核调度的这种线程实现方式满足 $M:N=1:1$，即 1 个用户空间线程被映射为 1 个内核线程。

双层调度模式是前两种实现模式的混合体：内核调度 M 个内核线程，线程库调度 N 个用户线程。这种线程实现方式结合了前两种方式的优点：不但不会消耗过多的内核资源，而且线程切换速度也较快，同时它可以充分利用多处理器的优势。

14.1.2 Linux 线程库

Linux 上两个最有名的线程库是 LinuxThreads 和 NPTL，它们都是采用 1:1 的方式实现的。由于 LinuxThreads 在开发的时候，Linux 内核对线程的支持还非常有限，所以其可用性、稳定性以及 POSIX 兼容性都远远不及 NPTL。现代 Linux 上默认使用的线程库是 NPTL。用户可以使用如下命令来查看当前系统上所使用的线程库：

```
$ getconf GNU_LIBPTHREAD_VERSION
NPTL 2.14.90
```

LinuxThreads 线程库的内核线程是用 clone 系统调用创建的进程模拟的。clone 系统调用和 fork 系统调用的作用类似：创建调用进程的子进程。不过我们可以为 clone 系统调用指定 CLONE_THREAD 标志，这种情况下它创建的子进程与调用进程共享相同的虚拟地址空间、文件描述符和信号处理函数，这些都是线程的特点。不过，用进程来模拟内核线程会导致很多语义问题，比如：

❑ 每个线程拥有不同的 PID，因此不符合 POSIX 规范。
❑ Linux 信号处理本来是基于进程的，但现在一个进程内部的所有线程都能而且必须处理信号。
❑ 用户 ID、组 ID 对一个进程中的不同线程来说可能是不一样的。
❑ 程序产生的核心转储文件不会包含所有线程的信息，而只包含产生该核心转储文件的线程的信息。
❑ 由于每个线程都是一个进程，因此系统允许的最大进程数也就是最大线程数。

LinuxThreads 线程库一个有名的特性是所谓的管理线程。它是进程中专门用于管理其他工作线程的线程。其作用包括：
- 系统发送给进程的终止信号先由管理线程接收，管理线程再给其他工作线程发送同样的信号以终止它们。
- 当终止工作线程或者工作线程主动退出时，管理线程必须等待它们结束，以避免僵尸进程。
- 如果主线程先于其他工作线程退出，则管理线程将阻塞它，直到所有其他工作线程都结束之后才唤醒它。
- 回收每个线程堆栈使用的内存。

管理线程的引入，增加了额外的系统开销。并且由于它只能运行在一个 CPU 上，所以 LinuxThreads 线程库也不能充分利用多处理器系统的优势。

要解决 LinuxThreads 线程库的一系列问题，不仅需要改进线程库，最主要的是需要内核提供更完善的线程支持。因此，Linux 内核从 2.6 版本开始，提供了真正的内核线程。新的 NPTL 线程库也应运而生。相比 LinuxThreads，NPTL 的主要优势在于：
- 内核线程不再是一个进程，因此避免了很多用进程模拟内核线程导致的语义问题。
- 摒弃了管理线程，终止线程、回收线程堆栈等工作都可以由内核来完成。
- 由于不存在管理线程，所以一个进程的线程可以运行在不同的 CPU 上，从而充分利用了多处理器系统的优势。
- 线程的同步由内核来完成。隶属于不同进程的线程之间也能共享互斥锁，因此可实现跨进程的线程同步。

14.2 创建线程和结束线程

下面我们讨论创建和结束线程的基础 API。Linux 系统上，它们都定义在 pthread.h 头文件中。

1. pthread_create

创建一个线程的函数是 pthread_create。其定义如下：

```
#include <pthread.h>
int pthread_create( pthread_t* thread, const pthread_attr_t* attr,
                    void* ( *start_routine )( void* ), void* arg );
```

thread 参数是新线程的标识符，后续 pthread_* 函数通过它来引用新线程。其类型 pthread_t 的定义如下：

```
#include <bits/ pthreadtypes.h>
typedef unsigned long int pthread_t;
```

可见，pthread_t 是一个整型类型。实际上，Linux 上几乎所有的资源标识符都是一个整型数，比如 socket、各种 System V IPC 标识符等。

attr 参数用于设置新线程的属性。给它传递 NULL 表示使用默认线程属性。线程拥有众多属性，我们将在后面详细讨论之。start_routine 和 arg 参数分别指定新线程将运行的函数及其参数。

pthread_create 成功时返回 0，失败时返回错误码。一个用户可以打开的线程数量不能超过 RLIMIT_NPROC 软资源限制（见表 7-1）。此外，系统上所有用户能创建的线程总数也不得超过 /proc/sys/kernel/threads-max 内核参数所定义的值。

2. pthread_exit

线程一旦被创建好，内核就可以调度内核线程来执行 start_routine 函数指针所指向的函数了。线程函数在结束时最好调用如下函数，以确保安全、干净地退出：

```c
#include <pthread.h>
void pthread_exit( void* retval );
```

pthread_exit 函数通过 retval 参数向线程的回收者传递其退出信息。它执行完之后不会返回到调用者，而且永远不会失败。

3. pthread_join

一个进程中的所有线程都可以调用 pthread_join 函数来回收其他线程（前提是目标线程是可回收的，见后文），即等待其他线程结束，这类似于回收进程的 wait 和 waitpid 系统调用。pthread_join 的定义如下：

```c
#include <pthread.h>
int pthread_join( pthread_t thread, void** retval );
```

thread 参数是目标线程的标识符，retval 参数则是目标线程返回的退出信息。该函数会一直阻塞，直到被回收的线程结束为止。该函数成功时返回 0，失败则返回错误码。可能的错误码如表 14-1 所示。

表 14-1 pthread_join 函数可能引发的错误码

错误码	描述
EDEADLK	可能引起死锁。比如两个线程互相针对对方调用 pthread_join，或者线程对自身调用 pthread_join
EINVAL	目标线程是不可回收的，或者已经有其他线程在回收该目标线程
ESRCH	目标线程不存在

4. pthread_cancel

有时候我们希望异常终止一个线程，即取消线程，它是通过如下函数实现的：

```c
#include <pthread.h>
int pthread_cancel( pthread_t thread );
```

thread 参数是目标线程的标识符。该函数成功时返回 0，失败则返回错误码。不过，接收到取消请求的目标线程可以决定是否允许被取消以及如何取消，这分别由如下两个函数完成：

```c
#include <pthread.h>
int pthread_setcancelstate( int state, int *oldstate );
int pthread_setcanceltype( int type, int *oldtype );
```

这两个函数的第一个参数分别用于设置线程的取消状态（是否允许取消）和取消类型（如何取消），第二个参数则分别记录线程原来的取消状态和取消类型。state 参数有两个可选值：

- PTHREAD_CANCEL_ENABLE，允许线程被取消。它是线程被创建时的默认取消状态。
- PTHREAD_CANCEL_DISABLE，禁止线程被取消。这种情况下，如果一个线程收到取消请求，则它会将请求挂起，直到该线程允许被取消。

type 参数也有两个可选值：

- PTHREAD_CANCEL_ASYNCHRONOUS，线程随时都可以被取消。它将使得接收到取消请求的目标线程立即采取行动。
- PTHREAD_CANCEL_DEFERRED，允许目标线程推迟行动，直到它调用了下面几个所谓的取消点函数中的一个：pthread_join、pthread_testcancel、pthread_cond_wait、pthread_cond_timedwait、sem_wait 和 sigwait。根据 POSIX 标准，其他可能阻塞的系统调用，比如 read、wait，也可以成为取消点。不过为了安全起见，我们最好在可能会被取消的代码中调用 pthread_testcancel 函数以设置取消点。

pthread_setcancelstate 和 pthread_setcanceltype 成功时返回 0，失败则返回错误码。

14.3 线程属性

pthread_attr_t 结构体定义了一套完整的线程属性，如下所示：

```
#include <bits/pthreadtypes.h>
#define __SIZEOF_PTHREAD_ATTR_T 36
typedef union
{
  char __size[__SIZEOF_PTHREAD_ATTR_T];
  long int __align;
} pthread_attr_t;
```

可见，各种线程属性全部包含在一个字符数组中。线程库定义了一系列函数来操作 pthread_attr_t 类型的变量，以方便我们获取和设置线程属性。这些函数包括：

```
#include <pthread.h>
/* 初始化线程属性对象 */
int pthread_attr_init ( pthread_attr_t* attr );
/* 销毁线程属性对象。被销毁的线程属性对象只有再次初始化之后才能继续使用 */
int pthread_attr_destroy ( pthread_attr_t* attr );
/* 下面这些函数用于获取和设置线程属性对象的某个属性 */
int pthread_attr_getdetachstate ( const pthread_attr_t* attr, int* detachstate );
int pthread_attr_setdetachstate ( pthread_attr_t* attr, int detachstate );
int pthread_attr_getstackaddr (const pthread_attr_t* attr, void ** stackaddr );
int pthread_attr_setstackaddr ( pthread_attr_t* attr, void* stackaddr );
int pthread_attr_getstacksize ( const pthread_attr_t* attr, size_t* stacksize );
int pthread_attr_setstacksize ( pthread_attr_t* attr, size_t stacksize);
int pthread_attr_getstack ( const pthread_attr_t* attr, void** stackaddr,
                            size_t* stacksize);
```

```
int pthread_attr_setstack ( pthread_attr_t* attr, void* stackaddr,
                            size_t stacksize );
int pthread_attr_getguardsize ( const pthread_attr_t *__attr, size_t* guardsize );
int pthread_attr_setguardsize (pthread_attr_t* attr, size_t guardsize );
int pthread_attr_getschedparam ( const pthread_attr_t* attr, struct
                                 sched_param* param );
int pthread_attr_setschedparam ( pthread_attr_t* attr, const struct
                                 sched_param* param );
int pthread_attr_getschedpolicy ( const pthread_attr_t* attr, int* policy );
int pthread_attr_setschedpolicy ( pthread_attr_t* attr, int policy );
int pthread_attr_getinheritsched ( const pthread_attr_t* attr, int* inherit);
int pthread_attr_setinheritsched (pthread_attr_t* attr, int inherit );
int pthread_attr_getscope ( const pthread_attr_t* attr, int* scope );
int pthread_attr_setscope ( pthread_attr_t* attr, int scope );
```

下面我们详细讨论每个线程属性的含义：

- detachstate，线程的脱离状态。它有 PTHREAD_CREATE_JOINABLE 和 PTHREAD_CREATE_DETACH 两个可选值。前者指定线程是可以被回收的，后者使调用线程脱离与进程中其他线程的同步。脱离了与其他线程同步的线程称为"脱离线程"。脱离线程在退出时将自行释放其占用的系统资源。线程创建时该属性的默认值是 PTHREAD_CREATE_JOINABLE。此外，我们也可以使用 pthread_detach 函数直接将线程设置为脱离线程。

- stackaddr 和 stacksize，线程堆栈的起始地址和大小。一般来说，我们不需要自己来管理线程堆栈，因为 Linux 默认为每个线程分配了足够的堆栈空间（一般是 8 MB）。我们可以使用 ulimit -s 命令来查看或修改这个默认值。

- guardsize，保护区域大小。如果 guardsize 大于 0，则系统创建线程的时候会在其堆栈的尾部额外分配 guardsize 字节的空间，作为保护堆栈不被错误地覆盖的区域。如果 guardsize 等于 0，则系统不为新创建的线程设置堆栈保护区。如果使用者通过 pthread_attr_setstackaddr 或 pthread_attr_setstack 函数手动设置线程的堆栈，则 guardsize 属性将被忽略。

- schedparam，线程调度参数。其类型是 sched_param 结构体。该结构体目前还只有一个整型类型的成员——sched_priority，该成员表示线程的运行优先级。

- schedpolicy，线程调度策略。该属性有 SCHED_FIFO、SCHED_RR 和 SCHED_OTHER 三个可选值，其中 SCHED_OTHER 是默认值。SCHED_RR 表示采用轮转算法（round-robin）调度，SCHED_FIFO 表示使用先进先出的方法调度，这两种调度方法都具备实时调度功能，但只能用于以超级用户身份运行的进程。

- inheritsched，是否继承调用线程的调度属性。该属性有 PTHREAD_INHERIT_SCHED 和 PTHREAD_EXPLICIT_SCHED 两个可选值。前者表示新线程沿用其创建者的线程调度参数，这种情况下再设置新线程的调度参数属性将没有任何效果。后者表示调用者要明确地指定新线程的调度参数。

- scope，线程间竞争 CPU 的范围，即线程优先级的有效范围。POSIX 标准定义了该属性的 PTHREAD_SCOPE_SYSTEM 和 PTHREAD_SCOPE_PROCESS 两个可选值，前者表示目标线程与系统中所有线程一起竞争 CPU 的使用，后者表示目标线程仅与其他隶属于同一进程的线程竞争 CPU 的使用。目前 Linux 只支持 PTHREAD_SCOPE_SYSTEM 这一种取值。

14.4　POSIX 信号量

和多进程程序一样，多线程程序也必须考虑同步问题。pthread_join 可以看作一种简单的线程同步方式，不过很显然，它无法高效地实现复杂的同步需求，比如控制对共享资源的独占式访问，又抑或是在某个条件满足之后唤醒一个线程。接下来我们讨论 3 种专门用于线程同步的机制：POSIX 信号量、互斥量和条件变量。

在 Linux 上，信号量 API 有两组。一组是第 13 章讨论过的 System V IPC 信号量，另外一组是我们现在要讨论的 POSIX 信号量。这两组接口很相似，但不保证能互换。由于这两种信号量的语义完全相同，因此我们不再赘述信号量的原理。

POSIX 信号量函数的名字都以 sem_ 开头，并不像大多数线程函数那样以 pthread_ 开头。常用的 POSIX 信号量函数是下面 5 个：

```
#include < semaphore.h>
int sem_init( sem_t* sem, int pshared, unsigned int value );
int sem_destroy( sem_t* sem );
int sem_wait( sem_t* sem );
int sem_trywait( sem_t* sem );
int sem_post( sem_t* sem );
```

这些函数的第一个参数 sem 指向被操作的信号量。

sem_init 函数用于初始化一个未命名的信号量（POSIX 信号量 API 支持命名信号量，不过本书不讨论它）。pshared 参数指定信号量的类型。如果其值为 0，就表示这个信号量是当前进程的局部信号量，否则该信号量就可以在多个进程之间共享。value 参数指定信号量的初始值。此外，初始化一个已经被初始化的信号量将导致不可预期的结果。

sem_destroy 函数用于销毁信号量，以释放其占用的内核资源。如果销毁一个正被其他线程等待的信号量，则将导致不可预期的结果。

sem_wait 函数以原子操作的方式将信号量的值减 1。如果信号量的值为 0，则 sem_wait 将被阻塞，直到这个信号量具有非 0 值。

sem_trywait 与 sem_wait 函数相似，不过它始终立即返回，而不论被操作的信号量是否具有非 0 值，相当于 sem_wait 的非阻塞版本。当信号量的值非 0 时，sem_trywait 对信号量执行减 1 操作。当信号量的值为 0 时，它将返回 -1 并设置 errno 为 EAGAIN。

sem_post 函数以原子操作的方式将信号量的值加 1。当信号量的值大于 0 时，其他正在调用 sem_wait 等待信号量的线程将被唤醒。

上面这些函数成功时返回 0，失败则返回 -1 并设置 errno。

14.5 互斥锁

互斥锁（也称互斥量）可以用于保护关键代码段，以确保其独占式的访问，这有点像一个二进制信号量（见 13.5.1 小节）。当进入关键代码段时，我们需要获得互斥锁并将其加锁，这等价于二进制信号量的 P 操作；当离开关键代码段时，我们需要对互斥锁解锁，以唤醒其他等待该互斥锁的线程，这等价于二进制信号量的 V 操作。

14.5.1 互斥锁基础 API

POSIX 互斥锁的相关函数主要有如下 5 个：

```
#include <pthread.h>
int pthread_mutex_init( pthread_mutex_t* mutex, const
                        pthread_mutexattr_t* mutexattr );
int pthread_mutex_destroy( pthread_mutex_t* mutex );
int pthread_mutex_lock( pthread_mutex_t* mutex );
int pthread_mutex_trylock( pthread_mutex_t* mutex );
int pthread_mutex_unlock( pthread_mutex_t* mutex );
```

这些函数的第一个参数 mutex 指向要操作的目标互斥锁，互斥锁的类型是 pthread_mutex_t 结构体。

pthread_mutex_init 函数用于初始化互斥锁。mutexattr 参数指定互斥锁的属性。如果将它设置为 NULL，则表示使用默认属性。我们将在下一小节讨论互斥锁的属性。除了这个函数外，我们还可以使用如下方式来初始化一个互斥锁：

```
pthread_mutex_t mutex = PTHREAD_MUTEX_INITIALIZER;
```

宏 PTHREAD_MUTEX_INITIALIZER 实际上只是把互斥锁的各个字段都初始化为 0。

pthread_mutex_destroy 函数用于销毁互斥锁，以释放其占用的内核资源。销毁一个已经加锁的互斥锁将导致不可预期的后果。

pthread_mutex_lock 函数以原子操作的方式给一个互斥锁加锁。如果目标互斥锁已经被锁上，则 pthread_mutex_lock 调用将阻塞，直到该互斥锁的占有者将其解锁。

pthread_mutex_trylock 与 pthread_mutex_lock 函数类似，不过它始终立即返回，而不论被操作的互斥锁是否已经被加锁，相当于 pthread_mutex_lock 的非阻塞版本。当目标互斥锁未被加锁时，pthread_mutex_trylock 对互斥锁执行加锁操作。当互斥锁已经被加锁时，pthread_mutex_trylock 将返回错误码 EBUSY。需要注意的是，这里讨论的 pthread_mutex_lock 和 pthread_mutex_trylock 的行为是针对普通锁而言的。后面我们将看到，对于其他类型的锁而言，这两个加锁函数会有不同的行为。

pthread_mutex_unlock 函数以原子操作的方式给一个互斥锁解锁。如果此时有其他线程正在等待这个互斥锁，则这些线程中的某一个将获得它。

上面这些函数成功时返回 0，失败则返回错误码。

14.5.2 互斥锁属性

pthread_mutexattr_t 结构体定义了一套完整的互斥锁属性。线程库提供了一系列函数来操作 pthread_mutexattr_t 类型的变量，以方便我们获取和设置互斥锁属性。这里我们列出其中一些主要的函数：

```
#include <pthread.h>
/* 初始化互斥锁属性对象 */
int pthread_mutexattr_init( pthread_mutexattr_t* attr );
/* 销毁互斥锁属性对象 */
int pthread_mutexattr_destroy( pthread_mutexattr_t* attr );
/* 获取和设置互斥锁的 pshared 属性 */
int pthread_mutexattr_getpshared( const pthread_mutexattr_t* attr, int* pshared );
int pthread_mutexattr_setpshared ( pthread_mutexattr_t* attr, int pshared );
/* 获取和设置互斥锁的 type 属性 */
int pthread_mutexattr_gettype( const pthread_mutexattr_t* attr, int* type);
int pthread_mutexattr_settype( pthread_mutexattr_t* attr, int type );
```

本书只讨论互斥锁的两种常用属性：pshared 和 type。互斥锁属性 pshared 指定是否允许跨进程共享互斥锁，其可选值有两个：

- PTHREAD_PROCESS_SHARED。互斥锁可以被跨进程共享。
- PTHREAD_PROCESS_PRIVATE。互斥锁只能被和锁的初始化线程隶属于同一个进程的线程共享。

互斥锁属性 type 指定互斥锁的类型。Linux 支持如下 4 种类型的互斥锁：

- PTHREAD_MUTEX_NORMAL，普通锁。这是互斥锁默认的类型。当一个线程对一个普通锁加锁以后，其余请求该锁的线程将形成一个等待队列，并在该锁解锁后按优先级获得它。这种锁类型保证了资源分配的公平性。但这种锁也很容易引发问题：一个线程如果对一个已经加锁的普通锁再次加锁，将引发死锁；对一个已经被其他线程加锁的普通锁解锁，或者对一个已经解锁的普通锁再次解锁，将导致不可预期的后果。
- PTHREAD_MUTEX_ERRORCHECK，检错锁。一个线程如果对一个已经加锁的检错锁再次加锁，则加锁操作返回 EDEADLK。对一个已经被其他线程加锁的检错锁解锁，或者对一个已经解锁的检错锁再次解锁，则解锁操作返回 EPERM。
- PTHREAD_MUTEX_RECURSIVE，嵌套锁。这种锁允许一个线程在释放锁之前多次对它加锁而不发生死锁。不过其他线程如果要获得这个锁，则当前锁的拥有者必须执行相应次数的解锁操作。对一个已经被其他线程加锁的嵌套锁解锁，或者对一个已经解锁的嵌套锁再次解锁，则解锁操作返回 EPERM。
- PTHREAD_MUTEX_DEFAULT，默认锁。一个线程如果对一个已经加锁的默认锁再次加锁，或者对一个已经被其他线程加锁的默认锁解锁，或者对一个已经解锁的默认锁再次解锁，将导致不可预期的后果。这种锁在实现的时候可能被映射为上面三种锁之一。

14.5.3 死锁举例

使用互斥锁的一个噩耗是死锁。死锁使得一个或多个线程被挂起而无法继续执行,而且这种情况还不容易被发现。前文提到,在一个线程中对一个已经加锁的普通锁再次加锁,将导致死锁。这种情况可能出现在设计得不够仔细的递归函数中。另外,如果两个线程按照不同的顺序来申请两个互斥锁,也容易产生死锁,如代码清单 14-1 所示。

代码清单 14-1　按不同顺序访问互斥锁导致死锁

```c
#include <pthread.h>
#include <unistd.h>
#include <stdio.h>

int a = 0;
int b = 0;
pthread_mutex_t mutex_a;
pthread_mutex_t mutex_b;

void* another( void* arg )
{
    pthread_mutex_lock( &mutex_b );
    printf( "in child thread, got mutex b, waiting for mutex a\n" );
    sleep( 5 );
    ++b;
    pthread_mutex_lock( &mutex_a );
    b += a++;
    pthread_mutex_unlock( &mutex_a );
    pthread_mutex_unlock( &mutex_b );
    pthread_exit( NULL );
}

int main()
{
    pthread_t id;

    pthread_mutex_init( &mutex_a, NULL );
    pthread_mutex_init( &mutex_b, NULL );
    pthread_create( &id, NULL, another, NULL );

    pthread_mutex_lock( &mutex_a );
    printf( "in parent thread, got mutex a, waiting for mutex b\n" );
    sleep( 5 );
    ++a;
    pthread_mutex_lock( &mutex_b );
    a+= b++;
    pthread_mutex_unlock( &mutex_b );
    pthread_mutex_unlock( &mutex_a );

    pthread_join( id, NULL );
    pthread_mutex_destroy( &mutex_a );
    pthread_mutex_destroy( &mutex_b );
```

```
        return 0;
}
```

代码清单 14-1 中，主线程试图先占有互斥锁 mutex_a，然后操作被该锁保护的变量 a，但操作完毕之后，主线程并没有立即释放互斥锁 mutex_a，而是又申请互斥锁 mutex_b，并在两个互斥锁的保护下，操作变量 a 和 b，最后才一起释放这两个互斥锁；与此同时，子线程则按照相反的顺序来申请互斥锁 mutex_a 和 mutex_b，并在两个锁的保护下操作变量 a 和 b。我们用 sleep 函数来模拟连续两次调用 pthread_mutex_lock 之间的时间差，以确保代码中的两个线程各自先占有一个互斥锁（主线程占有 mutex_a，子线程占有 mutex_b），然后等待另外一个互斥锁（主线程等待 mutex_b，子线程等待 mutex_a）。这样，两个线程就僵持住了，谁都不能继续往下执行，从而形成死锁。如果代码中不加入 sleep 函数，则这段代码或许总能成功地运行，从而为程序留下了一个潜在的 BUG。

14.6 条件变量

如果说互斥锁是用于同步线程对共享数据的访问的话，那么条件变量则是用于在线程之间同步共享数据的值。条件变量提供了一种线程间的通知机制：当某个共享数据达到某个值的时候，唤醒等待这个共享数据的线程。

条件变量的相关函数主要有如下 5 个：

```
#include <pthread.h>
int pthread_cond_init( pthread_cond_t* cond, const pthread_condattr_t* cond_attr);
int pthread_cond_destroy( pthread_cond_t* cond);
int pthread_cond_broadcast( pthread_cond_t* cond );
int pthread_cond_signal( pthread_cond_t* cond );
int pthread_cond_wait( pthread_cond_t* cond, pthread_mutex_t* mutex );
```

这些函数的第一个参数 cond 指向要操作的目标条件变量，条件变量的类型是 pthread_cond_t 结构体。

pthread_cond_init 函数用于初始化条件变量。cond_attr 参数指定条件变量的属性。如果将它设置为 NULL，则表示使用默认属性。条件变量的属性不多，而且和互斥锁的属性类型相似，所以我们不再赘述。除了 pthread_cond_init 函数外，我们还可以使用如下方式来初始化一个条件变量：

```
pthread_cond_t cond = PTHREAD_COND_INITIALIZER;
```

宏 PTHREAD_COND_INITIALIZER 实际上只是把条件变量的各个字段都初始化为 0。

pthread_cond_destroy 函数用于销毁条件变量，以释放其占用的内核资源。销毁一个正在被等待的条件变量将失败并返回 EBUSY。

pthread_cond_broadcast 函数以广播的方式唤醒所有等待目标条件变量的线程。pthread_cond_signal 函数用于唤醒一个等待目标条件变量的线程。至于哪个线程将被唤醒，则取决于线程的优先级和调度策略。有时候我们可能想唤醒一个指定的线程，但 pthread 没有对该需求提供解决方法。不过我们可以间接地实现该需求：定义一个能够唯一表示目标线程的全局变量，在唤醒等待条件变量的线程前先设置该变量为目标线程，然后采用广播方式唤醒所有等待条件变量的线程，这些线程被唤醒后都检查该变量以判断被唤醒的是否是自己，如果是就开始执行后续代码，如果不是则返回继续等待。

pthread_cond_wait 函数用于等待目标条件变量。mutex 参数是用于保护条件变量的互斥锁，以确保 pthread_cond_wait 操作的原子性。在调用 pthread_cond_wait 前，必须确保互斥锁 mutex 已经加锁，否则将导致不可预期的结果。pthread_cond_wait 函数执行时，首先把调用线程放入条件变量的等待队列中，然后将互斥锁 mutex 解锁。可见，从 pthread_cond_wait 开始执行到其调用线程被放入条件变量的等待队列之间的这段时间内，pthread_cond_signal 和 pthread_cond_broadcast 等函数不会修改条件变量。换言之，pthread_cond_wait 函数不会错过目标条件变量的任何变化[7]。当 pthread_cond_wait 函数成功返回时，互斥锁 mutex 将再次被锁上。

上面这些函数成功时返回 0，失败则返回错误码。

14.7 线程同步机制包装类

为了充分复用代码，同时由于后文的需要，我们将前面讨论的 3 种线程同步机制分别封装成 3 个类，实现在 locker.h 文件中，如代码清单 14-2 所示。

代码清单 14-2　locker.h 文件

```cpp
#ifndef LOCKER_H
#define LOCKER_H

#include <exception>
#include <pthread.h>
#include <semaphore.h>
/* 封装信号量的类 */
class sem
{
public:
    /* 创建并初始化信号量 */
    sem()
    {
        if( sem_init( &m_sem, 0, 0 ) != 0 )
        {
            /* 构造函数没有返回值，可以通过抛出异常来报告错误 */
            throw std::exception();
        }
    }
    /* 销毁信号量 */
    ~sem()
    {
        sem_destroy( &m_sem );
    }
```

```cpp
        /* 等待信号量 */
        bool wait()
        {
            return sem_wait( &m_sem ) == 0;
        }
        /* 增加信号量 */
        bool post()
        {
            return sem_post( &m_sem ) == 0;
        }

    private:
        sem_t m_sem;
};
/* 封装互斥锁的类 */
class locker
{
public:
        /* 创建并初始化互斥锁 */
        locker()
        {
            if( pthread_mutex_init( &m_mutex, NULL ) != 0 )
            {
                throw std::exception();
            }
        }
        /* 销毁互斥锁 */
        ~locker()
        {
            pthread_mutex_destroy( &m_mutex );
        }
        /* 获取互斥锁 */
        bool lock()
        {
            return pthread_mutex_lock( &m_mutex ) == 0;
        }
        /* 释放互斥锁 */
        bool unlock()
        {
            return pthread_mutex_unlock( &m_mutex ) == 0;
        }

    private:
        pthread_mutex_t m_mutex;
};
/* 封装条件变量的类 */
class cond
{
public:
        /* 创建并初始化条件变量 */
        cond()
        {
            if( pthread_mutex_init( &m_mutex, NULL ) != 0 )
```

```cpp
        {
            throw std::exception();
        }
        if ( pthread_cond_init( &m_cond, NULL ) != 0 )
        {
            /* 构造函数中一旦出现问题，就应该立即释放已经成功分配了的资源 */
            pthread_mutex_destroy( &m_mutex );
            throw std::exception();
        }
    }
    /* 销毁条件变量 */
    ~cond()
    {
        pthread_mutex_destroy( &m_mutex );
        pthread_cond_destroy( &m_cond );
    }
    /* 等待条件变量 */
    bool wait()
    {
        int ret = 0;
        pthread_mutex_lock( &m_mutex );
        ret = pthread_cond_wait( &m_cond, &m_mutex );
        pthread_mutex_unlock( &m_mutex );
        return ret == 0;
    }
    /* 唤醒等待条件变量的线程 */
    bool signal()
    {
        return pthread_cond_signal( &m_cond ) == 0;
    }

private:
    pthread_mutex_t m_mutex;
    pthread_cond_t m_cond;
};

#endif
```

14.8 多线程环境

14.8.1 可重入函数

如果一个函数能被多个线程同时调用且不发生竞态条件，则我们称它是线程安全的（thread safe），或者说它是可重入函数。Linux 库函数只有一小部分是不可重入的，比如 5.1.4 小节讨论的 inet_ntoa 函数，以及 5.12.2 小节讨论的 getservbyname 和 getservbyport 函数。关于 Linux 上不可重入的库函数的完整列表，请读者参考相关书籍，这里不再赘述。这些库函数之所以不可重入，主要是因为其内部使用了静态变量。不过 Linux 对很多不可重入的库函数提供了对应的可重入版本，这些可重入版本的函数名是在原函数名尾部加上 _r。比如，函数

localtime 对应的可重入函数是 localtime_r。在多线程程序中调用库函数，一定要使用其可重入版本，否则可能导致预想不到的结果。

14.8.2 线程和进程

思考这样一个问题：如果一个多线程程序的某个线程调用了 fork 函数，那么新创建的子进程是否将自动创建和父进程相同数量的线程呢？答案是"否"，正如我们期望的那样。子进程只拥有一个执行线程，它是调用 fork 的那个线程的完整复制。并且子进程将自动继承父进程中互斥锁（条件变量与之类似）的状态。也就是说，父进程中已经被加锁的互斥锁在子进程中也是被锁住的。这就引起了一个问题：子进程可能不清楚从父进程继承而来的互斥锁的具体状态（是加锁状态还是解锁状态）。这个互斥锁可能被加锁了，但并不是由调用 fork 函数的那个线程锁住的，而是由其他线程锁住的。如果是这种情况，则子进程若再次对该互斥锁执行加锁操作就会导致死锁，如代码清单 14-3 所示。

代码清单 14-3　在多线程程序中调用 fork 函数

```c
#include <pthread.h>
#include <unistd.h>
#include <stdio.h>
#include <stdlib.h>
#include <wait.h>

pthread_mutex_t mutex;
/* 子线程运行的函数。它首先获得互斥锁 mutex，然后暂停 5 s，再释放该互斥锁 */
void* another( void* arg )
{
    printf( "in child thread, lock the mutex\n" );
    pthread_mutex_lock( &mutex );
    sleep( 5 );
    pthread_mutex_unlock( &mutex );
}

int main()
{
    pthread_mutex_init( &mutex, NULL );
    pthread_t id;
    pthread_create( &id, NULL, another, NULL );
    /* 父进程中的主线程暂停 1 s，以确保在执行 fork 操作之前，子线程已经开始运行并获得了互斥变量 mutex */
    sleep( 1 );
    int pid = fork();
    if( pid < 0 )
    {
        pthread_join( id, NULL );
        pthread_mutex_destroy( &mutex );
        return 1;
    }
    else if( pid == 0 )
    {
        printf( "I am in the child, want to get the lock\n" );
```

/* 子进程从父进程继承了互斥锁 mutex 的状态，该互斥锁处于锁住的状态，这是由父进程中的
子线程执行 pthread_mutex_lock 引起的，因此，下面这句加锁操作会一直阻塞，尽管从逻辑上来说它是不应该
阻塞的 */
```
        pthread_mutex_lock( &mutex );
        printf( "I can not run to here, oop...\n" );
        pthread_mutex_unlock( &mutex );
        exit( 0 );
    }
    else
    {
        wait( NULL );
    }
    pthread_join( id, NULL );
    pthread_mutex_destroy( &mutex );
    return 0;
}
```

不过，pthread 提供了一个专门的函数 pthread_atfork，以确保 fork 调用后父进程和子进程都拥有一个清楚的锁状态。该函数的定义如下：

```
#include <pthread.h>
int pthread_atfork( void (*prepare)(void), void (*parent)(void), void (*child)(void) );
```

该函数将建立 3 个 fork 句柄来帮助我们清理互斥锁的状态。prepare 句柄将在 fork 调用创建出子进程之前被执行。它可以用来锁住所有父进程中的互斥锁。parent 句柄则是 fork 调用创建出子进程之后，而 fork 返回之前，在父进程中被执行。它的作用是释放所有在 prepare 句柄中被锁住的互斥锁。child 句柄是 fork 返回之前，在子进程中被执行。和 parent 句柄一样，child 句柄也是用于释放所有在 prepare 句柄中被锁住的互斥锁。该函数成功时返回 0，失败则返回错误码。

因此，如果要让代码清单 14-3 正常工作，就应该在其中的 fork 调用前加入代码清单 14-4 所示的代码。

代码清单 14-4　使用 pthread_atfork 函数

```
void prepare()
{
    pthread_mutex_lock( &mutex );
}
void infork()
{
    pthread_mutex_unlock( &mutex );
}
pthread_atfork( prepare, infork, infork );
```

14.8.3　线程和信号

每个线程都可以独立地设置信号掩码。我们在 10.3.2 小节讨论过设置进程信号掩码的函

数 sigprocmask，但在多线程环境下我们应该使用如下所示的 pthread 版本的 sigprocmask 函数来设置线程信号掩码：

```
#include <pthread.h>
#include <signal.h>
int pthread_sigmask ( int how, const sigset_t* newmask, sigset_t* oldmask );
```

该函数的参数的含义与 sigprocmask 的参数完全相同，因此不再赘述。pthread_sigmask 成功时返回 0，失败则返回错误码。

由于进程中的所有线程共享该进程的信号，所以线程库将根据线程掩码决定把信号发送给哪个具体的线程。因此，如果我们在每个子线程中都单独设置信号掩码，就很容易导致逻辑错误。此外，所有线程共享信号处理函数。也就是说，当我们在一个线程中设置了某个信号的信号处理函数后，它将覆盖其他线程为同一个信号设置的信号处理函数。这两点都说明，我们应该定义一个专门的线程来处理所有的信号。这可以通过如下两个步骤来实现：

1）在主线程创建出其他子线程之前就调用 pthread_sigmask 来设置好信号掩码，所有新创建的子线程都将自动继承这个信号掩码。这样做之后，实际上所有线程都不会响应被屏蔽的信号了。

2）在某个线程中调用如下函数来等待信号并处理之：

```
#include <signal.h>
int sigwait( const sigset_t* set, int* sig );
```

set 参数指定需要等待的信号的集合。我们可以简单地将其指定为在第 1 步中创建的信号掩码，表示在该线程中等待所有被屏蔽的信号。参数 sig 指向的整数用于存储该函数返回的信号值。sigwait 成功时返回 0，失败则返回错误码。一旦 sigwait 正确返回，我们就可以对接收到的信号做处理了。很显然，如果我们使用了 sigwait，就不应该再为信号设置信号处理函数了。这是因为当程序接收到信号时，二者中只能有一个起作用。

代码清单 14-5 取自 pthread_sigmask 函数的 man 手册。它展示了如何通过上述两个步骤实现在一个线程中统一处理所有信号。

代码清单 14-5　用一个线程处理所有信号

```
#include <pthread.h>
#include <stdio.h>
#include <stdlib.h>
#include <unistd.h>
#include <signal.h>
#include <errno.h>

#define handle_error_en(en, msg) \
    do { errno = en; perror(msg); exit(EXIT_FAILURE); } while (0)

static void *sig_thread( void *arg )
{
    sigset_t *set = (sigset_t *) arg;
    int s, sig;
```

```c
        for( ;; )
        {
            /* 第二个步骤，调用 sigwait 等待信号 */
            s = sigwait( set, &sig );
            if( s != 0 )
                handle_error_en( s, "sigwait" );
            printf( "Signal handling thread got signal %d\n", sig );
        }
}

int main( int argc, char* argv[] )
{
    pthread_t thread;
    sigset_t set;
    int s;

    /* 第一个步骤，在主线程中设置信号掩码 */
    sigemptyset( &set );
    sigaddset( &set, SIGQUIT );
    sigaddset( &set, SIGUSR1 );
    s = pthread_sigmask( SIG_BLOCK, &set, NULL );
    if( s != 0 )
        handle_error_en( s, "pthread_sigmask" );

    s = pthread_create( &thread, NULL, &sig_thread, (void *) &set );
    if( s != 0 )
        handle_error_en( s, "pthread_create" );

    pause();
}
```

最后，pthread 还提供了下面的方法，使得我们可以明确地将一个信号发送给指定的线程：

```c
#include <signal.h>
int pthread_kill( pthread_t thread, int sig );
```

其中，thread 参数指定目标线程，sig 参数指定待发送的信号。如果 sig 为 0，则 pthread_kill 不发送信号，但它仍然会执行错误检查。我们可以利用这种方式来检测目标线程是否存在。pthread_kill 成功时返回 0，失败则返回错误码。

第 15 章 进程池和线程池

在前面的章节中，我们是通过动态创建子进程（或子线程）来实现并发服务器的。这样做有如下缺点：

- 动态创建进程（或线程）是比较耗费时间的，这将导致较慢的客户响应。
- 动态创建的子进程（或子线程）通常只用来为一个客户服务（除非我们做特殊的处理），这将导致系统上产生大量的细微进程（或线程）。进程（或线程）间的切换将消耗大量 CPU 时间。
- 动态创建的子进程是当前进程的完整映像。当前进程必须谨慎地管理其分配的文件描述符和堆内存等系统资源，否则子进程可能复制这些资源，从而使系统的可用资源急剧下降，进而影响服务器的性能。

第 8 章介绍过的进程池和线程池可以解决上述问题。本章将分析这两种"池"的细节，给出它们的通用实现，并分别用进程池和线程池来实现简单的并发服务器。

15.1 进程池和线程池概述

进程池和线程池相似，所以这里我们只以进程池为例进行介绍。如没有特殊声明，下面对进程池的讨论完全适用于线程池。

进程池是由服务器预先创建的一组子进程，这些子进程的数目在 3~10 个之间（当然，这只是典型情况）。比如 13.5.5 小节所描述的，httpd 守护进程就是使用包含 7 个子进程的进程池来实现并发的。线程池中的线程数量应该和 CPU 数量差不多。

进程池中的所有子进程都运行着相同的代码，并具有相同的属性，比如优先级、PGID 等。因为进程池在服务器启动之初就创建好了，所以每个子进程都相对"干净"，即它们没有打开不必要的文件描述符（从父进程继承而来），也不会错误地使用大块的堆内存（从父进程复制得到）。

当有新的任务到来时，主进程将通过某种方式选择进程池中的某一个子进程来为之服务。相比于动态创建子进程，选择一个已经存在的子进程的代价显然要小得多。至于主进程选择哪个子进程来为新任务服务，则有两种方式：

- 主进程使用某种算法来主动选择子进程。最简单、最常用的算法是随机算法和 Round Robin（轮流选取）算法，但更优秀、更智能的算法将使任务在各个工作进程中更均匀地分配，从而减轻服务器的整体压力。

- 主进程和所有子进程通过一个共享的工作队列来同步，子进程都睡眠在该工作队列上。当有新的任务到来时，主进程将任务添加到工作队列中。这将唤醒正在等待任务的子进程，不过只有一个子进程将获得新任务的"接管权"，它可以从工作队列中取出任务并执行之，而其他子进程将继续睡眠在工作队列上。

当选择好子进程后，主进程还需要使用某种通知机制来告诉目标子进程有新任务需要处理，并传递必要的数据。最简单的方法是，在父进程和子进程之间预先建立好一条管道，然后通过该管道来实现所有的进程间通信（当然，要预先定义好一套协议来规范管道的使用）。在父线程和子线程之间传递数据就要简单得多，因为我们可以把这些数据定义为全局的，那么它们本身就是被所有线程共享的。

综合上面的论述，我们将进程池的一般模型描绘为图 15-1 所示的形式。

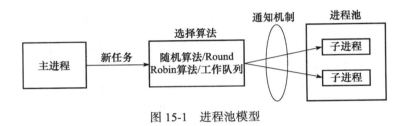

图 15-1　进程池模型

15.2　处理多客户

在使用进程池处理多客户任务时，首先要考虑的一个问题是：监听 socket 和连接 socket 是否都由主进程来统一管理。回忆第 8 章中我们介绍过的几种并发模式，其中半同步/半反应堆模式是由主进程统一管理这两种 socket 的；而图 8-11 所示的高效的半同步/半异步模式，以及领导者/追随者模式，则是由主进程管理所有监听 socket，而各个子进程分别管理属于自己的连接 socket 的。对于前一种情况，主进程接受新的连接以得到连接 socket，然后它需要将该 socket 传递给子进程（对于线程池而言，父线程将 socket 传递给子线程是很简单的，因为它们可以很容易地共享该 socket。但对于进程池而言，我们必须使用 13.9 节介绍的方法来传递该 socket）。后一种情况的灵活性更大一些，因为子进程可以自己调用 accept 来接受新的连接，这样父进程就无须向子进程传递 socket，而只需要简单地通知一声："我检测到新的连接，你来接受它。"

在 4.6.1 小节中我们曾讨论过长连接，即一个客户的多次请求可以复用一个 TCP 连接。那么，在设计进程池时还需要考虑：一个客户连接上的所有任务是否始终由一个子进程来处理。如果说客户任务是无状态的，那么我们可以考虑使用不同的子进程来为该客户的不同请求服务，如图 15-2 所示。

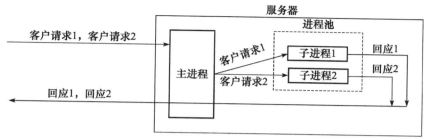

图 15-2 多个子进程处理同一个客户连接上的不同任务

但如果客户任务是存在上下文关系的，则最好一直用同一个子进程来为之服务，否则实现起来将比较麻烦，因为我们不得不在各子进程之间传递上下文数据。在 9.3.4 小节中，我们讨论了 epoll 的 EPOLLONESHOT 事件，这一事件能够确保一个客户连接在整个生命周期中仅被一个线程处理。

15.3 半同步 / 半异步进程池实现

综合前面的讨论，本节我们实现一个基于图 8-11 所示的半同步 / 半异步并发模式的进程池，如代码清单 15-1 所示。为了避免在父、子进程之间传递文件描述符，我们将接受新连接的操作放到子进程中。很显然，对于这种模式而言，一个客户连接上的所有任务始终是由一个子进程来处理的。

代码清单 15-1　半同步 / 半异步进程池

```
// filename: processpool.h
#ifndef PROCESSPOOL_H
#define PROCESSPOOL_H

#include <sys/types.h>
#include <sys/socket.h>
#include <netinet/in.h>
#include <arpa/inet.h>
#include <assert.h>
#include <stdio.h>
#include <unistd.h>
#include <errno.h>
#include <string.h>
#include <fcntl.h>
#include <stdlib.h>
#include <sys/epoll.h>
#include <signal.h>
#include <sys/wait.h>
#include <sys/stat.h>

/* 描述一个子进程的类，m_pid是目标子进程的PID，m_pipefd是父进程和子进程通信用的管道 */
class process
{
```

```cpp
public:
    process() : m_pid( -1 ){}

public:
    pid_t m_pid;
    int m_pipefd[2];
};

/* 进程池类,将它定义为模板类是为了代码复用。其模板参数是处理逻辑任务的类 */
template< typename T >
class processpool
{
private:
    /* 将构造函数定义为私有的,因此我们只能通过后面的create静态函数来创建processpool实例 */
    processpool( int listenfd, int process_number = 8 );
public:
    /* 单体模式,以保证程序最多创建一个processpool实例,这是程序正确处理信号的必要条件 */
    static processpool< T >* create( int listenfd, int process_number = 8 )
    {
        if( !m_instance )
        {
            m_instance = new processpool< T >( listenfd, process_number );
        }
        return m_instance;
    }
    ~processpool()
    {
        delete [] m_sub_process;
    }
    /* 启动进程池 */
    void run();

private:
    void setup_sig_pipe();
    void run_parent();
    void run_child();

private:
    /* 进程池允许的最大子进程数量 */
    static const int MAX_PROCESS_NUMBER = 16;
    /* 每个子进程最多能处理的客户数量 */
    static const int USER_PER_PROCESS = 65536;
    /* epoll最多能处理的事件数 */
    static const int MAX_EVENT_NUMBER = 10000;
    /* 进程池中的进程总数 */
    int m_process_number;
    /* 子进程在池中的序号,从0开始 */
    int m_idx;
    /* 每个进程都有一个epoll内核事件表,用m_epollfd标识 */
    int m_epollfd;
    /* 监听socket */
    int m_listenfd;
    /* 子进程通过m_stop来决定是否停止运行 */
```

```cpp
        int m_stop;
        /* 保存所有子进程的描述信息 */
        process* m_sub_process;
        /* 进程池静态实例 */
        static processpool< T >* m_instance;
};
template< typename T >
processpool< T >* processpool< T >::m_instance = NULL;

/* 用于处理信号的管道，以实现统一事件源。后面称之为信号管道 */
static int sig_pipefd[2];

static int setnonblocking( int fd )
{
        int old_option = fcntl( fd, F_GETFL );
        int new_option = old_option | O_NONBLOCK;
        fcntl( fd, F_SETFL, new_option );
        return old_option;
}

static void addfd( int epollfd, int fd )
{
        epoll_event event;
        event.data.fd = fd;
        event.events = EPOLLIN | EPOLLET;
        epoll_ctl( epollfd, EPOLL_CTL_ADD, fd, &event );
        setnonblocking( fd );
}

/* 从epollfd标识的epoll内核事件表中删除fd上的所有注册事件 */
static void removefd( int epollfd, int fd )
{
        epoll_ctl( epollfd, EPOLL_CTL_DEL, fd, 0 );
        close( fd );
}

static void sig_handler( int sig )
{
        int save_errno = errno;
        int msg = sig;
        send( sig_pipefd[1], ( char* )&msg, 1, 0 );
        errno = save_errno;
}

static void addsig( int sig, void( handler )(int), bool restart = true )
{
        struct sigaction sa;
        memset( &sa, '\0', sizeof( sa ) );
        sa.sa_handler = handler;
        if( restart )
        {
                sa.sa_flags |= SA_RESTART;
        }
```

```cpp
        sigfillset( &sa.sa_mask );
        assert( sigaction( sig, &sa, NULL ) != -1 );
    }

    /* 进程池构造函数。参数 listenfd 是监听 socket，它必须在创建进程池之前被创建，否则子进程无法
直接引用它。参数 process_number 指定进程池中子进程的数量 */
    template< typename T >
    processpool< T >::processpool( int listenfd, int process_number )
        :m_listenfd( listenfd ), m_process_number( process_number ), m_idx( -1 ),
         m_stop( false )
    {
        assert( ( process_number > 0 ) && ( process_number <= MAX_PROCESS_NUMBER ) );

        m_sub_process = new process[ process_number ];
        assert( m_sub_process );

        /* 创建 process_number 个子进程，并建立它们和父进程之间的管道 */
        for( int i = 0; i < process_number; ++i )
        {
            int ret = socketpair( PF_UNIX, SOCK_STREAM, 0, m_sub_process[i].m_pipefd );
            assert( ret == 0 );

            m_sub_process[i].m_pid = fork();
            assert( m_sub_process[i].m_pid >= 0 );
            if( m_sub_process[i].m_pid > 0 )
            {
                close( m_sub_process[i].m_pipefd[1] );
                continue;
            }
            else
            {
                close( m_sub_process[i].m_pipefd[0] );
                m_idx = i;
                break;
            }
        }
    }

    /* 统一事件源 */
    template< typename T >
    void processpool< T >::setup_sig_pipe()
    {
        /* 创建 epoll 事件监听表和信号管道 */
        m_epollfd = epoll_create( 5 );
        assert( m_epollfd != -1 );

        int ret = socketpair( PF_UNIX, SOCK_STREAM, 0, sig_pipefd );
        assert( ret != -1 );

        setnonblocking( sig_pipefd[1] );
        addfd( m_epollfd, sig_pipefd[0] );

        /* 设置信号处理函数 */
        addsig( SIGCHLD, sig_handler );
```

```cpp
        addsig( SIGTERM, sig_handler );
        addsig( SIGINT, sig_handler );
        addsig( SIGPIPE, SIG_IGN );
}

/* 父进程中m_idx值为-1,子进程中m_idx值大于等于0,我们据此判断接下来要运行的是父进程代码
还是子进程代码 */
template< typename T >
void processpool< T >::run()
{
    if( m_idx != -1 )
    {
        run_child();
        return;
    }
    run_parent();
}

template< typename T >
void processpool< T >::run_child()
{
    setup_sig_pipe();

    /* 每个子进程都通过其在进程池中的序号值m_idx找到与父进程通信的管道 */
    int pipefd = m_sub_process[m_idx].m_pipefd[ 1 ];
    /* 子进程需要监听管道文件描述符pipefd,因为父进程将通过它来通知子进程accept新连接 */
    addfd( m_epollfd, pipefd );

    epoll_event events[ MAX_EVENT_NUMBER ];
    T* users = new T [ USER_PER_PROCESS ];
    assert( users );
    int number = 0;
    int ret = -1;

    while( ! m_stop )
    {
        number = epoll_wait( m_epollfd, events, MAX_EVENT_NUMBER, -1 );
        if((number < 0 ) && ( errno != EINTR ) )
        {
            printf( "epoll failure\n" );
            break;
        }

        for(int i = 0; i < number; i++ )
        {
            int sockfd = events[i].data.fd;
            if((sockfd == pipefd ) && ( events[i].events & EPOLLIN ) )
            {
                int client = 0;
                /* 从父、子进程之间的管道读取数据,并将结果保存在变量client中。如果读
取成功,则表示有新客户连接到来 */
                ret = recv( sockfd, ( char* )&client, sizeof( client ), 0 );
                if((( ret < 0 ) && ( errno != EAGAIN ) ) || ret == 0 )
```

```cpp
            {
                continue;
            }
            else
            {
                struct sockaddr_in client_address;
                socklen_t client_addrlength = sizeof( client_address );
                int connfd = accept(m_listenfd, ( struct sockaddr* )
                                    &client_address,&client_addrlength );
                if (connfd < 0 )
                {
                    printf( "errno is: %d\n", errno );
                    continue;
                }
                addfd( m_epollfd, connfd );
                /* 模板类T必须实现init方法,以初始化一个客户连接。我们直接使用connfd
                来索引逻辑处理对象(T类型的对象),以提高程序效率 */
                users[connfd].init( m_epollfd, connfd, client_address );
            }
        }
        /* 下面处理子进程接收到的信号 */
        else if( ( sockfd == sig_pipefd[0] ) && ( events[i].events & EPOLLIN ) )
        {
            int sig;
            char signals[1024];
            ret = recv( sig_pipefd[0], signals, sizeof( signals ), 0 );
            if( ret <= 0 )
            {
                continue;
            }
            else
            {
                for( int i = 0; i < ret; ++i )
                {
                    switch( signals[i] )
                    {
                        case SIGCHLD:
                        {
                            pid_t pid;
                            int stat;
                            while ((pid = waitpid( -1, &stat, WNOHANG ) ) > 0 )
                            {
                                continue;
                            }
                            break;
                        }
                        case SIGTERM:
                        case SIGINT:
                        {
                            m_stop = true;
                            break;
                        }
```

```cpp
                        default:
                        {
                            break;
                        }
                    }
                }
            }
            /* 如果是其他可读数据，那么必然是客户请求到来。调用逻辑处理对象的process方法处理之 */
            else if( events[i].events & EPOLLIN )
            {
                users[sockfd].process();
            }
            else
            {
                continue;
            }
        }
    }

    delete [] users;
    users = NULL;
    close( pipefd );
    // close( m_listenfd );    /* 我们将这句话注释掉，以提醒读者：应该由m_listenfd的创建
者来关闭这个文件描述符（见后文），即所谓的"对象（比如一个文件描述符，又或者一段堆内存）由哪个函数创
建，就应该由哪个函数销毁" */
    close( m_epollfd );
}

template< typename T >
void processpool< T >::run_parent()
{
    setup_sig_pipe();

    /* 父进程监听m_listenfd */
    addfd( m_epollfd, m_listenfd );

    epoll_event events[ MAX_EVENT_NUMBER ];
    int sub_process_counter = 0;
    int new_conn = 1;
    int number = 0;
    int ret = -1;

    while( ! m_stop )
    {
        number = epoll_wait( m_epollfd, events, MAX_EVENT_NUMBER, -1 );
        if ( ( number < 0 ) && ( errno != EINTR ) )
        {
            printf( "epoll failure\n" );
            break;
        }
```

```cpp
for ( int i = 0; i < number; i++ )
{
    int sockfd = events[i].data.fd;
    if( sockfd == m_listenfd )
    {
            /* 如果有新连接到来，就采用 Round Robin 方式将其分配给一个子进程处理 */
            int i = sub_process_counter;
            do
            {
                if( m_sub_process[i].m_pid != -1 )
                {
                    break;
                }
                i = (i+1)%m_process_number;
            }
            while( i != sub_process_counter );

            if( m_sub_process[i].m_pid == -1 )
            {
                m_stop = true;
                break;
            }
            sub_process_counter = (i+1)%m_process_number;
            send( m_sub_process[i].m_pipefd[0],
                ( char* )&new_conn, sizeof( new_conn ), 0 );
            printf( "send request to child %d\n", i );
    }
    /* 下面处理父进程接收到的信号 */
    else if( ( sockfd == sig_pipefd[0] ) && ( events[i].events & EPOLLIN ) )
    {
        int sig;
        char signals[1024];
        ret = recv( sig_pipefd[0], signals, sizeof( signals ), 0 );
        if( ret <= 0 )
        {
                continue;
        }
        else
        {
            for( int i = 0; i < ret; ++i )
            {
                switch( signals[i] )
                {
                    case SIGCHLD:
                    {
                        pid_t pid;
                        int stat;
                        while ( ( pid = waitpid( -1, &stat, WNOHANG ) ) > 0 )
                        {
                            for( int i = 0; i < m_process_number; ++i )
                            {
                                /* 如果进程池中第 i 个子进程退出了，则主进程关
闭相应的通信管道，并设置相应的 m_pid 为 -1，以标记该子进程已经退出 */
```

```
                            if( m_sub_process[i].m_pid == pid )
                            {
                                printf( "child %d join\n", i );
                                close( m_sub_process[i].m_pipefd[0] );
                                m_sub_process[i].m_pid = -1;
                            }
                        }
                        /* 如果所有子进程都已经退出了，则父进程也退出 */
                        m_stop = true;
                        for( int i = 0; i < m_process_number; ++i )
                        {
                            if( m_sub_process[i].m_pid != -1 )
                            {
                                m_stop = false;
                            }
                        }
                        break;
                    }
                    case SIGTERM:
                    case SIGINT:
                    {
                        /* 如果父进程接收到终止信号，那么就杀死所有子进程，并等
待它们全部结束。当然，通知子进程结束更好的方法是向父、子进程之间的通信管道发送特殊数据，读者不妨自己
实现之 */
                        printf( "kill all the clild now\n" );
                        for( int i = 0; i < m_process_number; ++i )
                        {
                            int pid = m_sub_process[i].m_pid;
                            if( pid != -1 )
                            {
                                kill( pid, SIGTERM );
                            }
                        }
                        break;
                    }
                    default:
                    {
                        break;
                    }
                }
            }
            else
            {
                continue;
            }
        }
    }

// close( m_listenfd );    /* 由创建者关闭这个文件描述符（见后文） */
    close( m_epollfd );
```

}
#endif
```

## 15.4 用进程池实现的简单 CGI 服务器

回忆 6.2 节，我们曾实现过一个非常简单的 CGI 服务器。下面我们将利用前面介绍的进程池来重新实现一个并发的 CGI 服务器，如代码清单 15-2 所示。

**代码清单 15-2　用进程池实现的并发 CGI 服务器**

```cpp
#include <sys/types.h>
#include <sys/socket.h>
#include <netinet/in.h>
#include <arpa/inet.h>
#include <assert.h>
#include <stdio.h>
#include <unistd.h>
#include <errno.h>
#include <string.h>
#include <fcntl.h>
#include <stdlib.h>
#include <sys/epoll.h>
#include <signal.h>
#include <sys/wait.h>
#include <sys/stat.h>

#include "processpool.h"  /* 引用上一节介绍的进程池 */

/* 用于处理客户 CGI 请求的类，它可以作为 processpool 类的模板参数 */
class cgi_conn
{
public:
    cgi_conn(){}
    ~cgi_conn(){}
    /* 初始化客户连接，清空读缓冲区 */
    void init( int epollfd, int sockfd, const sockaddr_in& client_addr )
    {
        m_epollfd = epollfd;
        m_sockfd = sockfd;
        m_address = client_addr;
        memset( m_buf, '\0', BUFFER_SIZE );
        m_read_idx = 0;
    }

    void process()
    {
        int idx = 0;
        int ret = -1;
        /* 循环读取和分析客户数据 */
        while( true )
```
```

```c
{
    idx = m_read_idx;
    ret = recv( m_sockfd, m_buf + idx, BUFFER_SIZE-1-idx, 0 );
    /* 如果读操作发生错误，则关闭客户连接。但如果是暂时无数据可读，则退出循环 */
    if( ret < 0 )
    {
        if( errno != EAGAIN )
        {
            removefd( m_epollfd, m_sockfd );
        }
        break;
    }
    /* 如果对方关闭连接，则服务器也关闭连接 */
    else if( ret == 0 )
    {
        removefd( m_epollfd, m_sockfd );
        break;
    }
    else
    {
        m_read_idx += ret;
        printf( "user content is: %s\n", m_buf );
        /* 如果遇到字符"\r\n"，则开始处理客户请求 */
        for( ; idx < m_read_idx; ++idx )
        {
            if( ( idx >= 1 ) && ( m_buf[idx-1] == '\r' ) && ( m_buf[idx] == '\n' ) )
            {
                break;
            }
        }
        /* 如果没有遇到字符"\r\n"，则需要读取更多客户数据 */
        if( idx == m_read_idx )
        {
            continue;
        }
        m_buf[ idx-1 ] = '\0';

        char* file_name = m_buf;
        /* 判断客户要运行的 CGI 程序是否存在 */
        if( access( file_name, F_OK ) == -1 )
        {
            removefd( m_epollfd, m_sockfd );
            break;
        }
        /* 创建子进程来执行 CGI 程序 */
        ret = fork();
        if(ret == -1 )
        {
            removefd( m_epollfd, m_sockfd );
            break;
        }
        else if( ret > 0 )
```

```cpp
            {
                /* 父进程只需关闭连接 */
                removefd( m_epollfd, m_sockfd );
                break;
            }
            else
            {
                /* 子进程将标准输出定向到m_sockfd,并执行CGI程序 */
                close( STDOUT_FILENO );
                dup( m_sockfd );
                execl( m_buf, m_buf, 0 );
                exit( 0 );
            }
        }
    }

private:
    /* 读缓冲区的大小 */
    static const int BUFFER_SIZE = 1024;
    static int m_epollfd;
    int m_sockfd;
    sockaddr_in m_address;
    char m_buf[ BUFFER_SIZE ];
    /* 标记读缓冲中已经读入的客户数据的最后一个字节的下一个位置 */
    int m_read_idx;
};
int cgi_conn::m_epollfd = -1;

/* 主函数 */
int main( int argc, char* argv[] )
{
    if( argc <= 2 )
    {
        printf( "usage: %s ip_address port_number\n", basename( argv[0] ) );
        return 1;
    }
    const char* ip = argv[1];
    int port = atoi( argv[2] );

    int listenfd = socket( PF_INET, SOCK_STREAM, 0 );
    assert( listenfd >= 0 );

    int ret = 0;
    struct sockaddr_in address;
    bzero( &address, sizeof( address ) );
    address.sin_family = AF_INET;
    inet_pton( AF_INET, ip, &address.sin_addr );
    address.sin_port = htons( port );

    ret = bind( listenfd, ( struct sockaddr* )&address, sizeof( address ) );
    assert( ret != -1 );
```

```
        ret = listen( listenfd, 5 );
        assert( ret != -1 );

        processpool< cgi_conn >* pool = processpool< cgi_conn >::create( listenfd );
        if( pool )
        {
            pool->run();
            delete pool;
        }
        close( listenfd );    /* 正如前文提到的，main 函数创建了文件描述符 listenfd，那么就由
它亲自关闭之 */
        return 0;
    }
```

15.5 半同步 / 半反应堆线程池实现

本节我们实现一个基于图 8-10 所示的半同步 / 半反应堆并发模式的线程池，如代码清单 15-3 所示。相比代码清单 15-1 所示的进程池实现，该线程池的通用性要高得多，因为它使用一个工作队列完全解除了主线程和工作线程的耦合关系：主线程往工作队列中插入任务，工作线程通过竞争来取得任务并执行它。不过，如果要将该线程池应用到实际服务器程序中，那么我们必须保证所有客户请求都是无状态的，因为同一个连接上的不同请求可能会由不同的线程处理。

代码清单 15-3　半同步 / 半反应堆线程池实现

```
// filename: threadpool.h
#ifndef THREADPOOL_H
#define THREADPOOL_H

#include <list>
#include <cstdio>
#include <exception>
#include <pthread.h>
/* 引用第 14 章介绍的线程同步机制的包装类 */
#include "locker.h"

/* 线程池类，将它定义为模板类是为了代码复用。模板参数 T 是任务类 */
template< typename T >
class threadpool
{
public:
    /* 参数 thread_number 是线程池中线程的数量，max_requests 是请求队列中最多允许的、等待
处理的请求的数量 */
    threadpool( int thread_number = 8, int max_requests = 10000 );
    ~threadpool();
    /* 往请求队列中添加任务 */
    bool append( T* request );

private:
```

```cpp
    /* 工作线程运行的函数，它不断从工作队列中取出任务并执行之 */
    static void* worker( void* arg );
    void run();

private:
    int m_thread_number;    /* 线程池中的线程数 */
    int m_max_requests;     /* 请求队列中允许的最大请求数 */
    pthread_t* m_threads;   /* 描述线程池的数组，其大小为m_thread_number */
    std::list< T* > m_workqueue;  /* 请求队列 */
    locker m_queuelocker;   /* 保护请求队列的互斥锁 */
    sem m_queuestat;        /* 是否有任务需要处理 */
    bool m_stop;            /* 是否结束线程 */
};

template< typename T >
threadpool< T >::threadpool( int thread_number, int max_requests ) :
        m_thread_number( thread_number ), m_max_requests( max_requests ),
                    m_stop( false ), m_threads( NULL )
{
    if(( thread_number <= 0 ) || ( max_requests <= 0 ) )
    {
        throw std::exception();
    }

    m_threads = new pthread_t[ m_thread_number ];
    if(!m_threads )
    {
        throw std::exception();
    }

    /* 创建thread_number个线程，并将它们都设置为脱离线程 */
    for ( int i = 0; i < thread_number; ++i )
    {
        printf( "create the %dth thread\n", i );
        if( pthread_create( m_threads + i, NULL, worker, this ) != 0 )
        {
            delete [] m_threads;
            throw std::exception();
        }
        if( pthread_detach( m_threads[i] ) )
        {
            delete [] m_threads;
            throw std::exception();
        }
    }
}

template< typename T >
threadpool< T >::~threadpool()
{
    delete [] m_threads;
    m_stop = true;
}
```

```cpp
template< typename T >
bool threadpool< T >::append( T* request )
{
    /* 操作工作队列时一定要加锁，因为它被所有线程共享 */
    m_queuelocker.lock();
    if ( m_workqueue.size() > m_max_requests )
    {
        m_queuelocker.unlock();
        return false;
    }
    m_workqueue.push_back( request );
    m_queuelocker.unlock();
    m_queuestat.post();
    return true;
}

template< typename T >
void* threadpool< T >::worker( void* arg )
{
    threadpool* pool = ( threadpool* )arg;
    pool->run();
    return pool;
}

template< typename T >
void threadpool< T >::run()
{
    while ( ! m_stop )
    {
        m_queuestat.wait();
        m_queuelocker.lock();
        if (m_workqueue.empty() )
        {
            m_queuelocker.unlock();
            continue;
        }
        T* request = m_workqueue.front();
        m_workqueue.pop_front();
        m_queuelocker.unlock();
        if ( ! request )
        {
            continue;
        }
        request->process();
    }
}
#endif
```

值得一提的是，在 C++ 程序中使用 pthread_create 函数时，该函数的第 3 个参数必须指向一个静态函数。而要在一个静态函数中使用类的动态成员（包括成员函数和成员变量），则只能通过如下两种方式来实现：

- 通过类的静态对象来调用。比如单体模式中，静态函数可以通过类的全局唯一实例来访问动态成员函数。
- 将类的对象作为参数传递给该静态函数，然后在静态函数中引用这个对象，并调用其动态方法。

代码清单 15-3 使用的是第 2 种方式：将线程参数设置为 this 指针，然后在 worker 函数中获取该指针并调用其动态方法 run。

15.6　用线程池实现的简单 Web 服务器

在 8.6 节中，我们曾使用有限状态机实现过一个非常简单的解析 HTTP 请求的服务器。下面我们将利用前面介绍的线程池来重新实现一个并发的 Web 服务器。

15.6.1　http_conn 类

首先，我们需要准备线程池的模板参数类，用以封装对逻辑任务的处理。这个类是 http_conn，代码清单 15-4 是其头文件（http_conn.h），代码清单 15-5 是其实现文件（http_conn.cpp）。

代码清单 15-4　http_conn.h 文件

```
#ifndef HTTPCONNECTION_H
#define HTTPCONNECTION_H

#include <unistd.h>
#include <signal.h>
#include <sys/types.h>
#include <sys/epoll.h>
#include <fcntl.h>
#include <sys/socket.h>
#include <netinet/in.h>
#include <arpa/inet.h>
#include <assert.h>
#include <sys/stat.h>
#include <string.h>
#include <pthread.h>
#include <stdio.h>
#include <stdlib.h>
#include <sys/mman.h>
#include <stdarg.h>
#include <errno.h>
#include "locker.h"

class http_conn
{
public:
/* 文件名的最大长度 */
static const int FILENAME_LEN = 200;
```

```cpp
    /* 读缓冲区的大小 */
    static const int READ_BUFFER_SIZE = 2048;
    /* 写缓冲区的大小 */
    static const int WRITE_BUFFER_SIZE = 1024;
    /* HTTP请求方法,但我们仅支持GET */
    enum METHOD { GET = 0, POST, HEAD, PUT, DELETE,
                  TRACE, OPTIONS, CONNECT, PATCH };
    /* 解析客户请求时,主状态机所处的状态(回忆第8章) */
    enum CHECK_STATE { CHECK_STATE_REQUESTLINE = 0,
                       CHECK_STATE_HEADER,
                       CHECK_STATE_CONTENT };
    /* 服务器处理HTTP请求的可能结果 */
    enum HTTP_CODE { NO_REQUEST, GET_REQUEST, BAD_REQUEST,
                     NO_RESOURCE, FORBIDDEN_REQUEST, FILE_REQUEST,
                     INTERNAL_ERROR, CLOSED_CONNECTION };
    /* 行的读取状态 */
    enum LINE_STATUS { LINE_OK = 0, LINE_BAD, LINE_OPEN };

public:
    http_conn(){}
    ~http_conn(){}

public:
    /* 初始化新接受的连接 */
    void init( int sockfd, const sockaddr_in& addr );
    /* 关闭连接 */
    void close_conn( bool real_close = true );
    /* 处理客户请求 */
    void process();
    /* 非阻塞读操作 */
    bool read();
    /* 非阻塞写操作 */
    bool write();

private:
    /* 初始化连接 */
    void init();
    /* 解析HTTP请求 */
    HTTP_CODE process_read();
    /* 填充HTTP应答 */
    bool process_write( HTTP_CODE ret );

    /* 下面这一组函数被process_read调用以分析HTTP请求 */
    HTTP_CODE parse_request_line( char* text );
    HTTP_CODE parse_headers( char* text );
    HTTP_CODE parse_content( char* text );
    HTTP_CODE do_request();
    char* get_line() { return m_read_buf + m_start_line; }
    LINE_STATUS parse_line();

    /* 下面这一组函数被process_write调用以填充HTTP应答 */
    void unmap();
    bool add_response( const char* format, ... );
```

```cpp
    bool add_content( const char* content );
    bool add_status_line( int status, const char* title );
    bool add_headers( int content_length );
    bool add_content_length( int content_length );
    bool add_linger();
    bool add_blank_line();

public:
    /* 所有socket上的事件都被注册到同一个epoll内核事件表中,所以将epoll文件描述符设置为
静态的 */
    static int m_epollfd;
    /* 统计用户数量 */
    static int m_user_count;

private:
    /* 该HTTP连接的socket和对方的socket地址 */
    int m_sockfd;
    sockaddr_in m_address;

    /* 读缓冲区 */
    char m_read_buf[ READ_BUFFER_SIZE ];
    /* 标识读缓冲中已经读入的客户数据的最后一个字节的下一个位置 */
    int m_read_idx;
    /* 当前正在分析的字符在读缓冲区中的位置 */
    int m_checked_idx;
    /* 当前正在解析的行的起始位置 */
    int m_start_line;
    /* 写缓冲区 */
    char m_write_buf[ WRITE_BUFFER_SIZE ];
    /* 写缓冲区中待发送的字节数 */
    int m_write_idx;

    /* 主状态机当前所处的状态 */
    CHECK_STATE m_check_state;
    /* 请求方法 */
    METHOD m_method;

    /* 客户请求的目标文件的完整路径,其内容等于doc_root + m_url, doc_root是网站根目录 */
    char m_real_file[ FILENAME_LEN ];
    /* 客户请求的目标文件的文件名 */
    char* m_url;
    /* HTTP协议版本号,我们仅支持HTTP/1.1 */
    char* m_version;
    /* 主机名 */
    char* m_host;
    /* HTTP请求的消息体的长度 */
    int m_content_length;
    /* HTTP请求是否要求保持连接 */
    bool m_linger;

    /* 客户请求的目标文件被mmap到内存中的起始位置 */
    char* m_file_address;
    /* 目标文件的状态。通过它我们可以判断文件是否存在、是否为目录、是否可读,并获取文件大小等
```

信息 */
```
    struct stat m_file_stat;
    /* 我们将采用 writev 来执行写操作,所以定义下面两个成员,其中 m_iv_count 表示被写内存块
的数量 */
    struct iovec m_iv[2];
    int m_iv_count;
};

#endif
```

代码清单 15-5 http_conn.cpp 文件

```cpp
#include "http_conn.h"

/* 定义 HTTP 响应的一些状态信息 */
const char* ok_200_title = "OK";
const char* error_400_title = "Bad Request";
const char* error_400_form = "Your request has bad syntax or is inherently impossible to satisfy.\n";
const char* error_403_title = "Forbidden";
const char* error_403_form = "You do not have permission to get file from this server.\n";
const char* error_404_title = "Not Found";
const char* error_404_form = "The requested file was not found on this server.\n";
const char* error_500_title = "Internal Error";
const char* error_500_form = "There was an unusual problem serving the requested file.\n";
/* 网站的根目录 */
const char* doc_root = "/var/www/html";

int setnonblocking( int fd )
{
    int old_option = fcntl( fd, F_GETFL );
    int new_option = old_option | O_NONBLOCK;
    fcntl( fd, F_SETFL, new_option );
    return old_option;
}

void addfd( int epollfd, int fd, bool one_shot )
{
    epoll_event event;
    event.data.fd = fd;
    event.events = EPOLLIN | EPOLLET | EPOLLRDHUP;
    if( one_shot )
    {
        event.events |= EPOLLONESHOT;
    }
    epoll_ctl( epollfd, EPOLL_CTL_ADD, fd, &event );
    setnonblocking( fd );
}
```

```cpp
void removefd( int epollfd, int fd )
{
    epoll_ctl( epollfd, EPOLL_CTL_DEL, fd, 0 );
    close( fd );
}

void modfd( int epollfd, int fd, int ev )
{
    epoll_event event;
    event.data.fd = fd;
    event.events = ev | EPOLLET | EPOLLONESHOT | EPOLLRDHUP;
    epoll_ctl( epollfd, EPOLL_CTL_MOD, fd, &event );
}

int http_conn::m_user_count = 0;
int http_conn::m_epollfd = -1;

void http_conn::close_conn( bool real_close )
{
    if( real_close && ( m_sockfd != -1 ) )
    {
        removefd( m_epollfd, m_sockfd );
        m_sockfd = -1;
        m_user_count--;    /* 关闭一个连接时，将客户总量减1 */
    }
}

void http_conn::init( int sockfd, const sockaddr_in& addr )
{
    m_sockfd = sockfd;
    m_address = addr;
    /* 如下两行是为了避免TIME_WAIT状态，仅用于调试，实际使用时应该去掉 */
    int reuse = 1;
    setsockopt( m_sockfd, SOL_SOCKET, SO_REUSEADDR, &reuse, sizeof( reuse ) );
    addfd( m_epollfd, sockfd, true );
    m_user_count++;

    init();
}

void http_conn::init()
{
    m_check_state = CHECK_STATE_REQUESTLINE;
    m_linger = false;

    m_method = GET;
    m_url = 0;
    m_version = 0;
    m_content_length = 0;
    m_host = 0;
    m_start_line = 0;
    m_checked_idx = 0;
    m_read_idx = 0;
```

```cpp
    m_write_idx = 0;
    memset( m_read_buf, '\0', READ_BUFFER_SIZE );
    memset( m_write_buf, '\0', WRITE_BUFFER_SIZE );
    memset( m_real_file, '\0', FILENAME_LEN );
}

/* 从状态机，其分析请参考8.6节，这里不再赘述 */
http_conn::LINE_STATUS http_conn::parse_line()
{
    char temp;
    for ( ; m_checked_idx < m_read_idx; ++m_checked_idx )
    {
        temp = m_read_buf[ m_checked_idx ];
        if ( temp == '\r' )
        {
                if ( ( m_checked_idx + 1 ) == m_read_idx )
                {
                        return LINE_OPEN;
                }
                else if ( m_read_buf[ m_checked_idx + 1 ] == '\n' )
                {
                        m_read_buf[ m_checked_idx++ ] = '\0';
                        m_read_buf[ m_checked_idx++ ] = '\0';
                        return LINE_OK;
                }

                return LINE_BAD;
         }
         else if( temp == '\n' )
         {
                if( ( m_checked_idx > 1 ) && ( m_read_buf[ m_checked_idx - 1 ] == '\r' ) )
                {
                        m_read_buf[ m_checked_idx-1 ] = '\0';
                        m_read_buf[ m_checked_idx++ ] = '\0';
                        return LINE_OK;
                }
                return LINE_BAD;
         }
    }

    return LINE_OPEN;
}

/* 循环读取客户数据，直到无数据可读或者对方关闭连接 */
bool http_conn::read()
{
    if( m_read_idx >= READ_BUFFER_SIZE )
    {
        return false;
    }

    int bytes_read = 0;
    while( true )
```

```cpp
        {
            bytes_read = recv( m_sockfd, m_read_buf + m_read_idx, READ_BUFFER_SIZE -
                            m_read_idx, 0 );
            if ( bytes_read == -1 )
            {
                if( errno == EAGAIN || errno == EWOULDBLOCK )
                {
                    break;
                }
                return false;
            }
            else if ( bytes_read == 0 )
            {
                return false;
            }

            m_read_idx += bytes_read;
        }
        return true;
    }

/* 解析HTTP请求行，获得请求方法、目标URL，以及HTTP版本号 */
http_conn::HTTP_CODE http_conn::parse_request_line( char* text )
{
    m_url = strpbrk( text, " \t" );
    if ( ! m_url )
    {
        return BAD_REQUEST;
    }
    *m_url++ = '\0';

    char* method = text;
    if ( strcasecmp( method, "GET" ) == 0 )
    {
        m_method = GET;
    }
    else
    {
        return BAD_REQUEST;
    }

    m_url += strspn( m_url, " \t" );
    m_version = strpbrk( m_url, " \t" );
    if ( ! m_version )
    {
        return BAD_REQUEST;
    }
    *m_version++ = '\0';
    m_version += strspn( m_version, " \t" );
    if ( strcasecmp( m_version, "HTTP/1.1" ) != 0 )
    {
        return BAD_REQUEST;
    }
```

```cpp
        if ( strncasecmp( m_url, "http://", 7 ) == 0 )
        {
            m_url += 7;
            m_url = strchr( m_url, '/' );
        }

        if ( ! m_url || m_url[ 0 ] != '/' )
        {
            return BAD_REQUEST;
        }

        m_check_state = CHECK_STATE_HEADER;
        return NO_REQUEST;
    }

    /* 解析 HTTP 请求的一个头部信息 */
    http_conn::HTTP_CODE http_conn::parse_headers( char* text )
    {
        /* 遇到空行，表示头部字段解析完毕 */
        if( text[ 0 ] == '\0' )
        {
            /* 如果 HTTP 请求有消息体，则还需要读取 m_content_length 字节的消息体，状态机转移到
CHECK_STATE_CONTENT 状态 */
            if ( m_content_length != 0 )
            {
                m_check_state = CHECK_STATE_CONTENT;
                return NO_REQUEST;
            }

            /* 否则说明我们已经得到了一个完整的 HTTP 请求 */
            return GET_REQUEST;
        }
        /* 处理 Connection 头部字段 */
        else if ( strncasecmp( text, "Connection:", 11 ) == 0 )
        {
            text += 11;
            text += strspn( text, " \t" );
            if ( strcasecmp( text, "keep-alive" ) == 0 )
            {
                m_linger = true;
            }
        }
        /* 处理 Content-Length 头部字段 */
        else if ( strncasecmp( text, "Content-Length:", 15 ) == 0 )
        {
            text += 15;
            text += strspn( text, " \t" );
            m_content_length = atol( text );
        }
        /* 处理 Host 头部字段 */
        else if ( strncasecmp( text, "Host:", 5 ) == 0 )
        {
```

```cpp
            text += 5;
            text += strspn( text, " \t" );
            m_host = text;
        }
        else
        {
            printf( "oop! unknow header %s\n", text );
        }

        return NO_REQUEST;
}

/* 我们没有真正解析HTTP请求的消息体,只是判断它是否被完整地读入了 */
http_conn::HTTP_CODE http_conn::parse_content( char* text )
{
    if ( m_read_idx >= ( m_content_length + m_checked_idx ) )
    {
        text[ m_content_length ] = '\0';
        return GET_REQUEST;
    }

    return NO_REQUEST;
}

/* 主状态机。其分析请参考8.6节,这里不再赘述 */
http_conn::HTTP_CODE http_conn::process_read()
{
    LINE_STATUS line_status = LINE_OK;
    HTTP_CODE ret = NO_REQUEST;
    char* text = 0;

    while ( ( ( m_check_state == CHECK_STATE_CONTENT ) && ( line_status == LINE_OK ) )
            || ( ( line_status = parse_line() ) == LINE_OK ) )
    {
        text = get_line();
        m_start_line = m_checked_idx;
        printf( "got 1 http line: %s\n", text );

        switch ( m_check_state )
        {
            case CHECK_STATE_REQUESTLINE:
            {
                ret = parse_request_line( text );
                if ( ret == BAD_REQUEST )
                {
                    return BAD_REQUEST;
                }
                break;
            }
            case CHECK_STATE_HEADER:
            {
                ret = parse_headers( text );
```

```cpp
                    if ( ret == BAD_REQUEST )
                    {
                            return BAD_REQUEST;
                    }
                    else if ( ret == GET_REQUEST )
                    {
                            return do_request();
                    }
                    break;
            }
            case CHECK_STATE_CONTENT:
            {
                    ret = parse_content( text );
                    if ( ret == GET_REQUEST )
                    {
                            return do_request();
                    }
                    line_status = LINE_OPEN;
                    break;
            }
            default:
            {
                    return INTERNAL_ERROR;
            }
        }
    }

    return NO_REQUEST;
}

/* 当得到一个完整、正确的HTTP请求时，我们就分析目标文件的属性。如果目标文件存在、对所有用户可
读，且不是目录，则使用mmap将其映射到内存地址m_file_address处，并告诉调用者获取文件成功 */
http_conn::HTTP_CODE http_conn::do_request()
{
    strcpy( m_real_file, doc_root );
    int len = strlen( doc_root );
    strncpy( m_real_file + len, m_url, FILENAME_LEN - len - 1 );
    if ( stat( m_real_file, &m_file_stat ) < 0 )
    {
            return NO_RESOURCE;
    }

    if ( ! ( m_file_stat.st_mode & S_IROTH ) )
    {
            return FORBIDDEN_REQUEST;
    }

    if ( S_ISDIR( m_file_stat.st_mode ) )
    {
            return BAD_REQUEST;
    }

    int fd = open( m_real_file, O_RDONLY );
```

```cpp
    m_file_address = ( char* )mmap( 0, m_file_stat.st_size, PROT_READ,
                    MAP_PRIVATE, fd, 0 );
    close( fd );
    return FILE_REQUEST;
}

/* 对内存映射区执行 munmap 操作 */
void http_conn::unmap()
{
    if( m_file_address )
    {
        munmap( m_file_address, m_file_stat.st_size );
        m_file_address = 0;
    }
}

/* 写 HTTP 响应 */
bool http_conn::write()
{
    int temp = 0;
    int bytes_have_send = 0;
    int bytes_to_send = m_write_idx;
    if ( bytes_to_send == 0 )
    {
        modfd( m_epollfd, m_sockfd, EPOLLIN );
        init();
        return true;
    }

    while( 1 )
    {
        temp = writev( m_sockfd, m_iv, m_iv_count );
        if ( temp <= -1 )
        {
            /* 如果 TCP 写缓冲没有空间,则等待下一轮 EPOLLOUT 事件。虽然在此期间,服务
器无法立即接收到同一客户的下一个请求,但这可以保证连接的完整性 */
            if( errno == EAGAIN )
            {
                modfd( m_epollfd, m_sockfd, EPOLLOUT );
                return true;
            }
            unmap();
            return false;
        }

        bytes_to_send -= temp;
        bytes_have_send += temp;
        if ( bytes_to_send <= bytes_have_send )
        {
            /* 发送 HTTP 响应成功,根据 HTTP 请求中的 Connection 字段决定是否立即关闭连接 */
            unmap();
            if( m_linger )
            {
```

```cpp
                    init();
                    modfd( m_epollfd, m_sockfd, EPOLLIN );
                    return true;
                }
                else
                {
                    modfd( m_epollfd, m_sockfd, EPOLLIN );
                    return false;
                }
            }
        }
    }

    /* 往写缓冲中写入待发送的数据 */
    bool http_conn::add_response( const char* format, ... )
    {
        if( m_write_idx >= WRITE_BUFFER_SIZE )
        {
            return false;
        }
        va_list arg_list;
        va_start( arg_list, format );
        int len = vsnprintf( m_write_buf + m_write_idx, WRITE_BUFFER_SIZE - 1 - m_write_idx,
                            format, arg_list );
        if( len >= ( WRITE_BUFFER_SIZE - 1 - m_write_idx ) )
        {
            return false;
        }
        m_write_idx += len;
        va_end( arg_list );
        return true;
    }

    bool http_conn::add_status_line( int status, const char* title )
    {
        return add_response( "%s %d %s\r\n", "HTTP/1.1", status, title );
    }

    bool http_conn::add_headers( int content_len )
    {
        add_content_length( content_len );
        add_linger();
        add_blank_line();
    }

    bool http_conn::add_content_length( int content_len )
    {
        return add_response( "Content-Length: %d\r\n", content_len );
    }

    bool http_conn::add_linger()
    {
        return add_response( "Connection: %s\r\n", ( m_linger == true ) ? "keep-alive" : "close" );
```

```cpp
}

bool http_conn::add_blank_line()
{
    return add_response( "%s", "\r\n" );
}

bool http_conn::add_content( const char* content )
{
    return add_response( "%s", content );
}

/* 根据服务器处理HTTP请求的结果，决定返回给客户端的内容 */
bool http_conn::process_write( HTTP_CODE ret )
{
    switch ( ret )
    {
        case INTERNAL_ERROR:
        {
            add_status_line( 500, error_500_title );
            add_headers( strlen( error_500_form ) );
            if ( ! add_content( error_500_form ) )
            {
                return false;
            }
            break;
        }
        case BAD_REQUEST:
        {
            add_status_line( 400, error_400_title );
            add_headers( strlen( error_400_form ) );
            if ( ! add_content( error_400_form ) )
            {
                return false;
            }
            break;
        }
        case NO_RESOURCE:
        {
            add_status_line( 404, error_404_title );
            add_headers( strlen( error_404_form ) );
            if ( ! add_content( error_404_form ) )
            {
                return false;
            }
            break;
        }
        case FORBIDDEN_REQUEST:
        {
            add_status_line( 403, error_403_title );
            add_headers( strlen( error_403_form ) );
            if ( ! add_content( error_403_form ) )
```

```cpp
                {
                    return false;
                }
                break;
            }
            case FILE_REQUEST:
            {
                add_status_line( 200, ok_200_title );
                if ( m_file_stat.st_size != 0 )
                {
                    add_headers( m_file_stat.st_size );
                    m_iv[ 0 ].iov_base = m_write_buf;
                    m_iv[ 0 ].iov_len = m_write_idx;
                    m_iv[ 1 ].iov_base = m_file_address;
                    m_iv[ 1 ].iov_len = m_file_stat.st_size;
                    m_iv_count = 2;
                    return true;
                }
                else
                {
                    const char* ok_string = "<html><body></body></html>";
                    add_headers( strlen( ok_string ) );
                    if ( ! add_content( ok_string ) )
                    {
                        return false;
                    }
                }
            }
            default:
            {
                return false;
            }
        }

        m_iv[ 0 ].iov_base = m_write_buf;
        m_iv[ 0 ].iov_len = m_write_idx;
        m_iv_count = 1;
        return true;
}

/* 由线程池中的工作线程调用，这是处理 HTTP 请求的入口函数 */
void http_conn::process()
{
    HTTP_CODE read_ret = process_read();
    if ( read_ret == NO_REQUEST )
    {
            modfd( m_epollfd, m_sockfd, EPOLLIN );
            return;
    }

    bool write_ret = process_write( read_ret );
    if ( ! write_ret )
    {
```

```
            close_conn();
    }
    modfd( m_epollfd, m_sockfd, EPOLLOUT );
}
```

15.6.2 main 函数

定义好任务类之后，main 函数就变得很简单了，它只需要负责 I/O 读写，如代码清单 15-6 所示。

代码清单 15-6　用线程池实现的 Web 服务器

```
#include <sys/socket.h>
#include <netinet/in.h>
#include <arpa/inet.h>
#include <stdio.h>
#include <unistd.h>
#include <errno.h>
#include <string.h>
#include <fcntl.h>
#include <stdlib.h>
#include <cassert>
#include <sys/epoll.h>

#include "locker.h"
#include "threadpool.h"
#include "http_conn.h"

#define MAX_FD 65536
#define MAX_EVENT_NUMBER 10000

extern int addfd( int epollfd, int fd, bool one_shot );
extern int removefd( int epollfd, int fd );

void addsig( int sig, void( handler )(int), bool restart = true )
{
    struct sigaction sa;
    memset( &sa, '\0', sizeof( sa ) );
    sa.sa_handler = handler;
    if( restart )
    {
        sa.sa_flags |= SA_RESTART;
    }
    sigfillset( &sa.sa_mask );
    assert( sigaction( sig, &sa, NULL ) != -1 );
}

void show_error( int connfd, const char* info )
{
    printf( "%s", info );
```

```cpp
        send( connfd, info, strlen( info ), 0 );
        close( connfd );
}

int main( int argc, char* argv[] )
{
    if( argc <= 2 )
    {
        printf( "usage: %s ip_address port_number\n", basename( argv[0] ) );
        return 1;
    }
    const char* ip = argv[1];
    int port = atoi( argv[2] );

    /* 忽略SIGPIPE信号 */
    addsig( SIGPIPE, SIG_IGN );

    /* 创建线程池 */
    threadpool< http_conn >* pool = NULL;
    try
    {
        pool = new threadpool< http_conn >;
    }
    catch( ... )
    {
        return 1;
    }

    /* 预先为每个可能的客户连接分配一个http_conn对象 */
    http_conn* users = new http_conn[ MAX_FD ];
    assert( users );
    int user_count = 0;

    int listenfd = socket( PF_INET, SOCK_STREAM, 0 );
    assert( listenfd >= 0 );
    struct linger tmp = { 1, 0 };
    setsockopt( listenfd, SOL_SOCKET, SO_LINGER, &tmp, sizeof( tmp ) );

    int ret = 0;
    struct sockaddr_in address;
    bzero( &address, sizeof( address ) );
    address.sin_family = AF_INET;
    inet_pton( AF_INET, ip, &address.sin_addr );
    address.sin_port = htons( port );

    ret = bind( listenfd, ( struct sockaddr* )&address, sizeof( address ) );
    assert( ret >= 0 );

    ret = listen( listenfd, 5 );
    assert( ret >= 0 );

    epoll_event events[ MAX_EVENT_NUMBER ];
```

```cpp
int epollfd = epoll_create( 5 );
assert( epollfd != -1 );
addfd( epollfd, listenfd, false );
http_conn::m_epollfd = epollfd;

while( true )
{
    int number = epoll_wait( epollfd, events, MAX_EVENT_NUMBER, -1 );
    if ( ( number < 0 ) && ( errno != EINTR ) )
    {
        printf( "epoll failure\n" );
        break;
    }

    for ( int i = 0; i < number; i++ )
    {
        int sockfd = events[i].data.fd;
        if( sockfd == listenfd )
        {
            struct sockaddr_in client_address;
            socklen_t client_addrlength = sizeof( client_address );
            int connfd = accept( listenfd, ( struct sockaddr* )&client_address,
                                 &client_addrlength );
            if ( connfd < 0 )
            {
                printf( "errno is: %d\n", errno );
                continue;
            }
            if( http_conn::m_user_count >= MAX_FD )
            {
                show_error( connfd, "Internal server busy" );
                continue;
            }
            /* 初始化客户连接 */
            users[connfd].init( connfd, client_address );
        }
        else if( events[i].events & ( EPOLLRDHUP | EPOLLHUP | EPOLLERR ) )
        {
            /* 如果有异常，直接关闭客户连接 */
            users[sockfd].close_conn();
        }
        else if( events[i].events & EPOLLIN )
        {
            /* 根据读的结果，决定是将任务添加到线程池，还是关闭连接 */
            if( users[sockfd].read() )
            {
                pool->append( users + sockfd );
            }
            else
            {
                users[sockfd].close_conn();
            }
        }
    }
}
```

```
                else if( events[i].events & EPOLLOUT )
                {
                    /* 根据写的结果，决定是否关闭连接 */
                    if( !users[sockfd].write() )
                    {
                        users[sockfd].close_conn();
                    }
                }
                else
                {}
            }
        }

    close( epollfd );
    close( listenfd );
    delete [] users;
    delete pool;
    return 0;
}
```

第三篇
高性能服务器优化与监测

第 16 章　服务器调制、调试和测试
第 17 章　系统监测工具

第 16 章　服务器调制、调试和测试

在前面的章节中，我们已经细致地探讨了服务器编程的诸多方面。现在我们要从系统的角度来优化、改进服务器，这包括 3 个方面的内容：系统调制、服务器调试和压力测试。

Linux 平台的一个优秀特性是内核微调，即我们可以通过修改文件的方式来调整内核参数。16.2 节将讨论与服务器性能相关的部分内核参数。这些内核参数中，系统或进程能打开的最大文件描述符数尤其重要，所以我们在 16.1 节单独讨论之。

在服务器的开发过程中，我们可能碰到各种意想不到的错误。一种调试方法是用 tcpdump 抓包，正如本书前面章节介绍的那样。不过这种方法主要用于分析程序的输入和输出。对于服务器的逻辑错误，更方便的调试方法是使用 gdb 调试器。我们将在 16.3 节讨论如何用 gdb 调试多进程和多线程程序。

编写压力测试工具通常被认为是服务器开发的一个部分。压力测试工具模拟现实世界中高并发的客户请求，以测试服务器在高压状态下的稳定性。我们将在 16.4 节给出一个简单的压力测试程序。

16.1　最大文件描述符数

文件描述符是服务器程序的宝贵资源，几乎所有的系统调用都是和文件描述符打交道。系统分配给应用程序的文件描述符数量是有限制的，所以我们必须总是关闭那些已经不再使用的文件描述符，以释放它们占用的资源。比如作为守护进程运行的服务器程序就应该总是关闭标准输入、标准输出和标准错误这 3 个文件描述符。

Linux 对应用程序能打开的最大文件描述符数量有两个层次的限制：用户级限制和系统级限制。用户级限制是指目标用户运行的所有进程总共能打开的文件描述符数；系统级的限制是指所有用户总共能打开的文件描述符数。

下面这个命令是最常用的查看用户级文件描述符数限制的方法：

```
$ ulimit -n
```

我们可以通过如下方式将用户级文件描述符数限制设定为 max-file-number：

```
$ ulimit -SHn max-file-number
```

不过这种设置是临时的，只在当前的 session 中有效。为永久修改用户级文件描述符数限制，可以在 /etc/security/limits.conf 文件中加入如下两项：

```
* hard nofile max-file-number
* soft nofile max-file-number
```

第一行是指系统的硬限制，第二行是软限制。我们在 7.4 节讨论过这两种资源限制。如果要修改系统级文件描述符数限制，则可以使用如下命令：

```
sysctl -w fs.file-max=max-file-number
```

不过该命令也是临时更改系统限制。要永久更改系统级文件描述符数限制，则需要在 /etc/sysctl.conf 文件中添加如下一项：

```
fs.file-max=max-file-number
```

然后通过执行 sysctl -p 命令使更改生效。

16.2 调整内核参数

几乎所有的内核模块，包括内核核心模块和驱动程序，都在 /proc/sys 文件系统下提供了某些配置文件以供用户调整模块的属性和行为。通常一个配置文件对应一个内核参数，文件名就是参数的名字，文件的内容是参数的值。我们可以通过命令 sysctl -a 查看所有这些内核参数。本节将讨论其中和网络编程关系较为紧密的部分内核参数。

16.2.1 /proc/sys/fs 目录下的部分文件

/proc/sys/fs 目录下的内核参数都与文件系统相关。对于服务器程序来说，其中最重要的是如下两个参数：

- /proc/sys/fs/file-max，系统级文件描述符数限制。直接修改这个参数和 16.1 节讨论的修改方法有相同的效果（不过这是临时修改）。一般修改 /proc/sys/fs/file-max 后，应用程序需要把 /proc/sys/fs/inode-max 设置为新 /proc/sys/fs/file-max 值的 3～4 倍，否则可能导致 i 节点数不够用。
- /proc/sys/fs/epoll/max_user_watches，一个用户能够往 epoll 内核事件表中注册的事件的总量。它是指该用户打开的所有 epoll 实例总共能监听的事件数目，而不是单个 epoll 实例能监听的事件数目。往 epoll 内核事件表中注册一个事件，在 32 位系统上大概消耗 90 字节的内核空间，在 64 位系统上则消耗 160 字节的内核空间。所以，这个内核参数限制了 epoll 使用的内核内存总量。

16.2.2 /proc/sys/net 目录下的部分文件

内核中网络模块的相关参数都位于 /proc/sys/net 目录下，其中和 TCP/IP 协议相关的参数主要位于如下三个子目录中：core、ipv4 和 ipv6。在前面的章节中，我们已经介绍过这些子目录下的很多参数的含义，现在再总结一下和服务器性能相关的部分参数。

- /proc/sys/net/core/somaxconn，指定 listen 监听队列里，能够建立完整连接从而进入 ESTABLISHED 状态的 socket 的最大数目。读者不妨修改该参数并重新运行代码清单 5-3，看看其影响。
- /proc/sys/net/ipv4/tcp_max_syn_backlog，指定 listen 监听队列里，能够转移至 ESTAB-

LISHED 或者 SYN_RCVD 状态的 socket 的最大数目。
- /proc/sys/net/ipv4/tcp_wmem，它包含 3 个值，分别指定一个 socket 的 TCP 写缓冲区的最小值、默认值和最大值。
- /proc/sys/net/ipv4/tcp_rmem，它包含 3 个值，分别指定一个 socket 的 TCP 读缓冲区的最小值、默认值和最大值。在代码清单 3-6 中，我们正是通过修改这个参数来改变接收通告窗口大小的。
- /proc/sys/net/ipv4/tcp_syncookies，指定是否打开 TCP 同步标签（syncookie）。同步标签通过启动 cookie 来防止一个监听 socket 因不停地重复接收来自同一个地址的连接请求（同步报文段），而导致 listen 监听队列溢出（所谓的 SYN 风暴）。

除了通过直接修改文件的方式来修改这些系统参数外，我们也可以使用 sysctl 命令来修改它们。这两种修改方式都是临时的。永久的修改方法是在 /etc/sysctl.conf 文件中加入相应网络参数及其数值，并执行 sysctl –p 使之生效，就像修改系统最大允许打开的文件描述符数那样。

16.3　gdb 调试

Linux 程序员必然都使用过 gdb 调试器来调试程序。我们也假设读者懂得基本的 gdb 调试方法，比如设置断点，查看变量等。这一节要讨论的是如何使用 gdb 来调试多进程和多线程程序，因为这是后台程序调试不可避免而又比较困难的部分。

16.3.1　用 gdb 调试多进程程序

如果一个进程通过 fork 系统调用创建了子进程，gdb 会继续调试原来的进程，子进程则正常运行。那么该如何调试子进程呢？常用的方法有如下两种。

1. 单独调试子进程

子进程从本质上说也是一个进程，因此我们可以用通用的 gdb 调试方法来调试它。举例来说，如果要调试代码清单 15-2 描述的 CGI 进程池服务器的某一个子进程，则我们可以先运行服务器，然后找到目标子进程的 PID，再将其附加（attach）到 gdb 调试器上，具体操作如代码清单 16-1 所示。

代码清单 16-1　通过附加子进程的 PID 来调试子进程

```
$ ./cgisrv 127.0.0.1 12345
$ ps -ef | grep cgisrv
shuang     4182  3601  0 12:25 pts/4    00:00:00 ./cgisrv 127.0.0.1 12345
shuang     4183  4182  0 12:25 pts/4    00:00:00 ./cgisrv 127.0.0.1 12345
shuang     4184  4182  0 12:25 pts/4    00:00:00 ./cgisrv 127.0.0.1 12345
shuang     4185  4182  0 12:25 pts/4    00:00:00 ./cgisrv 127.0.0.1 12345
shuang     4186  4182  0 12:25 pts/4    00:00:00 ./cgisrv 127.0.0.1 12345
shuang     4187  4182  0 12:25 pts/4    00:00:00 ./cgisrv 127.0.0.1 12345
shuang     4188  4182  0 12:25 pts/4    00:00:00 ./cgisrv 127.0.0.1 12345
shuang     4189  4182  0 12:25 pts/4    00:00:00 ./cgisrv 127.0.0.1 12345
shuang     4190  4182  0 12:25 pts/4    00:00:00 ./cgisrv 127.0.0.1 12345
```

```
$ gdb
(gdb) attach 4183   /* 将子进程 4183 附加到 gdb 调试器 */
Attaching to process 4183
Reading symbols from /home/shuang/codes/pool_process/cgisrv...done.
Reading symbols from /usr/lib/libstdc++.so.6...Reading symbols from /usr/lib/
debug/usr/lib/libstdc++.so.6.0.16.debug...done.
done.
Loaded symbols for /usr/lib/libstdc++.so.6
Reading symbols from /lib/libm.so.6...(no debugging symbols found)...done.
Loaded symbols for /lib/libm.so.6
Reading symbols from /lib/libgcc_s.so.1...Reading symbols from /usr/lib/debug/
lib/libgcc_s-4.6.2-20111027.so.1.debug...done.
done.
Loaded symbols for /lib/libgcc_s.so.1
Reading symbols from /lib/libc.so.6...(no debugging symbols found)...done.
Loaded symbols for /lib/libc.so.6
Reading symbols from /lib/ld-linux.so.2...(no debugging symbols found)...done.
Loaded symbols for /lib/ld-linux.so.2
0x0047c416 in __kernel_vsyscall ()
(gdb) b processpool.h:264    /* 设置子进程中的断点 */
Breakpoint 1 at 0x8049787: file processpool.h, line 264.
(gdb) c
Continuing.

/* 接下来从另一个终端使用 telnet 127.0.0.1 12345 来连接服务器并发送一些数据，调试器就按照我
们预期的，在断点处暂停 */
Breakpoint 1, processpool<cgi_conn>::run_child (this=0x9a47008) at processpool.h:264
264                      users[sockfd].process();
(gdb) bt
#0  processpool<cgi_conn>::run_child (this=0x9a47008) at processpool.h:264
#1  0x080491fe in processpool<cgi_conn>::run (this=0x9a47008) at processpool.h:169
#2  0x08048ef9 in main (argc=3, argv=0xbfbc0b74) at main.cpp:138
(gdb)
```

2. 使用调试器选项 follow-fork-mode

gdb 调试器的选项 follow-fork-mode 允许我们选择程序在执行 fork 系统调用后是继续调试父进程还是调试子进程。其用法如下：

```
(gdb) set follow-fork-mode mode
```

其中，mode 的可选值是 parent 和 child，分别表示调试父进程和子进程。还是使用前面的例子，这次考虑使用 follow-fork-mode 选项来调试子进程，如代码清单 16-2 所示。

代码清单 16-2　使用 follow-fork-mode 选项调试子进程

```
$ gdb ./cgisrv
(gdb) set follow-fork-mode child
(gdb) b processpool.h:264
Breakpoint 1 at 0x8049787: file processpool.h, line 264.
(gdb) r 127.0.0.1 12345
Starting program: /home/shuang/codes/pool_process/cgisrv 127.0.0.1 12345
[New process 4148]
send request to child 0
```

```
[Switching to process 4148]

Breakpoint 1, processpool<cgi_conn>::run_child (this=0x804c008) at processpool.h:264
264                             users[sockfd].process();
Missing separate debuginfos, use: debuginfo-install glibc-2.14.90-24.
fc16.6.i686
(gdb) bt
#0  processpool<cgi_conn>::run_child (this=0x804c008) at processpool.h:264
#1  0x080491fe in processpool<cgi_conn>::run (this=0x804c008) at processpool.h:169
#2  0x08048ef9 in main (argc=3, argv=0xbffff4e4) at main.cpp:138
(gdb)
```

16.3.2 用 gdb 调试多线程程序

gdb 有一组命令可辅助多线程程序的调试。下面我们仅列举其中常用的一些：

- info threads，显示当前可调试的所有线程。gdb 会为每个线程分配一个 ID，我们可以使用这个 ID 来操作对应的线程。ID 前面有"*"号的线程是当前被调试的线程。
- thread ID，调试目标 ID 指定的线程。
- set scheduler-locking [off|on|step]。调试多线程程序时，默认除了被调试的线程在执行外，其他线程也在继续执行，但有的时候我们希望只让被调试的线程运行。这可以通过这个命令来实现。该命令设置 scheduler-locking 的值：off 表示不锁定任何线程，即所有线程都可以继续执行，这是默认值；on 表示只有当前被调试的线程会继续执行；step 表示在单步执行的时候，只有当前线程会执行。

举例来说，如果要依次调试代码清单 15-6 所描述的 Web 服务器（名为 websrv）的父线程和子线程，则可以采用代码清单 16-3 所示的方法。

代码清单 16-3　独立调试父线程和子线程

```
$ gdb ./websrv
(gdb) b main.cpp:130    /* 设置父线程中的断点 */
Breakpoint 1 at 0x80498d3: file main.cpp, line 130.
(gdb) b threadpool.h:105   /* 设置子线程中的断点 */
Breakpoint 2 at 0x804a10b: file threadpool.h, line 105.
(gdb) r 127.0.0.1 12345
Starting program: /home/webtop/codes/pool_thread/websrv 127.0.0.1 12345
[Thread debugging using libthread_db enabled]
Using host libthread_db library "/lib/libthread_db.so.1".
create the 0th thread
[New Thread 0xb7fe1b40 (LWP 5756)]

/* 从另一个终端使用 telnet 127.0.0.1 12345 来连接服务器并发送一些数据，调试器就按照我们预期
的，在断点处暂停 */
Breakpoint 1, main (argc=3, argv=0xbffff4e4) at main.cpp:130
130                       if( users[sockfd].read() )
(gdb) info threads    /* 查看线程信息。当前被调试的是主线程，其 ID 为 1 */
  Id   Target Id         Frame
  2    Thread 0xb7fe1b40 (LWP 5756) "websrv" 0x00111416 in __kernel_vsyscall ()
```

```
* 1    Thread 0xb7fe3700 (LWP 5753) "websrv" main (argc=3, argv=0xbffff4e4) at
main.cpp:130
(gdb) set scheduler-locking on   /* 不执行其他线程，锁定调试对象 */
(gdb) n    /* 下面的操作都将执行父线程的代码 */
132                        pool->append( users + sockfd );
(gdb) n
103                for ( int i = 0; i < number; i++ )
(gdb)
94              while( true )
(gdb)
96                    int number = epoll_wait( epollfd, events, MAX_EVENT_NUMBER, -1 );
(gdb)
^C
Program received signal SIGINT, Interrupt.
0x00111416 in __kernel_vsyscall ()
(gdb) thread 2   /* 将调试切换到子线程，其 ID 为 2 */
[Switching to thread 2 (Thread 0xb7fe1b40 (LWP 5756))]
#0  0x00111416 in __kernel_vsyscall ()
(gdb) bt   /* 显示子线程的调用栈 */
#0  0x00111416 in __kernel_vsyscall ()
#1  0x44d91c05 in sem_wait@@GLIBC_2.1 () from /lib/libpthread.so.0
#2  0x08049aff in sem::wait (this=0x804e034) at locker.h:24
#3  0x0804a0db in threadpool<http_conn>::run (this=0x804e008) at threadpool.h:98
#4  0x08049f8f in threadpool<http_conn>::worker (arg=0x804e008) at threadpool.h:89
#5  0x44d8bcd3 in start_thread () from /lib/libpthread.so.0
#6  0x44cc8a2e in clone () from /lib/libc.so.6
(gdb) n   /* 下面的操作都将执行子线程的代码 */
Single stepping until exit from function __kernel_vsyscall,
which has no line number information.
0x44d91c05 in sem_wait@@GLIBC_2.1 () from /lib/libpthread.so.0
(gdb)
```

最后，关于调试进程池和线程池程序的一个不错的方法，是先将池中的进程个数或线程个数减少至 1，以观察程序的逻辑是否正确，比如代码清单 16-3 就是这样做的；然后逐步增加进程或线程的数量，以调试进程或线程的同步是否正确。

16.4 压力测试

压力测试程序有很多种实现方式，比如 I/O 复用方式，多线程、多进程并发编程方式，以及这些方式的结合使用。不过，单纯的 I/O 复用方式的施压程度是最高的，因为线程和进程的调度本身也是要占用一定 CPU 时间的。因此，我们将使用 epoll 来实现一个通用的服务器压力测试程序，如代码清单 16-4 所示。

代码清单 16-4　服务器压力测试程序

```
#include <stdlib.h>
#include <stdio.h>
#include <assert.h>
#include <unistd.h>
```

```c
#include <sys/types.h>
#include <sys/epoll.h>
#include <fcntl.h>
#include <sys/socket.h>
#include <netinet/in.h>
#include <arpa/inet.h>
#include <string.h>

/* 每个客户连接不停地向服务器发送这个请求 */
static const char* request = "GET http://localhost/index.html HTTP/1.1\r\
nConnection: keep-alive\r\n\r\nxxxxxxxxxxxx";

int setnonblocking( int fd )
{
    int old_option = fcntl( fd, F_GETFL );
    int new_option = old_option | O_NONBLOCK;
    fcntl( fd, F_SETFL, new_option );
    return old_option;
}

void addfd( int epoll_fd, int fd )
{
    epoll_event event;
    event.data.fd = fd;
    event.events = EPOLLOUT | EPOLLET | EPOLLERR;
    epoll_ctl( epoll_fd, EPOLL_CTL_ADD, fd, &event );
    setnonblocking( fd );
}

/* 向服务器写入 len 字节的数据 */
bool write_nbytes( int sockfd, const char* buffer, int len )
{
    int bytes_write = 0;
    printf( "write out %d bytes to socket %d\n", len, sockfd );
    while( 1 )
    {
        bytes_write = send( sockfd, buffer, len, 0 );
        if ( bytes_write == -1 )
        {
            return false;
        }
        else if ( bytes_write == 0 )
        {
            return false;
        }

        len -= bytes_write;
        buffer = buffer + bytes_write;
        if ( len <= 0 )
        {
            return true;
        }
    }
}
```

```cpp
/* 从服务器读取数据 */
bool read_once( int sockfd, char* buffer, int len )
{
    int bytes_read = 0;
    memset( buffer, '\0', len );
    bytes_read = recv( sockfd, buffer, len, 0 );
    if ( bytes_read == -1 )
    {
        return false;
    }
    else if ( bytes_read == 0 )
    {
        return false;
    }
    printf( "read in %d bytes from socket %d with content: %s\n", bytes_read,
        sockfd, buffer );

    return true;
}

/* 向服务器发起 num 个 TCP 连接，我们可以通过改变 num 来调整测试压力 */
void start_conn( int epoll_fd, int num, const char* ip, int port )
{
    int ret = 0;
    struct sockaddr_in address;
    bzero( &address, sizeof( address ) );
    address.sin_family = AF_INET;
    inet_pton( AF_INET, ip, &address.sin_addr );
    address.sin_port = htons( port );

    for ( int i = 0; i < num; ++i )
    {
        sleep( 1 );
        int sockfd = socket( PF_INET, SOCK_STREAM, 0 );
        printf( "create 1 sock\n" );
        if( sockfd < 0 )
        {
            continue;
        }

        if ( connect( sockfd, ( struct sockaddr* )&address, sizeof( address ) ) == 0 )
        {
            printf( "build connection %d\n", i );
            addfd( epoll_fd, sockfd );
        }
    }
}

void close_conn( int epoll_fd, int sockfd )
{
    epoll_ctl( epoll_fd, EPOLL_CTL_DEL, sockfd, 0 );
    close( sockfd );
}
```

```c
int main( int argc, char* argv[] )
{
    assert( argc == 4 );
    int epoll_fd = epoll_create( 100 );
    start_conn( epoll_fd, atoi( argv[ 3 ] ), argv[1], atoi( argv[2] ) );
    epoll_event events[ 10000 ];
    char buffer[ 2048 ];
    while ( 1 )
    {
        int fds = epoll_wait( epoll_fd, events, 10000, 2000 );
        for ( int i = 0; i < fds; i++ )
        {
            int sockfd = events[i].data.fd;
            if ( events[i].events & EPOLLIN )
            {
                if ( ! read_once( sockfd, buffer, 2048 ) )
                {
                    close_conn( epoll_fd, sockfd );
                }
                struct epoll_event event;
                event.events = EPOLLOUT | EPOLLET | EPOLLERR;
                event.data.fd = sockfd;
                epoll_ctl( epoll_fd, EPOLL_CTL_MOD, sockfd, &event );
            }
            else if( events[i].events & EPOLLOUT )
            {
                if ( ! write_nbytes( sockfd, request, strlen( request ) ) )
                {
                    close_conn( epoll_fd, sockfd );
                }
                struct epoll_event event;
                event.events = EPOLLIN | EPOLLET | EPOLLERR;
                event.data.fd = sockfd;
                epoll_ctl( epoll_fd, EPOLL_CTL_MOD, sockfd, &event );
            }
            else if( events[i].events & EPOLLERR )
            {
                close_conn( epoll_fd, sockfd );
            }
        }
    }
}
```

下面考虑使用该压力测试程序（名为 stress_test）来测试代码清单 15-6 所描述的 Web 服务器的稳定性。我们先在测试机器 ernest-laptop 上运行 websrv，然后从 Kongming20 上执行 stress_test，向 websrv 服务器发起 1000 个连接。具体操作如下：

```
$ ./websrv 192.168.1.108 12345         # 在ernest-laptop上执行，监听端口12345
$ ./stress_test 192.168.1.108 12345 1000   # 在Kongming20 上执行
```

如果 websrv 服务器程序足够稳定，那么 websrv 和 stress_test 这两个程序将一直运行下去，并不断交换数据。

第 17 章 系统监测工具

Linux 提供了很多有用的工具，以方便开发人员调试和测评服务器程序。娴熟的网络程序员在开发服务器程序的整个过程中，都将不断地使用这些工具中的一个或者多个来监测服务器行为。其中的某些工具更是黑客们常用的利器。

本章将讨论几个最常用的工具：tcpdump、nc、strace、lsof、netstat、vmstat、ifstat 和 mpstat。这些工具都支持很多种选项，不过我们的讨论仅限于其中最常用、最实用的那些。

17.1 tcpdump

tcpdump 是一款经典的网络抓包工具。即使在今天，我们拥有像 Wireshark 这样更易于使用和掌握的抓包工具，tcpdump 仍然是网络程序员的必备利器。

tcpdump 给使用者提供了大量的选项，用以过滤数据包或者定制输出格式。前面章节中我们介绍过其中的一些，现在我们把常见的选项总结如下：

- ❑ -n，使用 IP 地址表示主机，而不是主机名；使用数字表示端口号，而不是服务名称。
- ❑ -i，指定要监听的网卡接口。"-i any"表示抓取所有网卡接口上的数据包。
- ❑ -v，输出一个稍微详细的信息，例如，显示 IP 数据包中的 TTL 和 TOS 信息。
- ❑ -t，不打印时间戳。
- ❑ -e，显示以太网帧头部信息。
- ❑ -c，仅抓取指定数量的数据包。
- ❑ -x，以十六进制数显示数据包的内容，但不显示包中以太网帧的头部信息。
- ❑ -X，与 -x 选项类似，不过还打印每个十六进制字节对应的 ASCII 字符。
- ❑ -XX，与 -X 相同，不过还打印以太网帧的头部信息。
- ❑ -s，设置抓包时的抓取长度。当数据包的长度超过抓取长度时，tcpdump 抓取到的将是被截断的数据包。在 4.0 以及之前的版本中，默认的抓包长度是 68 字节。这对于 IP、TCP 和 UDP 等协议就已经足够了，但对于像 DNS、NFS 这样的协议，68 字节通常不能容纳一个完整的数据包。比如我们在 1.6.3 小节抓取 DNS 数据包时，就使用了 -s 选项（测试机器 ernest-laptop 上，tcpdump 的版本是 4.0.0）。不过 4.0 之后的版本，默认的抓包长度被修改为 65 535 字节，因此我们不用再担心抓包长度的问题了。
- ❑ -S，以绝对值来显示 TCP 报文段的序号，而不是相对值。
- ❑ -w，将 tcpdump 的输出以特殊的格式定向到某个文件。
- ❑ -r，从文件读取数据包信息并显示之。

除了使用选项外，tcpdump 还支持用表达式来进一步过滤数据包。tcpdump 表达式的操作数分为 3 种：类型（type）、方向（dir）和协议（proto）。下面依次介绍之。

- 类型，解释其后面紧跟着的参数的含义。tcpdump 支持的类型包括 host、net、port 和 portrange。它们分别指定主机名（或 IP 地址），用 CIDR 方法表示的网络地址，端口号以及端口范围。比如，要抓取整个 1.2.3.0/255.255.255.0 网络上的数据包，可以使用如下命令：

```
$ tcpdump net 1.2.3.0/24
```

- 方向，src 指定数据包的发送端，dst 指定数据包的目的端。比如要抓取进入端口 13579 的数据包，可以使用如下命令：

```
$ tcpdump dst port 13579
```

- 协议，指定目标协议。比如要抓取所有 ICMP 数据包，可以使用如下命令：

```
$ tcpdump icmp
```

当然，我们还可以使用逻辑操作符来组织上述操作数以创建更复杂的表达式。tcpdump 支持的逻辑操作符和编程语言中的逻辑操作符完全相同，包括 and（或者 &&）、or（或者 ||）、not（或者 !）。比如要抓取主机 ernest-laptop 和所有非 Kongming20 的主机之间交换的 IP 数据包，可以使用如下命令：

```
$ tcpdump ip host ernest-laptop and not Kongming20
```

如果表达式比较复杂，那么我们可以使用括号将它们分组。不过在使用括号时，我们要么使用反斜杠"\"对它转义，要么用单引号"'"将其括住，以避免它被 shell 所解释。比如要抓取来自主机 10.0.2.4，目标端口是 3389 或 22 的数据包，可以使用如下命令：

```
$ tcpdump 'src 10.0.2.4 and (dst port 3389 or 22)'
```

此外，tcpdump 还允许直接使用数据包中的部分协议字段的内容来过滤数据包。比如，仅抓取 TCP 同步报文段，可使用如下命令：

```
$ tcpdump 'tcp[13] & 2 != 0'
```

这是因为 TCP 头部的第 14 个字节的第 2 个位正是同步标志。该命令也可以表示为：

```
$ tcpdump 'tcp[tcpflags] & tcp-syn != 0'。
```

最后，tcpdump 的具体输出格式除了与选项有关外，还与协议有关。前文中我们讨论过 IP、TCP、ICMP、DNS 等协议的 tcpdump 输出格式。关于其他协议的 tcpdump 输出格式，请读者自己参考 tcpdump 的 man 手册，本书不再赘述。

17.2 lsof

lsof（list open file）是一个列出当前系统打开的文件描述符的工具。通过它我们可以了解感兴趣的进程打开了哪些文件描述符，或者我们感兴趣的文件描述符被哪些进程打开了。

lsof 命令常用的选项包括：

- -i，显示 socket 文件描述符。该选项的使用方法是：

```
$ lsof -i [46] [protocol][@hostname|ipaddr][:service|port]
```

其中，4 表示 IPv4 协议，6 表示 IPv6 协议；protocol 指定传输层协议，可以是 TCP 或者 UDP；hostname 指定主机名；ipaddr 指定主机的 IP 地址；service 指定服务名；port 指定端口号。比如，要显示所有连接到主机 192.168.1.108 的 ssh 服务的 socket 文件描述符，可以使用命令：

```
$ lsof -i@192.168.1.108:22
```

如果 -i 选项后不指定任何参数，则 lsof 命令将显示所有 socket 文件描述符。
- -u，显示指定用户启动的所有进程打开的所有文件描述符。
- -c，显示指定的命令打开的所有文件描述符。比如要查看 websrv 程序打开了哪些文件描述符，可以使用如下命令：

```
$ lsof -c websrv
```

- -p，显示指定进程打开的所有文件描述符。
- -t，仅显示打开了目标文件描述符的进程的 PID。

我们还可以直接将文件名作为 lsof 命令的参数，以查看哪些进程打开了该文件。

下面介绍一个实例：查看 websrv 服务器打开了哪些文件描述符。具体操作如代码清单 17-1 所示。

代码清单 17-1　用 lsof 命令查看 websrv 服务器打开的文件描述符

```
$ ps -ef | grep websrv   # 先获取 websrv 程序的进程号
shuang     6346  5439  0 23:41 pts/3    00:00:00 ./websrv 127.0.0.1 13579
$ sudo lsof -p 6346      # 用 -p 选项指定进程号
COMMAND  PID   USER   FD   TYPE DEVICE SIZE/OFF NODE     NAME
websrv   6346 shuang cwd   DIR    8,3     4096  1199520  /home/shuang/codes/pool_thread
websrv   6346 shuang rtd   DIR    8,3     4096        2  /
websrv   6346 shuang txt   REG    8,3    64817  1199765  /home/shuang/codes/pool_thread/websrv
websrv   6346 shuang mem   REG    8,3   157200  1319677  /lib/ld-2.14.90.so
websrv   6346 shuang mem   REG    8,3  2000316  1319678  /lib/libc-2.14.90.so
websrv   6346 shuang mem   REG    8,3   135556  1319682  /lib/libpthread-2.14.90.so
websrv   6346 shuang mem   REG    8,3   208320  1319681  /lib/libm-2.14.90.so
websrv   6346 shuang mem   REG    8,3   115376  1319685  /lib/libgcc_s-4.6.2-20111027.so.1
websrv   6346 shuang mem   REG    8,3   948524   814873  /usr/lib/libstdc++.so.6.0.16
websrv   6346 shuang  0u   CHR  136,3      0t0        6  /dev/pts/3
websrv   6346 shuang  1u   CHR  136,3      0t0        6  /dev/pts/3
websrv   6346 shuang  2u   CHR  136,3      0t0        6  /dev/pts/3
websrv   6346 shuang  3u   IPv4 43816      0t0      TCP  localhost:13579
websrv   6346 shuang  4u   0000  0,9        0     4447  anon_inode
```

lsof 命令的输出内容相当丰富，其中每行内容都包含如下字段：

- COMMAND，执行程序所使用的终端命令（默认仅显示前 9 个字符）。
- PID，文件描述符所属进程的 PID。
- USER，拥有该文件描述符的用户的用户名。
- FD，文件描述符的描述。其中 cwd 表示进程的工作目录，rtd 表示用户的根目录，txt 表示进程运行的程序代码，mem 表示直接映射到内存中的文件（本例中都是动态库）。有的 FD 是以"数字+访问权限"表示的，其中数字是文件描述符的具体数值，访问权限包括 r（可读）、w（可写）和 u（可读可写）。在本例中，0u、1u、2u 分别表示标准输入、标准输出和标准错误输出；3u 表示处于 LISTEN 状态的监听 socket；4u 表示 epoll 内核事件表对应的文件描述符。
- TYPE，文件描述符的类型。其中 DIR 是目录，REG 是普通文件，CHR 是字符设备文件，IPv4 是 IPv4 类型的 socket 文件描述符，0000 是未知类型。更多文件描述符的类型请参考 lsof 命令的 man 手册，这里不再赘述。
- DEVICE，文件所属设备。对于字符设备和块设备，其表示方法是"主设备号，次设备号"。由代码清单 17-1 可见，测试机器上的程序文件和动态库都存放在设备"8,3"中。其中，"8"表示这是一个 SCSI 硬盘；"3"表示这是该硬盘上的第 3 个分区，即 sda3。websrv 程序的标准输入、标准输出和标准错误输出对应的设备是"136,3"。其中，"136"表示这是一个伪终端；"3"表示它是第 3 个伪终端，即 /dev/pts/3。关于设备编号的更多细节，请参考文档 http：//www.kernel.org/pub/linux/docs/lanana/device-list/devices-2.6.txt。对于 FIFO 类型的文件，比如管道和 socket，该字段将显示一个内核引用目标文件的地址，或者是其 i 节点号。
- SIZE/OFF，文件大小或者偏移值。如果该字段显示为"0t*"或者"0x*"，就表示这是一个偏移值，否则就表示这是一个文件大小。对字符设备或者 FIFO 类型的文件定义文件大小没有意义，所以该字段将显示一个偏移值。
- NODE，文件的 i 节点号。对于 socket，则显示为协议类型，比如"TCP"。
- NAME，文件的名字。

如果我们使用 telnet 命令向 websrv 服务器发起一个连接，则再次执行代码清单 17-1 中的 lsof 命令时，其输出将多出如下一行：

```
websrv   6346  shuang   5u  IPv4  44288   0t0  TCP  localhost:13579->localhost:48215 (ESTABLISHED)
```

该输出表示服务器打开了一个 IPv4 类型的 socket，其值是 5，且它处于 ESTABLISHED 状态。该 socket 对应的连接的本端 socket 地址是 (127.0.0.1，13579)，远端 socket 地址则是 (127.0.0.1，48215)。

17.3 nc

nc（netcat）命令短小精干、功能强大，有着"瑞士军刀"的美誉。它主要被用来快速构建网络连接。我们可以让它以服务器方式运行，监听某个端口并接收客户连接，因此它可用来调试客户端程序。我们也可以使之以客户端方式运行，向服务器发起连接并收发数据，因此它可以用来调试服务器程序，此时它有点像 telnet 程序。

nc 命令常用的选项包括：

- -i，设置数据包传送的时间间隔。
- -l，以服务器方式运行，监听指定的端口。nc 命令默认以客户端方式运行。
- -k，重复接受并处理某个端口上的所有连接，必须与 -l 选项一起使用。
- -n，使用 IP 地址表示主机，而不是主机名；使用数字表示端口号，而不是服务名称。
- -p，当 nc 命令以客户端方式运行时，强制其使用指定的端口号。3.4.2 小节中我们就曾使用过该选项。
- -s，设置本地主机发送出的数据包的 IP 地址。
- -C，将 CR 和 LF 两个字符作为行结束符。
- -U，使用 UNIX 本地域协议通信。
- -u，使用 UDP 协议。nc 命令默认使用的传输层协议是 TCP 协议。
- -w，如果 nc 客户端在指定的时间内未检测到任何输入，则退出。
- -X，当 nc 客户端和代理服务器通信时，该选项指定它们之间使用的通信协议。目前 nc 支持的代理协议包括 "4"（SOCKS v.4），"5"（SOCKS v.5）和 "connect"（HTTPS proxy）。nc 默认使用的代理协议是 SOCKS v.5。
- -x，指定目标代理服务器的 IP 地址和端口号。比如，要从 Kongming20 连接到 ernest-laptop 上的 squid 代理服务器，并通过它来访问 www.baidu.com 的 Web 服务，可以使用如下命令：

```
$ nc -x ernest-laptop:1080 -X connect www.baidu.com 80
```

- -z，扫描目标机器上的某个或某些服务是否开启（端口扫描）。比如，要扫描机器 ernest-laptop 上端口号在 20 ~ 50 之间的服务，可以使用如下命令：

```
$ nc -z ernest-laptop 20-50
```

举例来说，我们可以使用如下方式来连接 websrv 服务器并向它发送数据：

```
$ nc -C 127.0.0.1 13579 (服务器监听端口 13579)
GET http://localhost/a.html HTTP/1.1 (回车)
Host: localhost (回车)
(回车)
HTTP/1.1 404 Not Found
Content-Length: 49
Connection: close

The requested file was not found on this server.
```

这里我们使用了 -C 选项，这样每次我们按下回车键向服务器发送一行数据时，nc 客户端程序都会给服务器额外发送一个 <CR><LF>，而这正是 websrv 服务器期望的 HTTP 行结束符。发送完第三行数据之后，我们得到了服务器的响应，内容正是我们期望的：服务器没有找到被请求的资源文件 a.html。可见，nc 命令是一个很方便的快速测试工具，通过它我们能很快找出服务器的逻辑错误。

17.4 strace

strace 是测试服务器性能的重要工具。它跟踪程序运行过程中执行的系统调用和接收到的信号，并将系统调用名、参数、返回值及信号名输出到标准输出或者指定的文件。

strace 命令常用的选项包括：
- -c，统计每个系统调用执行时间、执行次数和出错次数。
- -f，跟踪由 fork 调用生成的子进程。
- -t，在输出的每一行信息前加上时间信息。
- -e，指定一个表达式，用来控制如何跟踪系统调用（或接收到的信号，下同）。其格式是：

```
[qualifier=][!]value1[,value2]...
```

qualifier 可以是 trace、abbrev、verbose、raw、signal、read 和 write 中之一，默认是 trace。value 是用于进一步限制被跟踪的系统调用的符号或数值。它的两个特殊取值是 all 和 none，分别表示跟踪所有由 qualifier 指定类型的系统调用和不跟踪任何该类型的系统调用。关于 value 的其他取值，我们简单地列举一些：

- ◆ -e trace=set，只跟踪指定的系统调用。例如，-e trace=open，close，read，write 表示只跟踪 open、close、read 和 write 这四种系统调用。
- ◆ -e trace=file，只跟踪与文件操作相关的系统调用。
- ◆ -e trace=process，只跟踪与进程控制相关的系统调用。
- ◆ -e trace=network，只跟踪与网络相关的系统调用。
- ◆ -e trace=signal，只跟踪与信号相关的系统调用。
- ◆ -e trace=ipc，只跟踪与进程间通信相关的系统调用。
- ◆ -e signal=set，只跟踪指定的信号。比如，-e signal=!SIGIO 表示跟踪除 SIGIO 之外的所有信号。
- ◆ -e read=set，输出从指定文件中读入的数据。例如，-e read=3，5 表示输出所有从文件描述符 3 和 5 读入的数据。

- -o，将 strace 的输出写入指定的文件。

strace 命令的每一行输出都包含这些字段：系统调用名称、参数和返回值。比如下面的示例：

```
$ strace cat /dev/null
open("/dev/null", O_RDONLY|O_LARGEFILE) = 3
```

这行输出表示：程序"cat /dev/null"在运行过程中执行了 open 系统调用。open 调用以只读的方式打开了大文件 /dev/null，然后返回了一个值为 3 的文件描述符。需要注意的是，该示例命令将输出很多内容，这里我们省略了很多次要的信息，在后面的实例中，我们也仅显示主题相关的内容。

当系统调用发生错误时，strace 命令将输出错误标识和描述，比如下面的示例：

```
$ strace cat /foo/bar
open("/foo/bar", O_RDONLY|O_LARGEFILE) = -1 ENOENT (No such file or directory)
```

strace 命令对不同的参数类型将有不同的输出方式，比如：

❑ 对于 C 风格的字符串，strace 将输出字符串的内容。默认的最大输出长度是 32 字节，过长的部分 strace 会使用 "…" 省略。比如，ls -l 命令在运行过程中将读取 /etc/passwd 文件：

```
$ strace ls -l
read(4, "root:x:0:0:root:/root:/bin/bash\n"..., 4096) = 2342
```

需要注意的是，文件名并不被 strace 当作 C 风格的字符串，其内容总是被完整地输出。

❑ 对于结构体，strace 将用 "{}" 输出该结构体的每个字段，并用 "," 将每个字段隔开。对于字段较多的结构体，strace 将用 "…" 省略部分输出。比如：

```
$ strace ls -l /dev/null
lstat64("/dev/null", {st_mode=S_IFCHR|0666, st_rdev=makedev(1, 3), ...}) = 0
```

上面的 strace 输出显示，lstat64 系统调用的第 1 个参数是字符串输入参数 "/dev/null"；第二个参数则是 stat 结构体类型的输出参数（指针），strace 仅显示了该结构体参数的两个字段：st_mode 和 st_rdev。需要注意的是，当系统调用失败时，输出参数将显示为传入前的值。

❑ 对于位集合参数（比如信号集类型 sigset_t），strace 将用 "[]" 输出该集合中所有被置 1 的位，并用空格将每一项隔开。假设某个程序中有如下代码：

```
sigset_t set;
sigemptyset(&set);
sigaddset(&set, SIGQUIT);
sigaddset(&set, SIGUSR1);
sigprocmask( SIG_BLOCK, &set, NULL );
```

则针对该程序的 strace 命令将输出如下内容：

```
rt_sigprocmask(SIG_BLOCK, [QUIT USR1], NULL, 8) = 0
```

针对其他参数类型的输出方式，请读者参考 strace 的 man 手册，这里不再赘述。对于程序接收到的信号，strace 将输出该信号的值及其描述。比如，我们在一个终端上运行 "sleep 100" 命令，然后在另一个终端上使用 strace 命令跟踪该进程，接着用 "Ctrl+C" 终止 "sleep 100" 进程以观察 strace 的输出。具体操作如下：

```
$ sleep 100
$ ps -ef | grep sleep
shuang    29127 29064  0 03:45 pts/7    00:00:00 sleep 100
```

```
$ strace -p 29127
Process 29127 attached
restart_syscall(<... resuming interrupted call ...>) = ? ERESTART_RESTARTBLOCK
(Interrupted by signal) （此时用"Ctrl+C"中断"sleep 100"进程）
--- SIGINT {si_signo=SIGINT, si_code=SI_KERNEL} ---
+++ killed by SIGINT +++
```

下面考虑一个使用 strace 命令的完整、具体的例子：查看 websrv 服务器在处理客户连接和数据时使用系统调用的情况。具体操作如下：

```
$ ./websrv 127.0.0.1 13579
$ ps -ef | grep websrv
shuang 30526 29064 0 05:19 pts/7 00:00:00 ./websrv 127.0.0.1 13579
$ sudo strace -p 30526
epoll_wait(4,
```

可见，服务器当前正在执行 epoll_wait 系统调用以等待客户请求。值得注意的是，epoll_wait 的第一个参数（标识 epoll 内核事件表的文件描述符）的值是 4，这和前面 lsof 命令的输出一致。接下来使用 17.3 节描述的方式对服务器发起一个连接并发送 HTTP 请求，此时 strace 命令的输出如代码清单 17-2 所示。

代码清单 17-2　strace 命令的输出

```
epoll_wait(4, {{EPOLLIN, {u32=3, u64=4818348437277769731}}}, 10000, -1) = 1
accept(3, {sa_family=AF_INET, sin_port=htons(41408), sin_addr=
    inet_addr("127.0.0.1")}, [16]) = 5
getsockopt(5, SOL_SOCKET, SO_ERROR, [0], [4]) = 0
setsockopt(5, SOL_SOCKET, SO_REUSEADDR, [1], 4) = 0
epoll_ctl(4, EPOLL_CTL_ADD, 5, {EPOLLIN|EPOLLRDHUP|EPOLLONESHOT|EPOLLET, {u32=5,
    u64=4818361493978349573}}) = 0
fcntl64(5, F_GETFL) = 0x2 (flags O_RDWR)
fcntl64(5, F_SETFL, O_RDWR|O_NONBLOCK) = 0

epoll_wait(4, {{EPOLLIN, {u32=5, u64=4818361493978349573}}}, 10000, -1) = 1
recv(5, "GET http://localhost/a.html HTTP"..., 2048, 0) = 38
recv(5, 0xa601739e, 2010, 0) = -1 EAGAIN (Resource temporarily unavailable)
futex(0x8ace034, FUTEX_WAKE_PRIVATE, 1) = 1

epoll_wait(4, {{EPOLLIN, {u32=5, u64=8589934597}}}, 10000, -1) = 1
recv(5, "Host: localhost\r\n", 2010, 0) = 17
recv(5, 0xa60173af, 1993, 0) = -1 EAGAIN (Resource temporarily unavailable)
futex(0x8ace034, FUTEX_WAKE_PRIVATE, 1) = 1

epoll_wait(4, {{EPOLLIN, {u32=5, u64=8589934597}}}, 10000, -1) = 1
recv(5, "\r\n", 1993, 0) = 2
recv(5, 0xa60173b1, 1991, 0) = -1 EAGAIN (Resource temporarily unavailable)
futex(0x8ace034, FUTEX_WAKE_PRIVATE, 1) = 1

epoll_wait(4, {{EPOLLOUT, {u32=5, u64=5}}}, 10000, -1) = 1
writev(5, [{"HTTP/1.1 404 Not Found\r\nContent-"..., 114}], 1) = 114
epoll_ctl(4, EPOLL_CTL_MOD, 5, {EPOLLIN|EPOLLRDHUP|EPOLLONESHOT|EPOLLET, {u32=5,
    u64=11961983681754562565}}) = 0
```

```
epoll_ctl(4, EPOLL_CTL_DEL, 5, NULL) = 0
close(5) = 0
epoll_wait(4,
```

上面的输出分为五个部分，我们用空行将每个部分隔开。

第一部分从第一次 epoll_wait 系统调用开始。此次 epoll_wait 调用检测到了文件描述符 3 上的 EPOLLIN 事件。从代码清单 17-1 中 lsof 的输出来看，文件描述符 3 正是服务器的监听 socket。因此，这个事件表示有新客户连接到来，于是 websrv 服务器对监听 socket 执行了 accept 调用，accept 返回一个新的连接 socket，其值为 5。接着，服务器清除这个新 socket 上的错误，设置其 SO_REUSEADDR 属性，然后往 epoll 内核事件表中注册该 socket 上的 EPOLLRDHUP 和 EPOLLONESHOT 两个事件，最后设置新 socket 为非阻塞的。

第二部分从第二次 epoll_wait 系统调用开始。此次 epoll_wait 调用检测到了文件描述符 5 上的 EPOLLIN 事件，这表示客户端的第一行数据到达了，于是服务器执行了两次 recv 系统调用来接收数据。第一次 recv 调用读取到 38 字节的客户数据，即"GET http：//localhost/a.html HTTP/1.1\r\n"。第二次 recv 调用则失败了，errno 是 EAGAIN，这表示目前没有更多的客户数据可读。此后，服务器调用了 futex 函数对互斥锁解锁，以唤醒等待互斥锁的线程。可见，POSIX 线程库中的 pthread_mutex_unlock 函数在内部调用了 futex 函数。

第三、四部分的内容和第二部分类似，我们不再赘述。

第五部分中，epoll_wait 调用检测到了文件描述符 5 上的 EPOLLOUT 事件，这表示工作线程正确地处理了客户请求，并准备好了待发送的数据，因此主线程开始执行 writev 系统调用往客户端写入 HTTP 应答。最后，服务器从 epoll 内核事件表中移除文件描述符 5 上的所有注册事件，并关闭该文件描述符。

由此可见，strace 命令使我们能够清楚地查看每次系统调用发生的时机，以及相关参数的值，这比用 gdb 调试更方便。

17.5 netstat

netstat 是一个功能很强大的网络信息统计工具。它可以打印本地网卡接口上的全部连接、路由表信息、网卡接口信息等。对本书而言，我们主要利用的是上述功能中的第一个，即显示 TCP 连接及其状态信息。毕竟，要获得路由表信息和网卡接口信息，我们可以使用输出内容更丰富的 route 和 ifconfig 命令。

netstat 命令常用的选项包括：

❏ -n，使用 IP 地址表示主机，而不是主机名；使用数字表示端口号，而不是服务名称。
❏ -a，显示结果中也包含监听 socket。
❏ -t，仅显示 TCP 连接。
❏ -r，显示路由信息。
❏ -i，显示网卡接口的数据流量。

- -c，每隔 1 s 输出一次。
- -o，显示 socket 定时器（比如保活定时器）的信息。
- -p，显示 socket 所属的进程的 PID 和名字。

下面我们运行 websrv 服务器，并执行 telnet 命令对它发起一个连接请求：

```
$ ./websrv 127.0.0.1 13579 &
$ telnet 127.0.0.1 13579
```

然后执行命令 netstat -nat|grep 127.0.0.1:13579 查看连接状态，结果如下：

```
Proto Recv-Q Send-Q Local Address          Foreign Address        State
tcp        0      0 127.0.0.1:13579        0.0.0.0:*              LISTEN
tcp        0      0 127.0.0.1:13579        127.0.0.1:48220        ESTABLISHED
tcp        0      0 127.0.0.1:48220        127.0.0.1:13579        ESTABLISHED
```

由以上结果可见，netstat 的每行输出都包含如下 6 个字段（默认情况）：

- Proto，协议名。
- Recv-Q，socket 内核接收缓冲区中尚未被应用程序读取的数据量。
- Send-Q，未被对方确认的数据量。
- Local Address，本端的 IP 地址和端口号。
- Foreign Address，对方的 IP 地址和端口号。
- State，socket 的状态。对于无状态协议，比如 UDP 协议，这一字段将显示为空。而对面向连接的协议而言，netstat 支持的 State 包括 ESTABLISHED、SYN_SENT、SYN_RCVD、FIN_WAIT1、FIN_WAIT2、TIME_WAIT、CLOSE、CLOSE_WAIT、LAST_ACK、LISTEN、CLOSING、UNKNOWN。它们的含义和图 3-8 中的同名状态一致⊖。

上面的输出中，第 1 行表示本地 socket 地址 127.0.0.1:13579 处于 LISTEN 状态，并等待任何远端 socket（用 0.0.0.0:* 表示）对它发起连接。第 2 行表示服务器和远端地址 127.0.0.1:48220 建立了一个连接。第 3 行只是从客户端的角度重复输出第 2 行信息表示的这个连接，因为我们是在同一台机器上运行服务器程序（websrv）和客户端程序（telnet）的。

在服务器程序开发过程中，我们一定要确保每个连接在任一时刻都处于我们期望的状态。因此我们应该习惯于使用 netstat 命令。

17.6 vmstat

vmstat 是 virtual memory statistics 的缩写，它能实时输出系统的各种资源的使用情况，比如进程信息、内存使用、CPU 使用率以及 I/O 使用情况。

⊖ SYN_RCVD和CLOSE分别对应图3-8中的SYN_RECV和CLOSED，UNKNOWN表示未知状态。

vmstat 命令常用的选项和参数包括：
- -f，显示系统自启动以来执行的 fork 次数。
- -s，显示内存相关的统计信息以及多种系统活动的数量（比如 CPU 上下文切换次数）。
- -d，显示磁盘相关的统计信息。
- -p，显示指定磁盘分区的统计信息。
- -S，使用指定的单位来显示。参数 k、K、m、M 分别代表 1000、1024、1 000 000 和 1 048 576 字节。
- delay，采样间隔（单位是 s），即每隔 delay 的时间输出一次统计信息。
- count，采样次数，即共输出 count 次统计信息。

默认情况下，vmstat 输出的内容相当丰富。请看下面的示例：

```
$ vmstat 5 3    # 每隔5秒输出一次结果，共输出3次
procs -----------memory---------- ---swap-- -----io---- --system-- ----cpu----
 r  b   swpd   free   buff  cache   si   so    bi    bo   in   cs us sy id wa
 0  0      0  74864  48088 1486188    0    0    12     3  149  280  0  1 99  0
 1  0      0  66548  48088 1494640    0    0     0     0  454  619  0  0 99  0
 0  0      0  74608  48096 1486188    0    0     0    10  289  339  0  0 99  0
```

注意，第 1 行输出是自系统启动以来的平均结果，而后面的输出则是采样间隔内的平均结果。vmstat 的每条输出都包含 6 个字段，它们的含义分别是：

- procs，进程信息。"r"表示等待运行的进程数目；"b"表示处于不可中断睡眠状态的进程数目。
- memory，内存信息，各项的单位都是千字节（KB）。"swpd"表示虚拟内存的使用数量。"free"表示空闲内存的数量。"buff"表示作为"buffer cache"的内存数量。从磁盘读入的数据可能被保持在"buffer cache"中，以便下一次快速访问。"cache"表示作为"page cache"的内存数量。待写入磁盘的数据将首先被放到"page cache"中，然后由磁盘中断程序写入磁盘。
- swap，交换分区（虚拟内存）的使用信息，各项的单位都是 KB/s。"si"表示数据由磁盘交换至内存的速率；"so"表示数据由内存交换至磁盘的速率。如果这两个值经常发生变化，则说明内存不足。
- io，块设备的使用信息，单位是 block/s。"bi"表示从块设备读入块的速率；"bo"表示向块设备写入块的速率。
- system，系统信息。"in"表示每秒发生的中断次数；"cs"表示每秒发生的上下文切换（进程切换）次数。
- cpu，CPU 使用信息。"us"表示系统所有进程运行在用户空间的时间占 CPU 总运行时间的比例；"sy"表示系统所有进程运行在内核空间的时间占 CPU 总运行时间的比例；"id"表示 CPU 处于空闲状态的时间占 CPU 总运行时间的比例；"wa"表示 CPU 等待 I/O 事件的时间占 CPU 总运行时间的比例。

不过，我们可以使用 iostat 命令获得磁盘使用情况的更多信息，也可以使用 mpstat 获得 CPU 使用情况的更多信息。vmstat 命令主要用于查看系统内存的使用情况。

17.7 ifstat

ifstat 是 interface statistics 的缩写，它是一个简单的网络流量监测工具。其常用的选项和参数包括：

- -a，监测系统上的所有网卡接口。
- -i，指定要监测的网卡接口。
- -t，在每行输出信息前加上时间戳。
- -b，以 Kbit/s 为单位显示数据，而不是默认的 KB/s。
- delay，采样间隔（单位是 s），即每隔 delay 的时间输出一次统计信息。
- count，采样次数，即共输出 count 次统计信息。

举例来说，我们在测试机器 ernest-laptop 上执行如下命令：

```
$ ifstat -a 2 5    # 每隔2秒输出一次结果，共输出5次
       lo                    eth0
  KB/s in  KB/s out     KB/s in   KB/s out
   8.62      8.62        124.71     515.74
   7.46      7.46        125.50     510.30
   1.79      1.79        126.87     497.57
   8.10      8.10        127.82     526.13
   9.53      9.53        130.10     516.78
```

从输出来看，ernest-laptop 拥有两个网卡接口：虚拟的回路接口 lo 以及以太网网卡接口 eth0。ifstat 的每条输出都以 KB/s 为单位显示各网卡接口上接收和发送数据的速率。因此，使用 ifstat 命令就可以大概估计各个时段服务器的总输入、输出流量。

17.8 mpstat

mpstat 是 multi-processor statistics 的缩写，它能实时监测多处理器系统上每个 CPU 的使用情况。mpstat 命令和 iostat 命令通常都集成在包 sysstat 中，安装 sysstat 即可获得这两个命令。mpstat 命令的典型用法是（mpstat 命令的选项不多，这里不再专门介绍）：

```
mpstat [-P {|ALL}] [interval [count]]
```

选项 P 指定要监控的 CPU 号（0～CPU 个数 –1），其值 "ALL" 表示监听所有的 CPU。interval 参数是采样间隔（单位是 s），即每隔 interval 的时间输出一次统计信息。count 参数是采样次数，即共输出 count 次统计信息，但 mpstat 最后还会输出这 count 次采样结果的平均值。与 vmstat 命令一样，mpstat 命令输出的第一次结果是自系统启动以来的平均结果，而后面（count–1）次输出结果则是采样间隔内的平均结果。

举例来说，我们在测试机器 Kongming20 上执行如下命令：

```
$ mpstat -P ALL 5 2    # 每隔 5 秒输出一次结果，共输出 2 次
Linux 3.3.0-4.fc16.i686 (Kongming20)     06/25/2012      _i686_    (2 CPU)

CPU    %usr   %nice   %sys   %iowait   %irq   %soft   %steal   %guest   %idle
all    6.60   0.00    16.16  0.00      0.00   7.65    0.00     0.00     69.60
0      5.00   0.00    13.20  0.00      0.00   7.20    0.00     0.00     74.60
1      8.09   0.00    18.75  0.00      0.00   8.09    0.00     0.00     65.07

CPU    %usr   %nice   %sys   %iowait   %irq   %soft   %steal   %guest   %idle
all    8.05   0.00    19.08  0.00      0.00   8.05    0.00     0.00     64.81
0      5.81   0.00    16.83  0.00      0.00   8.42    0.00     0.00     68.94
1      10.24  0.00    17.02  0.00      0.00   7.86    0.00     0.00     60.88

Average:
CPU    %usr   %nice   %sys   %iowait   %irq   %soft   %steal   %guest   %idle
all    7.32   0.00    17.62  0.00      0.00   7.85    0.00     0.00     67.17
0      5.41   0.00    15.02  0.00      0.00   7.81    0.00     0.00     71.77
1      9.17   0.00    19.89  0.00      0.00   7.97    0.00     0.00     62.97
```

为了显示的方便，我们省略了每行输出前导的时间戳。每次采样的输出都包含 3 条信息，每条信息都包含如下几个字段：

- CPU，指示该条信息是哪个 CPU 的数据。"0"表示是第 1 个 CPU 的数据，"1"表示是第 2 个 CPU 的数据，"all"则表示是这两个 CPU 数据的平均值。
- %usr，除了 nice 值为负的进程，系统上其他进程运行在用户空间的时间占 CPU 总运行时间的比例。
- %nice，nice 值为负的进程运行在用户空间的时间占 CPU 总运行时间的比例。
- %sys，系统上所有进程运行在内核空间的时间占 CPU 总运行时间的比例，但不包括硬件和软件中断消耗的 CPU 时间。
- %iowait，CPU 等待磁盘操作的时间占 CPU 总运行时间的比例。
- %irq，CPU 用于处理硬件中断的时间占 CPU 总运行时间的比例。
- %soft，CPU 用于处理软件中断的时间占 CPU 总运行时间的比例。
- %steal，一个物理 CPU 可以包含一对虚拟 CPU，这一对虚拟 CPU 由超级管理程序管理。当超级管理程序在处理某个虚拟 CPU 时，另外一个虚拟 CPU 则必须等待它处理完成才能运行。这部分等待时间就是所谓的 steal 时间。该字段表示 steal 时间占 CPU 总运行时间的比例。
- %guest，运行虚拟 CPU 的时间占 CPU 总运行时间的比例。
- %idle，系统空闲的时间占 CPU 总运行时间的比例。

在所有这些输出字段中，我们最关心的是 %user、%sys 和 %idle。它们基本上反映了我们的代码中业务逻辑代码和系统调用所占的比例，以及系统还能承受多大的负载。很显然，在上面的输出中，执行系统调用占用的 CPU 时间比执行用户业务逻辑占用的 CPU 时间要多。这是因为我们在该机器上运行了 16.4 节介绍的压力测试工具，它在不停地执行 recv/send 系统调用来收发数据。